计算机
应用实务

主　审◎傅小丽
主　编◎原　虹　张鸿雁　韩　莉

华中科技大学出版社
http://press.hust.edu.cn
中国·武汉

内容简介

　　本书引入课程思政元素，以学生为本，以社会和市场需求为导向，以培养学生计算思维、赋能教育为核心，注重学生实践能力和应用能力的培养。从强化综合性、设计性、创新性实践环节入手，结合编者多年一线的教学经验确定本书的框架。全书包含五篇，每篇包括能力与思政培养目标和任务两部分。每个任务基本由任务能力提升目标、任务内容及要求、任务分析、任务实施、知识小结、实战练习、拓展练习等模块构成，读者还可以通过扫描每章后的二维码学习"拓展知识"的内容。

　　本书适合于本科、专科等层次的学生学习，也可作为社会培训教材、案头参考书。

图书在版编目(CIP)数据

计算机应用实务/原虹,张鸿雁,韩莉主编. —武汉：华中科技大学出版社，2021.8(2023.8 重印)
ISBN 978-7-5680-7420-9

Ⅰ.①计… Ⅱ.①原… ②张… ③韩… Ⅲ.①电子计算机-教材 Ⅳ.①TP3

中国版本图书馆 CIP 数据核字(2021)第 174271 号

计算机应用实务 原虹 张鸿雁 韩莉 主编
Jisuan ji Yingyong Shiwu

策划编辑：胡弘扬
责任编辑：陈元玉
封面设计：廖亚萍
责任监印：周治超
出版发行：华中科技大学出版社（中国·武汉）　　电话：(027) 81321913
　　　　　武汉市东湖新技术开发区华工科技园　　邮编：430223
录　　排：华中科技大学惠友文印中心
印　　刷：武汉开心印印刷有限公司
开　　本：787mm×1092mm　1/16
印　　张：22.75
字　　数：563 千字
版　　次：2023 年 8 月第 1 版第 4 次印刷
定　　价：59.80 元

随着互联网和云计算技术的深入发展，人们的信息化理念也在不断地提升。大数据时代，应用计算机进行数据处理已经渗透到人们的工作、学习与生活之中。计算机是问题求解与数据处理的必备工具。

近年来，国际学术界和教育界提出，计算机教育要贯穿计算思维能力的培养。计算思维是指运用计算机科学的基础概念去求解问题、设计系统和理解人类的行为。计算思维不同于数学思维和物理思维，计算思维的培养，就是要培养学生应用计算机解决问题的思维能力。计算机基础课程是学生进入大学的第一门计算机课程，也是培养学生计算思维的"第一课"。对于文科、艺术类的学生，为了适应社会的需要，在提高其运用办公软件技能的同时，还要培养其计算思维。

本书引入课程思政元素，以学生为本，以社会和市场需求为导向，以培养学生计算思维、赋能教育为核心，注重学生实践能力和应用能力的培养。从强化综合性、设计性、创新性实践环节入手，结合编者多年一线的教学经验确定本书的框架。

本书的特色及创新如下。

（1）以"篇"将内容分块，每篇包括能力与思政培养目标和任务两部分。每个任务基本由任务能力提升目标、任务内容及要求、任务分析、任务实施、知识小结、实战练习、拓展练习等模块构成，读者还可以通过扫描每章后的二维码学习"拓展知识"的内容。

（2）任务的设计及实施以面向学生和社会服务为中心展开。

任务分析：与实际生活相结合，从中体现如何用所学知识解决实际问题。

任务实施：从任务的内容及要求分析入手，培养学生应用计算机解决问题时思考的方法，制订计划，根据计划给出知识点的内容。

知识小结：主要对知识点进行梳理。

实战练习：强化读者掌握知识的能力。

拓展练习：培养学习的创新能力，达到赋能目的，真正实现本书的"应用性"。

拓展知识：利用知识扩展提升技能，达到灵活应用的目的。

（3）与全国计算机等级考试内容相结合，以适应社会的需求。

（4）立体化教材建设，使得内容更加丰富，知识表现形式多样化，便于读者以多种方式获取知识。

（5）内容涵盖了基础应用和高级应用，以适应不同的人群学习之用。

在本书的编写中，我们参考了网上的相关文章、图片和案例，在任务内容的确定上，借鉴了国家计算机二级考试相关的内容，感谢相关作者的分享！如涉及版权问题请与我们联系。

由于编者水平有限，书中难免存在不足和疏漏之处，敬请广大读者提出宝贵建议。

编者

2021 年 4 月

目录

第一篇 计算机基础 1

  任务 1.1 初识计算机世界 1

    1.1.1 任务能力提升目标 1

    1.1.2 任务内容及要求 2

    1.1.3 任务实施 2

    1.1.4 知识小结 21

    1.1.5 实战练习 21

    1.1.6 拓展练习 21

  任务 1.2 使用计算机的基本技能 22

    1.2.1 任务能力提升目标 22

    1.2.2 任务内容及要求 22

    1.2.3 任务分析 22

    1.2.4 任务实施 22

    1.2.5 知识小结 25

    1.2.6 实战练习 26

    1.2.7 拓展练习 26

第二篇 操作系统之中文 Windows 10 27

  任务 2.1 Windows 10 入门 27

    2.1.1 任务能力提升目标 27

    2.1.2 任务内容及要求 27

    2.1.3 任务分析 28

    2.1.4 任务实施 28

    2.1.5 知识小结 56

    2.1.6 实战练习 57

    2.1.7 拓展练习 58

  任务 2.2 Windows 10 文件及文件夹的管理 58

    2.2.1 任务能力提升目标 58

    2.2.2 任务内容及要求 58

    2.2.3 任务分析 58

    2.2.4 任务实施 59

    2.2.5 知识小结 69

    2.2.6 实战练习 69

    2.2.7 拓展练习 70

第三篇　图文编辑工具 Word 2016..71

  任务 3.1　Word 2016 入门...71
    3.1.1　任务能力提升目标...71
    3.1.2　任务内容及要求...72
    3.1.3　任务分析...72
    3.1.4　任务实施...72
    3.1.5　知识小结...86
    3.1.6　实战练习...87
    3.1.7　拓展练习...87

  任务 3.2　论文排版...87
    3.2.1　任务能力提升目标...87
    3.2.2　任务内容及要求...88
    3.2.3　任务分析...91
    3.2.4　任务实施...92
    3.2.5　知识小结...148
    3.2.6　实战练习...149
    3.2.7　拓展练习...149

  任务 3.3　应用表格排版...150
    3.3.1　任务能力提升目标...150
    3.3.2　任务内容及要求...150
    3.3.3　任务分析...151
    3.3.4　任务实施...152
    3.3.5　知识小结...167
    3.3.6　实战练习...168
    3.3.7　拓展练习...168

  任务 3.4　应用形状及文本框排版...169
    3.4.1　任务能力提升目标...169
    3.4.2　任务内容及要求...169
    3.4.3　任务分析...170
    3.4.4　任务实施...171
    3.4.5　知识小结...188
    3.4.6　实战练习...188
    3.4.7　拓展练习...188

  任务 3.5　信函制作...188
    3.5.1　任务能力提升目标...188
    3.5.2　任务内容及要求...189
    3.5.3　任务分析...191
    3.5.4　任务实施...192

　　　3.5.5　知识小结 ···232
　　　3.5.6　实战练习 ···233
　　　3.5.7　拓展练习 ···234
第四篇　电子表格处理工具 Excel 2016 ···235
　任务 4.1　Excel 2016 入门 ···235
　　　4.1.1　任务能力提升目标 ···235
　　　4.1.2　任务内容及要求 ···236
　　　4.1.3　任务分析 ···236
　　　4.1.4　任务实施 ···236
　　　4.1.5　知识小结 ···243
　　　4.1.6　实战练习 ···244
　　　4.1.7　拓展练习 ···244
　任务 4.2　个人收支流水账 ···244
　　　4.2.1　任务能力提升目标 ···244
　　　4.2.2　任务内容与要求 ···245
　　　4.2.3　任务分析 ···246
　　　4.2.4　任务实施 ···246
　　　4.2.5　知识小结 ···259
　　　4.2.6　实战练习 ···260
　　　4.2.7　扩展练习 ···261
　任务 4.3　学生成绩管理 ···261
　　　4.3.1　任务能力提升目标 ···261
　　　4.3.2　任务内容及要求 ···261
　　　4.3.3　任务分析 ···262
　　　4.3.4　任务实施 ···262
　　　4.3.5　知识小结 ···272
　　　4.3.6　实战练习 ···273
　　　4.3.7　拓展练习 ···274
　任务 4.4　图书销售情况简要分析 ···274
　　　4.4.1　任务能力提升目标 ···274
　　　4.4.2　任务内容及要求 ···274
　　　4.4.3　任务分析 ···275
　　　4.4.4　任务实施 ···275
　　　4.4.5　知识小结 ···284
　　　4.4.6　实战练习 ···284
　　　4.4.7　拓展练习 ···284
　任务 4.5　图书销售情况深度分析 ···284
　　　4.5.1　任务能力提升目标 ···284

4.5.2　任务内容及要求 …………………………………………………………285

4.5.3　任务分析 ……………………………………………………………………285

4.5.4　任务实施 ……………………………………………………………………285

4.5.5　知识小结 ……………………………………………………………………295

4.5.6　实战练习 ……………………………………………………………………295

4.5.7　拓展练习 ……………………………………………………………………295

第五篇　演示文稿制作工具 PowerPoint 2016 ………………………………………**296**

任务 5.1　PowerPoint 2016 入门 ……………………………………………………297

5.1.1　任务能力提升目标 …………………………………………………………297

5.1.2　任务内容及要求 ……………………………………………………………297

5.1.3　任务分析 ……………………………………………………………………297

5.1.4　任务实施 ……………………………………………………………………297

5.1.5　知识小结 ……………………………………………………………………309

5.1.6　实战练习 ……………………………………………………………………310

5.1.7　拓展练习 ……………………………………………………………………310

任务 5.2　"魅力绵山"风景赏析 ……………………………………………………310

5.2.1　任务能力提升目标 …………………………………………………………310

5.2.2　任务内容及要求 ……………………………………………………………311

5.2.3　任务分析 ……………………………………………………………………312

5.2.4　任务实施 ……………………………………………………………………313

5.2.5　知识小结 ……………………………………………………………………334

5.2.6　实战练习 ……………………………………………………………………334

5.2.7　拓展练习 ……………………………………………………………………335

任务 5.3　寻迹红色历史 ……………………………………………………………335

5.3.1　任务能力提升目标 …………………………………………………………335

5.3.2　任务内容及要求 ……………………………………………………………336

5.3.3　任务分析 ……………………………………………………………………337

5.3.4　任务实施 ……………………………………………………………………338

5.3.5　知识小结 ……………………………………………………………………351

5.3.6　实战练习 ……………………………………………………………………352

5.3.7　拓展练习 ……………………………………………………………………352

参考文献 …………………………………………………………………………………**353**

第一篇
计算机基础

➤ 了解计算机文化、大数据、人工智能、云计算、物联网等相关知识，明确中国在全球现代化进程中所处的地位及作用，增强学生的民族自信心和使命感。

➤ 理解并掌握计算机的概念、了解计算思维的意义，明确计算机的分类、特点、应用及发展趋势。明确如何运用计算机科学的基础概念和方法去求解问题、设计系统和理解人类行为，培养学生的计算思维、工程素养以及人文素养。

➤ 熟练掌握计算机的组成，包括硬件系统和软件系统，并能理解计算机硬件的工作原理。

➤ 理解计算机中数制的表示和数据的编码，并熟练掌握进制间的转换。

➤ 了解多媒体技术、计算机病毒、计算机网络、软件工程和数据库技术的相关知识。

➤ 了解配置微机的性能指标，并掌握微机配置的基本要求。

➤ 熟练掌握计算机的基本操作，能正确开机、关机及熟练操作鼠标和键盘。

任务 1.1   初识计算机世界

1.1.1   任务能力提升目标

·深刻理解计算思维的定义、特性及作用。

·了解计算机的产生及发展，了解计算机的新技术及未来的新型计算机。

·理解计算机的定义、计算机系统的组成及其工作原理；了解计算机软件技术基础知识。

·理解计算机中的数制及数据编码，掌握进制之间的相互转换。

1.1.2　任务内容及要求

当今，我们身处在信息时代，计算机已成为我们不可或缺的工具，无论是在学习、工作还是在生活中，都已离不开它。那什么是计算机呢？学习计算机的什么知识？什么是计算思维？如何像计算机科学家一样思考问题？通过学习计算机基础理论知识及其相关概念，相信你会对计算机有一个更加深刻的认识。让我们一起走进计算机世界吧！

1.1.3　任务实施

1.计算机概述

1）计算机的定义

在我们的周围有各式各样的计算机，比如常见的台式机、笔记本电脑、智能手机、平板电脑、超级计算机等，如图 1-1 所示。

还有一些不叫计算机的"计算机"，比如，智能识别系统、机器人、汽车导航系统、无人机等都内嵌了各种各样的计算机，如图 1-2 所示，这些"计算机"应用了嵌入式技术，为智能控制提供了技术支持，它们用于人们日常生活的各个领域中，发挥着各自强大的作用。

图 1-1　常见的计算机　　　　　　　　图 1-2　"特殊"的计算机

计算机（Computer）也称电子计算机，它可以说是 20 世纪人类最伟大、最重要的技术发明之一。人类在过去所创造和发明的工具都是人类四肢的延伸，用以弥补人类体能的不足；而计算机代替了人们的部分脑力劳动，甚至在某些方面扩展了人的智能，是人类大脑的延伸。所以今天的电子计算机也被形象地称为电脑。

计算机是一台能存储程序和数据，并能自动执行程序的机器。它是一种能对各种数字化信息进行处理，协助人们获取信息、处理信息、存储信息和传递信息的工具。计算机通常由运算器、控制器、存储器、输入/输出设备和一些逻辑部件组成。

2）计算思维

（1）计算思维的定义。

计算机不只是一种计算工具。我们不仅要学会利用计算机解决问题的技巧，还要将问题转化成一种能够让计算机解决的形式。由计算机解决，这就是计算思维所强调的内容。

计算思维的总定义，国际上广泛认为来自周以真教授。2006 年，美国卡内基梅隆大学的周以真教授在 ACM 会刊首次提出，计算思维是人们运用计算机科学的基础概念进行问题求解、系统设计及人类行为理解等涵盖计算机科学的一系列思维活动。

计算思维代表一种普遍的认知和一类普适的技能，它像"读、写、算"一样成为每个人的基本技能。计算思维着重让人们理解计算机内部的实现机制和约束，从计算机处理问题的角度来思考问题，并选择合适的方式陈述问题，或者对一个问题的相关方面进行建模，使其易于处理的一种思维方法。下面通过一个简单实例说明什么是计算思维。

【例1】　计算函数 n 的阶 $f(n)=n!$。

一般的计算方法是 $f(n)=1\times2\times3\times\cdots\times(n-1)\times n$，这种方法计算烦琐。

在计算机中，计算 n! 通常采用两种方法：一种是递归方法，即将计算 $f(n)$ 的问题分解为计算一个较小的问题 $f(n-1)$，再将计算 $f(n-1)$ 的问题分解为计算一个更小的问题 $f(n-2)$……直到 $f(1)=1$ 不再分解为止，然后从 $f(1)$ 逐步计算到 $f(n)$；另外一种是选代方法，即 $f(1)=1$，根据 $f(1)$ 计算 $f(2)$……最后根据 $f(n-1)$ 计算 $f(n)$。

由此可以看出，计算思维的本质是抽象（Abstraction）和自动化（Automation）。计算思维中的抽象完全超越物理的时空观，并完全用符号来表示，其中，数字抽象只是一类特例。自动化就是机械地一步一步地自动执行，其基础和前提是抽象。

计算思维不仅能提高我们的计算机应用能力，而且能培养我们良好的思维方式，这种思维方式对于我们从事任何事业都是有益的。

（2）计算思维的特性。

①是概念化而不是程序化。

计算思维是要求能够在抽象的多个层次上的思维，像计算机科学家一样思考问题，而不只是用计算机编程。

②是基础的而不是机械的技能。

计算思维能力是人们通过学习所具有的能力，是在工作中发挥职能作用不断增进的能力，不是现有的、生搬硬套的、重复的能力。

③是人的而不是计算机的思维方式。

计算思维是人类求解问题的一条途径，但绝非试图使人类像计算机那样思考。计算机枯燥且沉闷，人类聪颖且富有想象力。我们人类赋予计算机以激情。配置了计算设备，我们就能用自己的智慧去解决那些计算时代之前不敢尝试的问题，就能构造那些其功能仅受制于我们想象力的系统。

④数学和工程思维的互补与融合。

计算机科学在本质上源自数学思维，因为与所有的科学一样，它的形式化解析基础构筑于数学之上。计算机科学又从本质上源自工程思维，因为我们构造的是能够与实际世界互动的系统。基本计算设备的限制迫使计算机科学家必须计算性地思考，不能只是数学性地思考。构建虚拟世界的自由使我们能够超越物理世界去打造各种系统。

⑤是思想而不是人造品。

不只是我们生产的软件、硬件、人造品将以物理形式到处呈现，并时时刻刻触及我们的生活，更重要的是，还将有我们用以接近和求解问题、管理日常生活、与他人交流和互动之计算性的概念；而且面向所有人、所有地方。当计算思维真正融入人类活动的整体以致不再是一种显式之哲学的时候，它将成为现实。

（3）计算思维的作用。

许多人将计算机科学等同于计算机编程，认为计算机科学的基础研究已经完成，剩下的只是工程部分而已。事实上，智力上极有挑战性并且引人入胜的科学问题依旧亟待解决，这些问题的范围和解决方案的范围之唯一局限就是我们自己的好奇心和创造力。学习计算机科学，我们可以像计算机科学家一样思考，可以从事多种行业、多个领域的工作。

3）计算机的起源

人类在长期的劳动实践中，随着需求的增长，发明了各种计算工具，由简单到复杂、从低级到高级。从"结绳记事"中的绳结到算筹、算盘、机械计算机等，它们在不同的历史时期发挥了各自的历史作用，同时也孕育了电子计算机的雏形和设计思路。

1642—1643 年，法国科学家布莱斯·帕斯卡（Blaise Pascal）发明了一个用齿轮运作的加法器，称为 Pascalene，如图 1-3 所示。这是第一部机械计算机，能够做 6 位加法和减法运算。

1672—1974 年，莱布尼兹发明了乘法计算机，可进行加减乘除和开方计算。他最早系统地提出了二进制运算法则。

1822 年，英国数学家查尔斯·巴贝奇最先提出通用计算机的基本设计思想，并设计了差分机和分析机，图 1-4 所示的为巴贝奇与他的差分机，巴贝奇是今天电子计算机的直系祖先，也被国际社会公认为计算机之父。

1936 年，英国数学家阿兰·图灵建立了"图灵机"模型，如图 1-5 所示。图灵机奠定了可计算理论的基础，提出了图灵测试理论，阐述了机器智能的基本概念（图灵机是一种抽象的计算模型，由一个控制器、一条可以无限延伸的带子和一个在带子上左右移动的读/写头组成）。

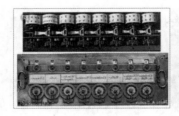  

图 1-3 帕斯卡机械计算机　　图 1-4 巴贝奇与他的差分机　　图 1-5 "图灵机"模型

1945 年，另一个被称为计算机之父的美籍匈牙利数学家冯·诺依曼首先提出一种在计算机中"存储程序"的设计思想，这种思想奠定了现在计算机的结构理论，可以说我们现在的计算机都属于冯·诺依曼计算机。

1946 年 2 月 14 日，世界上第一台电子数字计算机 ENIAC（埃尼阿克）在美国宾夕法尼亚大学莫尔学院诞生。ENIAC 是电子数值积分和计算机（The Electronic Numerical Integrator and Computer）的缩写，如图 1-6 所示。ENIAC 代表了计算机发展史上的里程碑。

ENIAC 的特点：体积庞大，采用电子线路来执行算术运算、逻辑运算和存储信息，运算速度达 5000 次/秒，存储容量小，执行程序前要进行复杂的线路连接。

1949 年 5 月，根据冯·诺依曼的思想，第一台存储程序计算机——EDSAC（电子数据存储自动计算机）在剑桥大学投入运行，ENIAC 和 EDSAC 均属于第一代计算机。

图 1-6　世界上第一台电子数字计算机

4）计算机的发展历程

从第一台电子数字计算机诞生到现在短短 70 多年中，计算机技术以前所未有的速度迅猛发展，根据组成计算机的电子逻辑器件的不同，将计算机的发展分为四个阶段。计算机主要元器件的演变如图 1-7 所示；电子计算机的发展历程如表 1-1 所示。

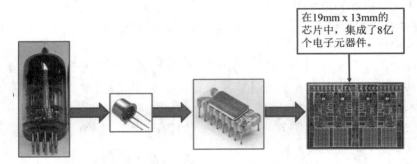

在19mm x 13mm的芯片中，集成了8亿个电子元器件。

图 1-7　从电子管→晶体管→中小规模集成电路→超大规模集成电路的演变

表 1-1　电子计算机的发展

发展阶段	逻辑元件	主存储器	运算速度/秒	软件	应用
第一代 1946—1957	电子管	电子射线管	几千次到几万次	机器语言、汇编语言	科学计算
第二代 1958—1964	晶体管	磁芯	几十万次	操作系统、高级语言	科学计算、数据处理、
第三代 1965—1969	中小规模集成电路	半导体	几十万次到几百万次	结构化程序设计	文字、图像处理
第四代 1970—至今	超大规模集成电路	集成度更高的半导体	上千万次到上亿次	面向对象程序设计	广泛应用到各个领域

近十年，我国在计算机研发上取得惊人的成就。

2010 年 11 月 16 日，全球超级计算机 500 强排行榜在美国新奥尔良会议中心正式揭晓，由中国国防科学技术大学研制的"天河一号"超级计算机以每秒 2570 万亿次的运算速度排名世界第一。

2011 年 10 月 27 日，国家超级计算济南中心在济南高新区正式揭牌启用。该中心建有中国首台全部采用国产 CPU 和系统软件构建的千万亿次计算机系统。

2013 年 6 月 17 日，中国国防科学技术大学研制的"天河二号"以每秒 33.86 千万亿次的浮点运算速度成为全球最快的超级计算机。

2014 年 6 月 23 日，"天河二号"超级计算机以比第二名美国"泰坦"超级计算机快近一倍的速度第三次获得冠军。

2016 年 11 月 18 日，中国自主研制的超级计算机"神威·太湖之光"，以每秒 93.01 千万亿次的运算速度应用于"全球大气非静力云分辨模拟"中，获得 2016 年度"戈登·贝尔"奖，实现了我国高性能计算应用成果在该奖项上零的突破。

2017 年 11 月，在全球超级计算机 500 强的发布中，"神威·太湖之光"第四次获得冠军，"天河二号"居于第二。

2018 年 11 月，在全球超级计算机 500 强的发布中，"神威·太湖之光"居于第三，美国的 Summit 和 Sierra 分别以每秒 14.3 亿亿次和 9.4 亿亿次居于第一和第二。同时，我国的三台 E 级超算原型机系统——神威 E 级原型机、"天河三号"E 级原型机和曙光 E 级原型机系统已全部完成交付，E 级超算是指每秒可进行百亿亿次数学运算的超级计算机，被全世界公认为"超级计算机界的下一顶皇冠"。

5）计算机新技术

（1）云计算。

云计算的核心是将大量用网络连接的计算资源进行统一管理和调度，构成一个计算资源池向用户按需服务。云计算是并行计算、分布式计算、网格计算、网络存储、虚拟化计算和网络技术发展相结合的产物。

简单的云计算技术在网络服务中随处可见，如搜索引擎、网络信箱等都是云计算的具体应用。云计算是划时代的技术。

（2）大数据。

大数据是一种在获取、存储、管理、分析方面大大超出了传统数据库软件工具能力范围的数据集合，具有海量的数据规模、快速的数据流转、多样的数据类型和价值密度低四大特征。大数据的意义是由人类日益普及的网络行为所伴生的，受到相关部门、企业采集的，蕴含数据生产者真实意图、喜好的，非传统结构和意义的数据。

大数据技术已广泛应用于公共服务、电子商务、企业管理、金融、娱乐等领域。

（3）人工智能。

人工智能是指用计算机来模仿人的智能，使计算机具有识别语言、文字、图形，以及进行推理、学习和适应环境的能力，主要表现在机器人研究、专家系统、模式识别、智能检索、自然语言处理、机器翻译、定理证明等方面。如医疗工作中的医学专家系统，能模拟医生分析病情，为病人开出药方，提供病情咨询等。机器制造业中采用的智能机器人，可以完成各种复杂的工作，可以承担有害与危险作业。

（4）虚拟现实。

虚拟现实（VR）技术是仿真技术的一个重要方向，是仿真技术与计算机图形学、人机接口技术、多媒体技术、传感技术、网络技术等多种技术的集合，是一门富有挑战性的交又技术前沿学科。利用计算机生成的一种实时动态的三维图像模拟环境，通过多种传感设备使用户投入该环境中，由计算机处理与参与者动作相适应的数据，达到用户与环境直接进行交互的目的。丰富的感觉能力与 3D 显示环境，使得 VR 成为理想的视频游戏工具。近些年，VR 技术在娱乐方面发展最为迅猛。

（5）物联网。

物联网，就是物物相连的互联网，"物联网技术"的核心和基础仍然是"互联网技术"，是在互联网技术基础上延伸和扩展的一种网络技术；其用户端延伸和扩展到了在物品和物品之间进行信息交换和通信。物联网技术通过射频识别（RFID）、红外感应器、全球定位系统、激光扫描器等信息传感设备，按约定的协议，将物品与互联网相连接，进行信息交换和通信，实现智能化识别、定位、追踪、监控和管理的一种网络技术。如智能家居、交通物流、环境保护、公共安全、智能消防、工业监测、个人健康等领域都有所应用。

（6）3D 打印。

3D 打印技术是利用光固化和纸层叠等技术的最新快速成型装置。它与普通打印的工作原理基本相同，打印机内装有液体或粉末等"打印材料"，与电脑连接后，通过电脑控制将"打印材料"一层一层地叠加起来，最终将计算机上的蓝图变成实物。在医疗、军事、航天等领域发挥着非常重要的作用。

（7）网格计算。

网格计算是专门针对解决复杂科学计算的新型计算模式。它是将一个需要巨大计算能力才能解决的问题分解成许多个小的问题，然后将这些小问题分配给许多计算机进行处理，最后将这些计算结果综合起来得到最终的结果。网格计算的优势是具有超强的数据处理能力和能充分利用网上闲置资源的处理能力。"大学在线课程"是中国教育科研网在网格计算方面的一个典型应用，通过网格技术提供了内容丰富的中国大学课程视频点播服务。

（8）普适计算。

普适计算是一种信息空间与物理空间的融合，无所不在，人们可以随时随地进行计算。在普适计算的环境下，整个世界是一个网络世界，人们可以便捷地获取数字化服务。

计算机新技术如图 1-8 所示。

图 1-8　计算机新技术

6）新型计算机

未来社会中，计算机、网络、通信技术将会三位一体化。新世纪的计算机将把人从重复、枯燥的信息处理中解脱出来，从而改变我们的工作、生活和学习方式，给人类和社会拓展了更大的生存和发展空间。

（1）能识别自然语言的计算机。

未来的计算机将在模式识别、语言处理、句式分析和语义分析的综合处理功能上获得重大突破。它可以识别孤立单词、连续单词、连续语言和特定或非特定对象的自然语言（包括口语）。今后，人类将越来越多地同机器对话。键盘和鼠标的时代将逐渐结束。

（2）高速超导计算机。

高速超导计算机的耗电仅为半导体器件计算机的几千分之一，它执行一条指令只需十亿分之一秒，比半导体元件的速度快几十倍。以目前的技术制造出的超导计算机的集成电路芯片大小只有 $3 \sim 5 \ mm^2$。

（3）激光计算机。

激光计算机是利用激光作为载体而进行信息处理的计算机，又叫光脑，其运算速度比普通电子计算机的运算速度至少快 1000 倍。它依靠激光束进入由反射镜和透镜组成的阵列中而对信息进行处理。

与电子计算机的相似之处是，激光计算机也靠一系列逻辑操作来处理和解决问题。光束在一般条件下具有互不干扰的特性，使得激光计算机能够在极小的空间内开辟很多平行的信息通道，密度大得惊人。一块截面等于 5 分硬币大小的棱镜，其通过能力超过全球现有全部电缆的许多倍。

（4）分子计算机。

分子计算机正在酝酿。美国惠普公司和加州大学于 1999 年 7 月 16 日宣布，已成功研制出分子计算机中的逻辑门电路，其线宽为几个原子直径之和，分子计算机的运算速度是目前计算机的 1000 亿倍，最终将取代硅芯片计算机。

（5）量子计算机。

量子力学证明，个体光子通常不相互作用，但是当它们与光学谐腔内的原子聚在一起时，它们之间会产生强烈影响。光子的这种特性可用来发展量子力学效应的信息处理器件——光学量子逻辑门，进而制造量子计算机。量子计算机利用原子的多重自旋进行计算。量子计算机可以在量子位上进行计算，可以在 0 和 1 之间进行计算。在理论方面，量子计算机的性能能够超过任何可以想象的标准计算机的性能。

（6）DNA 计算机。

科学家研究发现，脱氧核糖核酸（DNA）有一种特性，能够携带生物体的大量基因物质。数学家、生物学家、化学家及计算机专家从中受到启迪，正在合作研究制造未来的液体 DNA 电脑。这种 DNA 电脑的工作原理是以瞬间发生的化学反应为基础，通过和酶的相互作用，将发生过程进行分子编码，把二进制数翻译成遗传密码的片段，每一个片段就是著名的双螺旋的一个链，然后对问题以新的 DNA 编码形式加以解答。

与普通的电脑相比，DNA 电脑的优点是体积小，且存储的信息量超过现在世界上所有的计算机。

（7）神经元计算机。

人类神经网络的强大与神奇是人所共知的。将来，人们将制造能够完成类似人脑功能的计算机系统，即人造神经元网络。神经元计算机最有前景的应用领域是国防：可以识别物体和目标，处理复杂的雷达信号，可以决定要击毁的目标。神经元计算机的联想式信息存储、对学习的自然适应性、对数据处理中的平行重复现象等性能都将异常有效。

（8）生物计算机。

生物计算机主要是以生物电子元件构建的计算机。它利用蛋白质的开关特性，使用蛋白质分子作为元件而制成的生物芯片。其性能是由元件与元件之间电流启闭的开关速度来决定的。使用蛋白质制成的计算机芯片，它的一个存储点相当于一个分子大小，所以它的存储容量可以达到普通计算机的十亿倍。由蛋白质构成的集成电路，其大小只相当于硅片集成电路的十万分之一，而且运行速度更快，只有 10～11 s，大大超过人脑的思维速度。

2.计算机系统的组成

一个完整的计算机系统包括硬件系统和软件系统两大部分。硬件系统是构成计算机系统的各种物理设备的总称，也就是我们能够看得见，摸得着的实际物理设备；软件系统是计算机运行、管理和维护计算机的各类程序和文档的总称。两者需要有机地配合，才能使计算机充分发挥作用，它们相辅相成，缺一不可。

1）计算机硬件系统

美籍匈牙利数学家冯·诺依曼提出计算机制造的三个基本原则，即数据采用二进制表示、程序存储自动运行以及计算机由五大功能部件组成（运算器、控制器、存储器、输入设备、输出设备），这套理论被称为冯·诺依曼体系结构。现在通用的计算机大多都没有突破这种体系结构，都可以称为冯·诺依曼型计算机。

（1）输入设备和输出设备。

输入设备，用于接受用户输入的原始数据和程序，并将它们转换成计算机可以识别的二进制形式存放到内存中。常见的输入设备如图 1-9 所示。

输出设备，用于将计算机的运算结果（字符、文字、图形、图像、声音等）转换成人们或设备能识别的形式并输出。输出设备分为显示输出、打印输出、绘图输出、影像输出以及语音输出等五大类，常见的输出设备如图 1-10 所示。

图 1-9　计算机常见的输入设备

图 1-10　计算机常见的输出设备

（2）运算器。

运算器的主要功能是对数据进行算术运算或逻辑运算，由算术逻辑部件（ALU）、寄存器组和状态寄存器组成。核心部件是算术逻辑运算单元（ALU），算术运算和逻辑运算是通过 ALU 实现的。

算术运算是指需要考虑进位的加、减、乘、除运算；逻辑运算是指位对位的运算，如与、或、非、异或。寄存器组用来保存参加运算的操作数和运算的中间结果。状态寄存器中的状态位通常作为转移指令的判断条件。

（3）控制器。

控制器是计算机系统的指挥中心，主要由程序计数器（PC）、指令寄存器（IR）、指令译码器（ID）、时序控制电路和微操作控制电路等组成。它的主要功能是向计算机的各个部件发出控制信号，控制计算机各部件协调工作。

控制器的工作过程：从内存中取出指令，进行译码分析，根据指令的功能发出控制信号。当各部件执行完控制器发来的命令后，都会向控制器反馈执行的情况。

运算器和控制器合称为中央处理器（Central Processing Unit，CPU），是计算机的心脏，它的运行速度直接决定着整台计算机的运行速度。图 1-11 所示的为中央处理器（CPU）的实物图。

图 1-11   中央处理器 CPU

图 1-12   常用的存储器

（4）存储器。

存储器是用来存放程序和数据的部件。存储器是计算机的记忆单元。程序和数据在存储器中以二进制的形式表示，统称为信息。存储器分为内部存储器和外部存储器。

内部存储器简称主存，它的存取速度直接影响计算机的运行速度。内部存储器采用和运算器、控制器相同的电子元件制成，通过内部总线与运算器和控制器紧密连接。运算器、控制器、主存储器三部分合称为计算机主机。

主存储器分为随机存取存储器（RAM）和只读存储器（ROM）。一般厂家将监控程序、系统引导程序等专用程序固化在 ROM 中，正常工作下，只能读取其中的指令，不能修改或写入信息，断电后，ROM 中的信息也不会丢失。RAM 用来存放正在运行的程序和数据，对于 RAM，既可以写入数据，也可以读取数据，掉电后，RAM 中的信息会丢失。

外部存储器简称为外存或辅存。其特点为：存储容量大，存取速度相对比较慢，数据可永久保存，可存放当前暂时不参加运行的程序和数据。常用的存储器如图 1-12 所示。

与存储器相关的概念有以下几个。

①位（bit）。位是计算机中存储数据的最小单位，1 bit 即一个二进制位。

②字节（Byte）。计算机存储容量的基本度量单位，1 B =8 bit。存储器由一系列字节组成，每个字节有一个唯一的编号，这个编号称为存储单元地址（以二进制数表示）。CPU 是

按存储单元的地址访问存储器。

③字（Word）和字长。字是计算机能同时处理的一组二进制数，一个"字"由多个字节组成；字长是这组二进制的位数，它是计算机处理能力的重要指标。通常我们说计算机是 64 位机，意思就是这台计算机同时处理的一组二进制数占 8 个字节。

④存储容量。计算机的存储容量越大，整体性能就越好。常用的存储容量的度量单位有千字节（KB）、兆字节（MB）、吉字节（GB）、太字节（TB），它们之间的换算关系为：1 KB=1024 B、1 MB=1024 KB、1 GB=1024 MB、1 TB=1024 GB。

（5）计算机指令和指令系统。

指令是指挥计算机进行操作的命令，是计算机能够识别并执行的一组二进制代码，它规定了计算机能执行的操作以及操作对象所在的位置。如基本的存取数、加、减等分别用一条指令来实现。指令由操作码和地址码两部分组成，指令格式如图 1-13 所示。操作码规定指令进行何种操作，如输入、输出、加、减等操作。地址码给出操作数的地址。

操作码	地址码

图 1-13　指令格式

指令系统是指计算机的 CPU 所能执行的全部指令的集合。不同计算机的指令系统包含的指令种类和数目也不同。一般包含以下类型。

数据传送指令：在存储器之间、寄存器之间、存储器和寄存器之间进行数据传送。

数据处理指令：对数据进行算术运算和逻辑运算的指令。

程序控制指令：控制程序中指令的执行顺序。

输入/输出指令：在输入/输出设备与主机之间进行数据传输。

硬件控制指令：对计算机的硬件进行控制和管理。

（6）计算机的工作原理。

计算机的工作原理就是程序自动执行的过程。首先将程序和数据由输入设备送入（内）存储器，计算机在运行时，通过指令寄存器从内存中取出第一条指令，通过控制器的译码分析，并按照指令要求从存储器中取出数据进行指定的算术运算或逻辑运算，然后按照地址将结果送到内存中，再按照程序的逻辑结构有序地取出第二条指令，在控制器的控制下完成规定的操作，直到遇到结束指令。这样，计算机就可以在程序的控制下按人们的意图自动操作了。计算机的工作原理如图 1-14 所示。

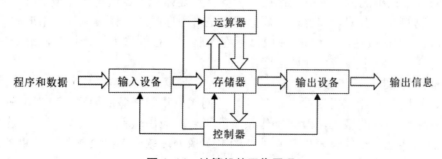

图 1-14　计算机的工作原理

2）计算机软件系统

计算机硬件系统是计算机的物理实体，而软件系统则是用于指挥计算机硬件系统工作的程序，是计算机的灵魂。计算机软件系统分为系统软件和应用软件。

（1）系统软件。

系统软件是为了方便用户充分发挥计算机的效能，向用户所提供的一系列支持软件。它是用户和硬件之间联系的桥梁，是保证计算机系统正常工作必须配备的软件，主要负责管理、监控和维护计算机资源工作，用户不能随意修改。

系统软件包括操作系统、数据库管理系统、程序设计语言及其处理程序、系统调试程序、故障诊断程序和错误检测程序等。

操作系统是系统软件的核心，其任务是管理和控制计算机中的各种软、硬件资源，为用户使用计算机资源提供方便。用户通过操作系统指挥计算机工作，任何软件都必须在操作系统的支持下才能运行。目前常见的操作系统有 DOS、UNIX、Linux、Windows、Netware等。

数据库管理系统是为数据库的建立、使用和维护而配置的软件集合，它为人们提供了统一管理和操作数据库的手段。

常用的数据库管理系统有 Oracle、SQL Server、Access Sybase 等，它们都能在操作系统的管理下实现对数据库的管理和控制功能。

程序设计语言包括机器语言、汇编语言和高级语言。

机器语言是第一代计算机语言，由 0 和 1 二进制代码组成，唯一能被计算机直接识别和执行的指令代码。机器语言依赖于计算机的硬件结构和指令系统，所以不具有通用性和可移植性。其优点：编程质量高，执行速度快。

汇编语言是第二代计算机语言，采用指令助记符代替机器语言中的指令和操作数。

使用汇编语言编写的程序，机器不能直接识别，需要经过汇编程序翻译成机器语言才能被计算机执行。汇编语言也是低级语言的一种，与机器语言一样都是面向机器的语言，与机器的硬件结构有很大联系，因此，通用性和可移植性差。其优点：速度快，能控制硬件工作，占用存储空间小，能较好地发挥机器硬件的作用。

高级语言是第三代计算机语言，是一种接近于自然语言或数学语言的表达方式，由各种有意义的“词”和“数学公式”按照一定的“语法规则”组成。因此，使用高级语言编写的程序易读、易记、通用性强；高级语言面向问题，而不是面向机器。同样，使用高级语言编写的程序也不能被计算机直接执行，需将其翻译成机器语言才能被执行。

目前实现的方法有编译和解释。解释程序是对源程序边解释边执行，不形成目标程序，称为解释执行。先将源程序全部翻译成目标程序后才执行的称为编译执行，如 VC++等。编译程序和解释程序统称为语言处理程序。

（1）应用软件。

应用软件通常由计算机专业人员为满足人们完成特定任务的要求而开发的软件。操作系统是运行应用软件的基础，没有操作系统的平台，应用软件无法正常运行。应用软件种类很多，如文字处理软件、表处理软件、图形图像处理软件、办公软件、信息管理软件、计算机辅助设计软件和实时控制软件等。

3）硬件系统和软件系统的关系

计算机硬件是软件运行的基础，软件是硬件得以发挥作用的途径，操作系统是用户与硬件之间的桥梁，只有硬件与软件同时具备，才是完整的计算机。计算机系统的构成如图1-15所示。

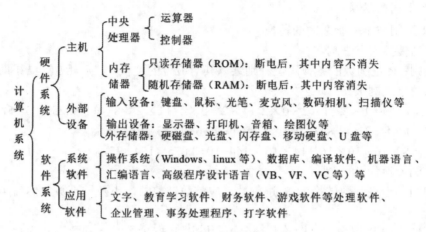

图 1-15　计算机系统的构成

3.数据的编码与表示

计算机能够处理各种各样的数据信息，那么在计算机中数据是如何表示的呢？

1）进位计数制

进位计数制是一种计数的方法，按进位的方式计数的数制。常用的是十进制，编写程序时，有时还会使用八进制、十六进制、二进制。数据无论采用哪种进位计数制表示，都涉及基数和位权两个概念。

基：某进位计数制的基是指该数制中允许选用的基本数码。如十进制的基为0、1、2、3、4、5、6、7、8、9。

基数：进位计数制所使用的数码个数称为该数制的基数。如十进制的基数是10，二进制的基数是2。

位权：每个数码表示的数值等于该数码乘以一个与数码所在位置相关的常数，这个常数称为位权。位权的大小是以基数为底，数码所在位置的序号为指数的整数次幂。

计算机中常用的计数制有以下几种。

（1）十进制。

基：0、1、2、3、4、5、6、7、8、9；基数：10；位权：10^i。

运算规则：逢10进1；表示方式：896，$(896)_{10}$，896D。

（2）二进制。

基：0、1；基数：2；位权：2^i。

运算规则：逢2进1；表示方式：$(1101)_2$，1101B。

（3）八进制。

基：0、1、2、3、4、5、6、7；基数：8；位权：8^i。

运算规则：逢 8 进 1；表示方式：$(567)_8$，567Q。

（4）十六进制。

基：0、1、2、3、4、5、6、7、8、9、A、B、C、D、E、F；基数：16；位权：16^i。

运算规则：逢 16 进 1，表示方式：896，$(6AB)^{16}$，6ABH

2）进制之间的转换

（1）R 进制与十进制之间的转换。

①R 进制转换为十进制。

转换规则：R 进制数的各数码位分别乘以其对应位的位权，然后相加，结果即是与该 R 进制数对应的十进制数。

例：$(1101.01)_2=1\times2^3+1\times2^2+0\times2^1+1\times2^0+0\times2^{-1}+1\times2^{-2}=8+4+1+0.25=(13.25)_{10}$

$(136.5)_8=1\times8^2+3\times8^1+6\times8^0+5\times8^{-1}=64+24+6+0.625=(94.625)_{10}$

$(9A.E)_{16}=9\times16^1+10\times16^0+14\times16^{-1}=144+10+0.875=(154.875)_{10}$

②十进制转换为 R 进制：

转换规则：十进制数转换为 R 进制数，应整数转整数，小数转小数，然后用小数点连接。

整数部分：除 R 取余法。即整数部分不断除以 R 取余数，直到商为 0 为止，最先得到的余数为最低位，最后得到的余数为最高位。

小数部分：乘 R 取整法。即小数部分不断乘以 R 取整数，直到小数为 0 为止，或者达到有效精度为止，最先得到的整数为最高位，最后得到的整数为最低位。

例：将十进制 43.625 转换为二进制，过程如图 1-16 所示。

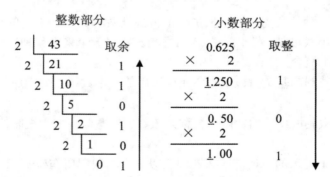

图 1-16　十进制转换为二进制

结果：$(43.625)_{10}=(101011.101)_2$

（2）二进制与八进制之间的转换。

①二进制转换为八进制。

转换规则：由小数点开始分别向左、右，每 3 位数字划分一段，不足 3 位的用 0 补足，每段二进制数用 1 位八进制数代替。

例：$(001\quad101\quad011.101)_2=(153.5)_8$

②八进制转换为二进制。

转换规则：八进制数的整数和小数部分的数字逐个用对应的 3 位二进制数代替。

例：$(567.3)_8=(101\ 110\ 111.011)_2$

（3）二进制与十六进制之间的转换。

①二进制转换为十六进制。

转换规则：由小数点开始分别向左、右，每 4 位数字划分一段，不足 4 位的用 0 补足，每段二进制数用 1 位十六进制数代替。

例：$(0110\quad 1011.1010)_2=(6B.A)_{16}$

②十六进制转换为二进制。

转换规则：十六进制数的整数和小数部分的数字逐个用对应的 4 位二进制数代替。

例：$(4D.E3)_{16}=(0100\ 1101.1110\ 0011)_2$

3）非数值型数据的编码

在计算机中存储和处理的数据，除数值型数据外，还有大量字符型数据，如字符、汉字、图形、图像等，属于非数值型数据。对于数值型数据，可按一定的转换规则转换成二进制数在计算机内表示。但对于非数值型数据，通常用若干位二进制数代表一个特定的符号，用不同的二进制数代表不同的符号，并且二进制代码集合与符号集合一一对应。下面简单学习几种常见的符号编码。

（1）ASCII 码。

ASCII 码，即美国标准信息交换码，采用 7 位二进制数表示，可以构成 128 种编码（0~127）。在计算机中用 8 位二进制数表示 1 个字符，构成 1 个字节，通常用 0 填充最高位。其中前 32 个码和最后 1 个码代表不可见的控制字符，剩余 95 个可打印字符，包括常用字母、数字、标点等。

（2）汉字编码。

在利用计算机处理汉字时，同样也必须对汉字进行编码。

①汉字输入码。汉字输入码是指从键盘输入汉字时采用的编码，又称外码。常用的编码方法有数字码、拼音码、字形码。

数字码：国标码共有汉字 6763 个，数字、字母、符号等有 682 个，共 7445 个。分为 94 个区，每个区分为 94 位，把汉字表示成二维数组，每个汉字在数组中的下标就是区位码，即汉字编码表中共有 94（区）×94（位）=8836 个编码，用于表示国标码规定的 7445 个汉字和图形。

拼音码：以汉语拼音为基础的输入码，常用的有全拼、简拼、双拼等。

字形码：根据汉字的形状形成的输入码，按汉字的笔画或基本结构的顺序依次输入，就能表示一个汉字，如五笔输入法。

②汉字机内码。计算机内部存储和处理加工汉字时使用的编码。一般用两个字节来存放汉字的机内码，输入码经过键盘接收后由汉字操作系统的"输入码转换模块"转换为机内码。

③汉字交换码。在不同的汉字处理系统间进行汉字交换时所使用的编码。主要采用国标码和 BIG5 码。

④汉字字形码：汉字字形码用在显示或打印输出汉字时产生的字形，这种编码通过点阵形式产生。常见的汉字点阵有 16×16 点阵、24×24 点阵、32×32 点阵、64×64 点阵。

4.软件技术基础

1）算法

（1）算法的定义。

算法是为解决某个问题而采取的方法或步骤，是在有限步骤内求解某一问题所使用的一组定义明确的规则，是计算机处理问题所必要的步骤。

（2）算法的特性。

算法具有确定性、有穷性、可行性、有 0 个或多个输入、有 1 个或多个输出等特性。

（3）算法的表示方法。

算法包含自然语言、流程图、N-S 图、伪代码、计算机语言等表示方法。

（4）算法的评价方法。

对于同一个问题，往往会有多种不同的解决方法。判定一个算法的优劣，一般从正确性、健壮性、可读性、时间复杂度和空间复杂度等方面进行评价。

2）程序设计方法

著名的计算机科学家沃斯提出程序=数据结构+算法。作为一个完整的程序，仅有数据的描述和操作方法还不够。所以完整的程序应该是：程序=数据结构+算法+程序设计方法+语言工具。目前最经典的程序设计方法就是结构化程序设计方法和面向对象程序设计方法。

（1）结构化程序设计。

设计思想：将复杂问题的求解过程分阶段进行，每个阶段处理的问题都控制在人们容易理解和处理的范围内。因此可将一个复杂的问题分解为若干个子问题，各个子问题分别由不同的人员解决，从而提高了程序的开发速度，便于程序调试，有利于软件的开发和维护。通常采用模块化设计与功能分解、自顶向下、逐步细化、结构化编码的方法来得到结构化的程序。程序的基本结构包括顺序结构、选择结构、循环结构。

顺序结构：顺序结构是最简单、最基本的一种结构，按照程序中的语句依次逐条执行，如图 1-17 所示。

选择结构：选择结构也称分支结构，根据给定的条件是否成立，判断选择执行哪一个分支，从而决定程序的走向，如图 1-18 所示。

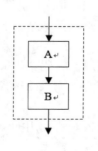

图 1-17　顺序结构

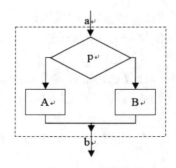

图 1-18　选择结构

循环结构：循环结构也称重复结构，根据给定的条件是否成立，判断是否重复执行某个操作。循环结构常见的有两类循环。先判断循环条件，再执行循环操作的称为当型循环结构；先执行循环操作，后判断循环条件的称为直到型循环结构。如图 1-19 所示。

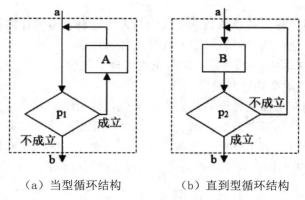

（a）当型循环结构　　　　（b）直到型循环结构

图 1-19　循环结构

（2）面向对象程序设计。

面向对象程序设计是模仿建立真实世界模型的方法，对系统的复杂性进行概括、抽象和分类，从而解决大型软件研制中存在的效率低、质量难以保证、调试复杂、维护困难等一系列问题。

①对象。客观世界中的任何一个事物都可以看成一个对象，一个对象应包含属性和行为两个要素。属性是对象的静态特征，行为是对象的动态特征。

②类。将属性、操作相似的对象归为类，即类是具有共同属性、共同方法的对象的集合。

③消息。消息是在一个实例与另一个实例之间传递的信息，请求对象执行某一处理或回答某一要求的信息。

④继承。继承是面向对象方法的一个主要特征。将已有的类（父类）定义作为基础来建立新类（子类）的定义。

⑤多态性。对象根据所接收的消息而做出的动作，同样的消息被不同的对象接收时，可导致完全不同的行为，这种现象称为多态性。

设计思想：一是从现实世界中客观存在的事物出发，尽可能地运用人类自然的思维方式去构造软件系统；二是将事物的本质特征经过抽象后表示为软件系统的对象，以此作为系统构造的基本单位；三是让软件系统能直接映射问题，并保持问题中事物及其相互关系的本来面貌。

设计步骤：面向对象的设计步骤包括面向对象分析、面向对象设计、面向对象编程、面向对象测试、面向对象维护。

3）软件工程基础

（1）软件的特点。

软件是一种逻辑实体，具有抽象性；软件没有明显的制造过程；软件在使用过程中没有磨损、老化等问题；软件对硬件和环境有着不同程度的依赖性；软件复杂性高，开发和设计成本高；软件工作牵涉很多社会因素。

（2）软件危机和软件工程。

软件危机包含两个方面的问题：如何满足不断增长、日趋复杂的需求；如何维护数量不断膨胀的软件产品。

软件工程是指用工程、科学和数学的原则与方法研制、维护计算机软件的有关技术及管理方法，主要内容包括软件开发技术和软件工程管理学。其中，软件开发技术包含软件开发方法、软件工具和软件工程环境；软件工程管理学包含软件工程经济学和软件管理学。

（3）软件的生命周期和开发模型。

软件生命周期通常是指软件产品从提出、实现、使用维护到停止使用（废弃）的全过程，即从考虑软件产品的概念开始，到软件产品终止使用的整个时期。软件生命周期包括问题定义、可行性分析、需求分析、总体设计、详细设计、编码、测试、运行、维护升级到废弃等活动。软件生命周期还可概括为定义、开发和运行维护三个阶段，如图1-20所示。

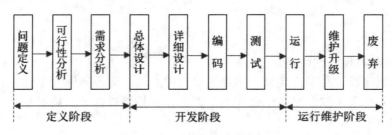

图 1-20 软件生命周期

软件开发模型给出了软件开发活动各个阶段之间的关系。它是软件开发过程的概括，是软件工程的重要内容。软件开发的设计阶段包括数据结构设计、给出系统模块结构、定义模块算法。软件开发模型主要有瀑布模型、演化模型、螺旋模型、喷泉模型、智能模型、组合模型。

（4）软件工程的目标与原则。

软件工程的目标：是在给定成本、进度的前提下，开发出具有有效性、可靠性、可理解性、可维护性、可重用性、可适应性、可移植性、可追踪性和可互操作性且满足用户需求的产品。

软件工程的原则：选取适宜的开发模型，采用合适的设计方法，提供高质量的工程支持，重现开发过程的管理。

（5）软件开发方法。

软件工程中的开发方法主要有面向过程的方法、面向对象的方法和面向数据的方法三种。

（6）软件测试。

软件测试的目的是发现错误并执行程序的过程。测试是以查找错误为中心，而不是为了演示软件的正确功能。

按照软件测试的性质，软件测试的方法可分为静态测试和动态测试。静态测试又可分为文档测试和代码测试；动态测试又称运行程序测试，可分为白盒测试、黑盒测试和灰盒测试。

软件测试过程一般按照单元测试、集成测试、验收测试和系统测试四个步骤进行。通过这些步骤的实施来验证软件是否合格，能否交付使用。

（7）软件维护。

软件维护是在软件产品安装、运行并交付使用后，在新版本产品升级之前，由软件厂商向用户提供的服务，软件项目或产品的质量越高，其维护的工作量就越小。

4）数据库技术基础

数据库技术作为数据处理的应用技术，是计算机应用技术中的重要组成部分，已成为计算机应用技术的核心。数据库系统的建设规模、数据库信息量的大小和使用频度，已成为衡量一个国家信息化程度的重要标志之一。

（1）数据库（DataBase，DB）是长期存储在计算机内、有组织的、可共享的数据集合。数据库具有最小的冗余度，较高的数据独立性和可扩展性，对数据统一管理和控制，并可为不同的用户共享的特点。

（2）数据库管理系统（DataBase Management System，DBMS），是指数据库系统中对数据库进行管理的软件系统，是数据库系统的核心组成部分，对数据库的查询、更新、插入、删除等操作都是通过 DBMS 控制的。

DBMS 是位于用户和操作系统之间的数据管理软件，是用户和数据库的接口。DBMS在操作系统支持下运行，借助操作系统实现对数据的存储和管理，使数据能被各种不同的用户共享，可保证用户得到的数据是完整的、可靠的。它与用户之间的接口称为用户接口，DBMS 提供给用户可使用的数据库语言。

数据库管理系统的主要工作是管理数据库，为用户或应用程序提供访问数据库的方法。目前常用的 DBMS 有 Access、SQL Server、MySQL、Oracle 等。

（3）数据库系统（DataBase System，DBS）是由硬件系统、数据库管理系统、数据库、数据库应用程序、数据库系统相关人员等构成的人-机系统。数据库系统并不是单指数据库或数据库管理系统，而是指带有数据库的整个计算机系统，如图 1-21 所示。

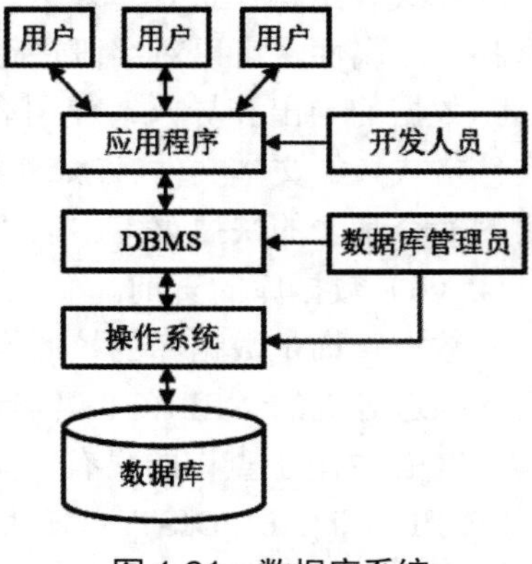

数据库系统的应用模式包括个人计算机模式、集中模式、客户机/服务器（Client/Server，C/S）模式、分布模式和浏览器/服务器（Browser/Server，B/S）模式。

数据库系统相关人员是数据库系统的重要组成部分，包括数据库管理员、开发人员、用户。

（4）数据模型是数据库中数据的存储方式，是数据库系统的核心和基础。数据模型包括层次模型、网状模型和关系模型。关系模型是将数据组织成二维表格的形式，这种二维表在数学上称为关系。下面介绍关系模型的基本术语。

图 1-21 数据库系统

关系：一个关系对应一张二维表。

关系模式：是对关系的描述，一般形式为关系名（属性 1，属性 2…属性 n）

记录：表中的一行称为一条记录或元祖。

属性：表中的一列为一个属性，属性也被称为字段。每个属性都有一个名称，被称为属性名。

关键字：表中的某个属性集，它可以唯一确定一条记录。

主键：一个表中可能有多个关键字，但在实际应用中只能选择一个，被选用的关键字称为主键。

值域：属性的取值范围。

（5）数据库的建立与维护。

Access 是一种关系型数据库管理系统。它提供了一套完整的工具和向导，即使是初学者，也可以通过可视化的操作来完成大部分的数据库管理和开发工作。对高级数据库系统开发人员来说，可以通过 VBA（Visual Basic for Application）开发高质量的数据库系统。

目前，Access 应用非常广泛，不仅可用于中、小型的数据库管理，供单机使用，还可以作为"客户机/服务器"或"浏览器/服务器"体系中数据库服务器上的数据库管理系统。

①数据库的建立。

在 Access 中，一个数据库包含的对象有表、查询、窗体、报表、宏、模块等，都存放在同一个数据库文件（acdb）中，而不像有些数据库（如 Visual Foxpro 等）那样分别存放于不同的文件中，这样就方便了数据库文件的管理。

在 Access 数据库中，表是数据库中最基本的对象，存放着数据库中的全部数据信息。从本质上来说，查询是对表中数据的查询，窗体和报表也是对表中数据的维护。所以，设计一个数据库的关键就集中体现在建立基本表上。要建立基本表，首先必须确定表的结构，即确定表中各字段的名称、类型、属性等。

②数据库的管理与维护。

向表中输入数据：选定基本表，然后进入数据表视图，输入编辑的数据。

修改表结构：选定基本表，进入设计视图，修改表结构。可以修改字段名称、字段类型和字段属性，可以对字段进行插入、删除、移动等操作，还可以重新设置主键。

数据的导出和导入：使用表的快捷菜单中的"导出"命令可以将表中的数据以另一种文件格式（如文本文件、Excel 格式等）保存在磁盘上。导入操作是导出操作的逆操作，使用的命令是表的快捷菜单中的"导入"命令。

（6）数据库的查询。

数据查询是数据库的核心操作。实际上，不论采用何种工具创建查询，Access 都会在后台构造等效的 SELECT 语句，执行查询实质就是运行相应的 SELECT 语句。

SQL 中用于查询的只有一条 SELECT 语句，常见的 SELECT 语句语法形式为：

SELECT[ALL|DISTINCT]目标列 FROM 表(或查询)　　　′基本部分，选择字段

[WHERE 条件表达式]　　　　　　　　　　　　　′选择满足条件的记录

[GROUP BY 列名 1[HAVING 过滤表达式]]　　　′分组并且过滤

[ORDER BY 列名 2[ASC|DESC]]　　　　　　　′排序

SELECT 语句一般由上述 4 部分组成。第 1 部分是最基本的、不可缺少的部分，称为基本部分，其余部分是可以省略的，称为子句。

整个语句的功能是，根据 WHERE 子句中的表达式，从 FROM 子句指定的表或查询中找出满足条件的记录，再按 SELECT 子句中的目标列显示数据。如果有 GROUP BY 子句，则按列名 1 的值进行分组，值相等的记录分在一组，每一组产生一条记录。如果 GROUP BY

子句再带有 HAVING 短语，则只有满足过滤表达式的组才可以输出。如果有 ORDER BY 子句，则查询结果按列名 2 的值进行排序。

SELECT 语句是数据查询语句，不会更改数据库中的数据。

通过对计算机基础知识和拓展知识的学习，相信你对计算机已经有了一个深刻的认识。让我们接着完成以下的任务。

1.1.4 知识小结

学习计算机不是单纯地做某一件事情，是要用计算机解决问题，是要用计算机科学家的思维方式思考问题，在任务 1.1 的学习中，尝试着让我们了解计算机世界，涉及的知识点如下。

（1）关于计算机。

①计算机的定义。

②计算思维的定义、特性及作用。

③计算机的起源、发展。

④计算机新技术、新型计算机。

（2）计算机系统。

①硬件系统，五大功能部件及作用。

②指令与指令系统、计算机工作原理。

③软件系统，系统软件和应用软件。

（3）数据的编码与表示。

①数制的概念、不同进制之间的转换。

②非数值型数据的编码，ASCII 码、汉字编码。

（4）软件技术基础。

①算法。算法的定义、特征、评价方法。

②程序设计方法。结构化程序设计方法、面向对象程序设计方法。

③软件工程基础。软件工程是用工程、科学和数学的原则与方法研制、维护计算机软件的有关技术及管理方法，主要内容包括软件开发技术和软件工程管理学。

④数据库技术基础。数据库、数据库管理系统、数据库系统、数据模型、数据库的建立与维护、数据库的查询。

1.1.5 实战练习

认识计算机的主要输入/输出设备，以及各种设备的接口。熟练地将显示器、键盘、鼠标、打印机等外围设备与主机进行连接。

1.1.6 拓展练习

请同学们到电脑商城了解不同类型计算机的配置、性能及用途，了解各种 CPU、内存、外部存储器及各种输入/输出设备的型号及其性能，了解操作系统的安装过程，为自己选择一台合适的计算机。

任务 1.2　使用计算机的基本技能

1.2.1　任务能力提升目标

· 熟练掌握正确的计算机开/关机方法。
· 熟练掌握键盘、鼠标的操作方法。

1.2.2　任务内容及要求

通过任务 1.1 的学习，小李买到了自己心仪的电脑，早就手痒的他，想先输入一段文本，满足一下自己的喜悦之心，他应该如何正确地操作呢？

1.2.3　任务分析

小李首先应该学习正确的计算机开/关的方法，这是安全使用计算机的前提；其次应学习计算机的基本输入设备（鼠标、键盘）的使用方法，熟练掌握鼠标、键盘的使用方法是学好计算机必备的基本技能。

1.2.4　任务实施

1.计算机开机过程

1）启动计算机

计算机的启动分为冷启动和热启动。冷启动是指没有接通电源时的启动，这种启动计算机要进行系统自检，各种设备正常时计算机才能正常开机；热启动是计算机在运行过程中出现死机时使用的一种启动方式，计算机不进行系统自检；当系统中定义多个用户时，可执行"重启"命令，进行用户间的切换。操作方法如下。

· 冷启动：先开外部设备电源，后开主机电源。
· 热启动：同时按下键盘上的【Ctrl＋Alt＋Del】组合键，打开"任务管理器"对话框，如图 1-22 所示，结束其中任务释放系统资源。
· "重启"命令：单击"开始"按钮→"开始"菜单→"电源"选项列表→"重启"选项。

2）启动操作系统

（1）启动计算机后，系统引导程序将操作系统装入内存并运行。若计算机只安装一个操作系统，则直接进入该操作系统；若计算机安装多个操作系统，则屏幕显示"选择操作系统"界面，此时选择所需的操作系统即可。

图 1-22　任务管理器对话框

（2）若在操作系统中创建了多个用户，那么在进入操作系统后，会显示选择用户的界面，单击用户图标，若该用户没有设置密码，则进入该用户的系统桌面，操作系统启动完成；若用户设置了密码，则在密码框中输入密码，按【Enter】键进入该用户的系统桌面，操作系统启动完成。至此，开机过程结束。

2.计算机关机过程

关闭计算机是指最终断掉计算机的电源。计算机运行过程中，根据用户的需要，可安装或卸载应用程序，但会造成系统数据被修改。为了使再开机时系统能正常运行，被修改的数据应保存起来。计算机连接有很多外部设备，也需要正确关闭，操作方法如下。

（1）关闭系统中所有打开的窗口以及正在运行的应用程序。

（2）单击"开始"按钮→"开始"菜单→"电源"选项列表→"关机"选项。系统会自动保存数据，并关闭主机电源。

（3）关闭外部设备电源。

3.鼠标、键盘的操作

1）鼠标操作方法

鼠标分为左、右两个键，常见的鼠标中间带有滚轮，用于快速翻页。鼠标操作有以下几种。

（1）单击：快速击鼠标左键一次，用于选中对象或在应用程序中定位插入符。

（2）双击：在短时间内快速连续击鼠标左键两次，用于启动目标对象。

（3）右击：快速击鼠标右键一次，弹出与目标对象相关的快捷菜单。

（4）拖曳：将鼠标指向目标对象，按下左键不放，移动到目标位置，松开左键，用于移动或复制对象。

2）鼠标指针的形状

鼠标指针在不同的状态下，其形状不同，含义也不同，鼠标指针的形状及说明如表 1-2所示。

表 1-2　鼠标指针的形状及说明

鼠标形状	含义	鼠标形状	含义
I	文字选择	↕	调整垂直大小
↖	标准选择	↔	调整水平大小
↖?	帮助选择	⤢	对角线调整 1
↖⌛	后台操作	⤡	对角线调整 2
⌛	忙	✥	移动

3）键盘操作方法

（1）键盘的功能。

键盘是用户向计算机输入数据或命令的最基本的设备。

（2）键盘分区。

键盘分为 5 个区，即主键盘区、功能键区、编辑键区、数字小键盘区（辅助键区）和状态指示区，如图 1-23 所示。

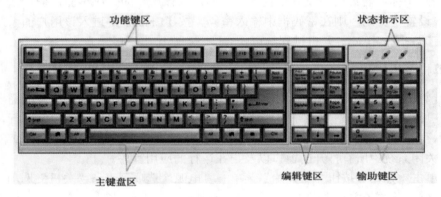

图 1-23　键盘分区

（3）键盘指法分区。

键盘上的"A、S、D、F、J、K、L、；"8 个键位为基准键位。其中，在 F、J 两个键位上均有一个突起的短横条，分别用左、右手的食指可触摸这两个键以确定其他手指的键位。左、右手手指的分布如图 1-24 所示。

4）输入法的选择

方法 1：用鼠标单击任务栏中的输入法图标，在弹出的语言列表中选择所用的输入法。

方法 2：按下【Ctrl+Shift】组合键，在输入法列表中轮换。

5）与输入法相关的快捷键

（1）按【Ctrl＋Space】组合键，表示快速在中英文输入法之间进行切换。

（2）按【Shift＋Space】组合键，表示在中文输入状态下，可快速在全角和半角之间进行切换。

（3）按【Ctrl＋.】组合键，表示在中文输入状态下，可快速在中英文标点符号之间进行切换。

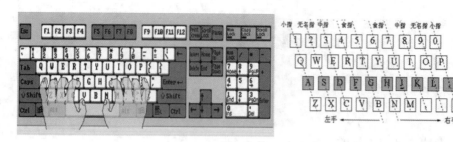

图 1-24　键盘指法分区

（4）按【CapsLock】，表示快速在英文字符的大、小写状态之间进行切换。

6）特殊字符的输入

（1）单击中文输入法状态条上的软键盘按钮（见图 1-25），弹出如图 1-26 所示的软键盘，单击该软键盘上的按钮，与单击键盘上的按钮效果相同。

图 1-25　中文输入法状态条

（2）右击中文输入法状态条上的软键盘按钮，弹出如图 1-27 所示的特殊字符列表，选择所需字符选项，单击软键盘按钮，即可输入相应字符。

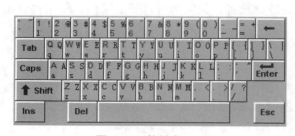

图 1-26　软键盘

图 1-27　特殊字符列表

（3）在特殊字符列表中选择"PC 键盘"选项，单击软键盘按钮，关闭软键盘，完成特殊字符的输入。

1.2.5　知识小结

（1）开机与关机

①计算机的启动。

②操作系统的启动。

③计算机的关闭与操作系统的退出。

（2）鼠标与键盘的操作

①鼠标指针的形状及含义。

②鼠标的操作方法及作用。

③键盘的功能及键盘分区。

④键盘指法分区及手指的分布。

⑤输入法的选择及相关快捷键。

⑥特殊字符的输入。

1.2.6　实战练习

（1）正确开机。先开外部设备，后开主机，进入 Windows 10 操作系统。

（2）启动文本编辑工具。文本编辑工具常用的有 Office 或 WPS 办公软件、写字板、记事本等，打开需要的应用程序。

（3）选择合适的输入法。可以利用快捷方式或鼠标单击选择，输入以下文本信息。

1946 年 2 月 14 日，世界上第一台电子数字计算机 ENIAC（埃尼阿克）在美国宾夕法尼亚大学莫尔学院诞生。ENIAC 是电子数值积分和计算机（The Electronic Numerical Integrator and Computer）的缩写，如图 1-6 所示。它是由美国宾夕法尼亚大学的物理学家约翰·莫克利（John Mauchly）和工程师普雷斯伯·埃克特（J. Presper Eckert）领导，于 1943 年开始研制并于 1946 年完成。ENIAC 代表了计算机发展史上的里程碑。在揭幕仪式上，"埃尼阿克"为来宾表演了它的"绝招"——分别在 1 s 内进行了 5000 次加法运算和 500 次乘法运算，这比当时的继电器计算机的运算速度快 1000 多倍。

（4）在当前编辑工具中选择"保存"选项，保存文档。

（5）正确关机。先关主机，后关外部设备。关闭所有打开的窗口，单击"开始"按钮→"关机"命令。

1.2.7　拓展练习

（1）网上搜索一篇日语短文和俄语短文，选择输入方法输入这两段短文。

（2）了解计算机配置以及计算机的性能。

第一篇　拓展知识

第二篇
操作系统之中文 Windows 10

能力与思政培养目标

➢ 明确什么是软件，了解我国软件行业的发展历程，引导学生向前辈致敬，学习前辈的工匠精神和责任担当意识，激发学生奋发图强和为国家发展贡献力量的精神。
➢ 了解 Windows 10 的新增功能。
➢ 明确 Windows 10 的启动和退出的意义。
➢ 明确 Windows 10 中桌面、窗口、对话框、开始菜单、任务栏的组成及各部分的作用，熟练掌握在 Windows 10 中与其相关的操作。
➢ 熟练掌握在 Windows 10 中对文件与文件夹的管理及相关操作。
➢ 熟练掌握在 Windows 10 中进行系统设置及个性化设置。

任务 2.1　Windows 10 入门

2.1.1　任务能力提升目标

· 明确 Windows 10 新增功能。
· 明确 Windows 10 的启动和退出的意义。
· 熟悉 Windows 10 中桌面、窗口、对话框、开始菜单、任务栏的组成及其作用。熟练掌握 Windows 10 中的相关操作。
· 熟练掌握 Windows 10 的个性化设置。

2.1.2　任务内容及要求

小王考上大学后，爸爸送给小王的礼物是一台电脑。如何更好地使用自己的电脑呢？小王选择从最基础的认识操作系统开始。

2.1.3　任务分析

作为一个计算机用户，首先要解决如何有效地使用计算机帮助我们解决实际问题。操作系统在用户与计算机之间搭起了一座桥梁，为用户使用计算机提供了很大方便。为此，用户应该明确所使用的计算机安装了什么操作系统，这种操作系统有什么功能，面向用户常用的功能有哪些，如何操作等问题。

操作系统种类很多，同一种操作系统有不同的版本，任务 2.1 帮助我们从以下几方面入手认识中文 Windows 10（专业版）操作系统。

（1）Windows 10 新增功能。

（2）Windows 10 的启动与退出。

（3）Windows 10 桌面的组成，包括桌面图标、任务栏、开始菜单。

（4）Windows 10 的窗口与对话框，包括窗口与对话框的组成及其相关操作。

（5）Windows 10 的菜单。

（6）Windows 10 系统设置。

2.1.4　任务实施

1.Windows 10 新增功能

目前操作系统最新的版本是 Windows 10。安装了 Windows 10 的计算机，首先要知道它有哪些新增功能，以便日后使用。Windows 10 新增功能主要体现在以下几个方面。

1）生物识别技术

Windows 10 新增的 Windows Hello 功能可支持生物识别技术。除了常见的指纹扫描外，还可以通过 3D 红外摄像头扫描面部或虹膜登入系统。

2）Cortana 搜索功能

Cortana 可以用来搜索硬盘内的文件、系统设置信息、安装的应用，甚至互联网中的其他信息。作为一款私人助手服务，Cortana 还能设置基于时间和地点的备忘。

3）平板电脑模式

微软公司在照顾老用户的同时，也会兼顾新一代用户。Windows 10 提供了针对触控屏设备优化的功能，同时还提供了专门的平板电脑模式，开始菜单和应用都以全屏模式运行。如果设置得当，系统会自动在平板电脑模式与桌面模式间切换。

4）多桌面

Windows 10 的虚拟桌面可以对大量的窗口进行重新排列，这对于没有多显示器配置的用户有很大帮助。在该功能的支持下，用户可以将窗口放进不同的虚拟桌面中，并在其中轻松进行切换，使桌面变得更加整洁。

5）进化的"开始"菜单

点击屏幕左下角的"开始"按钮，打开"开始"菜单，菜单分为三个区，左侧列表区用于显示常用的系统管理命令，中间区域为所有应用程序列表，右侧为"开始屏幕"磁贴区。

6）任务切换器

Windows 10 的任务切换器不仅能显示应用图标，还可以通过大尺寸缩略图的方式进行预览。

7）任务栏的微调

在 Windows 10 的任务栏中，新增了 Cortana 和任务视图按钮，系统托盘内的标准工具也与 Windows 10 的设计风格相匹配，从中可以查看可用的 WiFi 网络，或者对系统音量大小和显示器亮度等进行调节。

8）窗口贴靠辅助功能

Windows 10 不仅可以让应用程序窗口占据屏幕左右两侧的区域，还能将窗口拖曳到屏幕的四个角落使其自动拓展并填充 1/4 的屏幕空间。当贴靠一个窗口时，屏幕的剩余空间还会显示其他开启应用的缩略图，点击之后可将其快速填充到这块剩余的空间中。

9）全新的通知中心

用户可以方便查看来自不同应用的通知。此外，通知中心底部还提供了一些系统功能的快捷开关，比如平板模式、便签和定位等。

10）命令提示符窗口升级

以往的 Windows 版本，如 Windows XP、Windows 7 等命令窗口只能输入命令代码。在 Windows 10 系统中，增加了快捷键如【Ctrl+C】（复制）、【Ctrl+V】（粘贴）命令，或者可以同时按住 Shift 键和方向键来选择文字内容等功能。

2.Windows 10 的启动与退出

1）Windows 10 的启动

Windows 10 操作系统通常安装在硬盘 C:盘上，启动 Windows 10 是将操作系统加载到内存，管理计算机的软硬件资源，以控制计算机工作。启动 Windows 10 操作系统的步骤如下。

步骤 1：加载 Windows 10 操作系统。首先打开主机电源开关，计算机系统会自动加载 Windows 10 操作系统。若计算机只安装一个操作系统，则直接进入该操作系统；若安装多个操作系统，则屏幕显示"选择操作系统"界面，选择 Windows 10 操作系统，如图 2-1 所示，按【Enter】后进入该系统。

图 2-1　选择操作系统界面

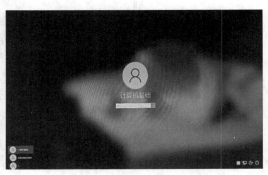

图 2-2　选择用户界面

步骤 2：登录 Windows 10 操作系统。如果设置了多个用户，则在用户登录界面选择用户，如图 2-2 所示。若没有设置用户密码，则登录该用户的系统桌面；若设置了密码，则在登录密码框中输入密码，单击右侧的"进入"按钮，可以进入该用户的 Windows 10 系统界面，如图 2-3 所示。

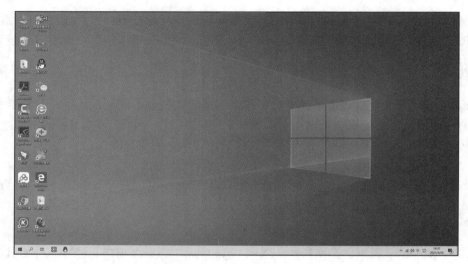

图 2-3　Windows 10 系统界面

2）Windows 10 的退出

退出 Windows 10 操作系统，是指用户修改了 Windows 10 操作系统中的数据并写回到 C:盘上，以便下一次开机时能正常启动 Windows 10。在退出操作系统前，应先关闭所有正在运行的任务。退出 Windows 10 操作系统分为退出 Windows 10 操作系统并关机和退出 Windows 10 操作系统并重启，具体操作方法如下。

方法 1：退出 Windows 10 操作系统并关机。单击"开始"按钮，打开"开始"菜单，在"开始"菜单左侧单击"电源"按钮，在弹出的列表中选择"关机"选项，如图 2-4 所示，系统自动保存数据后退出 Windows 10 操作系统并关闭计算机。

图 2-4　"关机"菜单

方法 2：退出 Windows 10 操作系统并重启。在"开始"菜单左侧单击"电源"按钮，在弹出的列表中选择"重启"选项，如图 2-4 所示，系统自动保存数据后退出 Windows 10 操作系统并重新启动计算机。

　　说明：选择"睡眠"选项，系统会使计算机处于睡眠状态。睡眠是一种节能状态，可保存所有打开的文档和程序，希望再次开始工作时，可使计算机快速恢复到睡眠前的工作状态。

　　方法 3：通过快捷菜单命令执行操作。按下【Windows 徽标键+X】快捷键或右击"开始"按钮，在弹出的快捷菜单中选择"关机或注销(U)"子菜单下的"关机"或"重启"命令，可以实现相应的功能，如图 2-5 所示。

　　说明：选择"注销"选项，系统会释放当前账户所使用的全部系统资源，以便让其他用户登录。此外，不需要担心因其他用户关闭计算机而丢失当前账户信息，有助于多个用户使用同一台计算机。

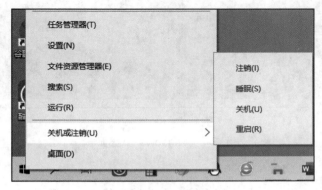

图 2-5　关机方法 1

　　方法 4：通过对话框执行操作。按下【Alt+F4】快捷键，弹出"关闭 Windows"对话框，在"希望计算机做什么(W)?"下拉列表框中选择"关机"或"重启"选项，如图 2-6 所示。单击"确定"按钮，实现相关功能。

　　说明：选择"切换用户"选项，Windows 10 操作系统注销当前用户，切换其他用户登录。

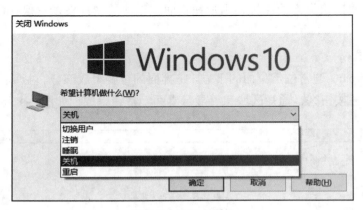

图 2-6　关机方法 2

3.Windows 10 桌面的组成

Windows 10 的桌面是指打开计算机并成功登录 Windows 10 操作系统后，系统运行到正常状态下显示的主屏幕区域。桌面是 Windows 10 操作系统的工作平台，它承载了各类常用的系统资源，是组织和管理系统资源的一种有效方式。Windows 10 的桌面包括桌面图标、任务栏和桌面背景三个部分。Windows 10 的桌面如图 2-7 所示。

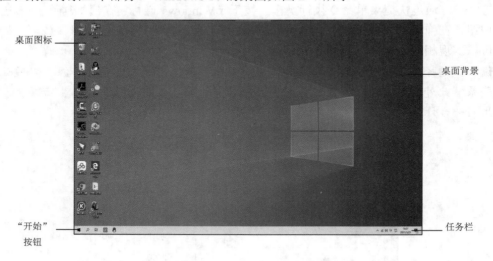

图 2-7　Windows 10 桌面

1）桌面图标

图标由图形和名称组成，是操作系统中有明确指代含义的计算机图形。桌面图标各自代表着一个程序，用鼠标双击图标运行相应的程序。首次启动 Windows 10 操作系统时，桌面上只有一个"回收站"图标，用户可根据需要在桌面上添加其他图标。桌面上除"回收站"图标外，其余图标均可删除。

常见的桌面图标有两类，系统图标和用户创建的图标。常见的系统图标有"此电脑"、"网络"、"回收站"、"控制面板"、"Internet Explorer"等；用户创建的图标有用户为自己常用的应用程序创建的快捷方式图标、用户在桌面上创建的文件夹以及保存在桌面上的文件等。

2）任务栏

任务栏（taskbar）通常位于桌面的下方，是桌面的重要组成部分。主要由"开始"按钮、快速启动栏、任务按钮区、通知区域和"显示桌面"按钮组成，如图 2-8 所示。

图 2-8　任务栏

（1）"开始"按钮。

"开始"按钮位于任务栏的最左侧。单击"开始"按钮，即可打开 Windows 10 的"开始"菜单。在 Windows 10 操作系统中，"开始"菜单较以前版本进行了较大的变动。Windows

10 的"开始"菜单如图 2-9 所示。

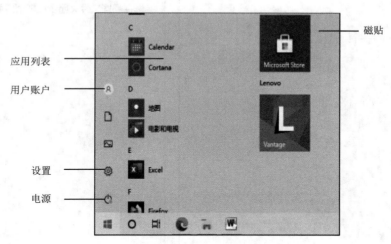

图 2-9　"开始"菜单

说明：按下【Ctrl＋Esc】快捷键或【Windows 徽标键】均可打开"开始"菜单。

Windows 10 的"开始"菜单分为三个区域，左侧列表区显示常用的系统管理命令按钮，默认的有"用户账户"、"文档"、"图片"、"设置"和"电源"按钮，用户可以对此列表进行个性化设置；中间区域是所有应用程序列表，最上方显示"最近添加"的应用程序列表，其次显示"最常用"的应用程序列表，其后显示所有按首字母排序后的应用程序列表，单击列表项，启动相应的应用程序；右侧是"开始屏幕"磁贴区，在此区域可固定常用的应用程序，单击磁贴，可以启动相应的应用程序。

用户可以对"开始"菜单进行个性化设置、在"开始"菜单中快速查找应用、固定应用到磁贴区。

①"开始"菜单的个性化设置。

方法：在"开始"菜单左侧区域选择"设置"选项，打开"Windows 设置"窗口，在窗口中选择"个性化"选项，打开"个性化"窗口，在窗口左侧列表中选择"开始"选项，在右侧"开始"列表区根据需要单击对应的开关按钮，设置"开始"菜单显示风格，如图 2-10 所示；选择"选择哪些文件显示在'开始'菜单上"超链接选项，打开"选择哪些文件夹显示在'开始'菜单上"窗口，在该窗口中根据需求单击对应的开关按钮，设置"开始"菜单左侧区域显示的文件夹选项，完成设置，关闭窗口，打开"开始"菜单，即可看到设置后的效果。

②快速查找应用。

Windows 10 的"开始"菜单在应用列表中增加了首字母索引功能，可以更加快速地查找计算机中的应用。

方法 1：打开"开始"菜单，拖动应用列表右侧的滚动条或滑动鼠标滚轮，可查看所有应用，如图 2-11 所示。

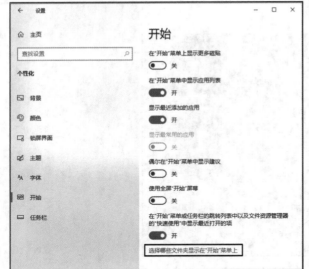
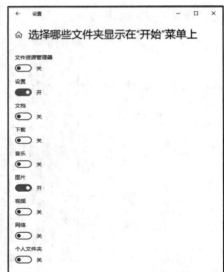

图 2-10　"开始"菜单设置

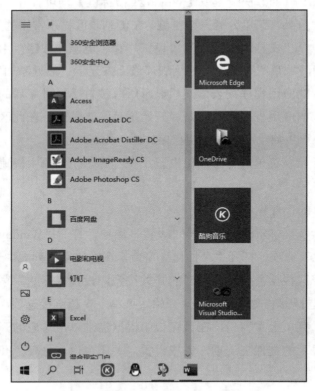

图 2-11　"开始"菜单查找应用方法 1

　　方法 2：在应用列表中单击任一分组首字母，进入首字母检索页面，单击应用的首字母按钮，可快速显示对应首字母的应用。如查找"计算器"，可单击字母"J"按钮，在应用列表中显示字母"J"打头的应用，单击"计算器"，即可打开应用，如图 2-12 所示。

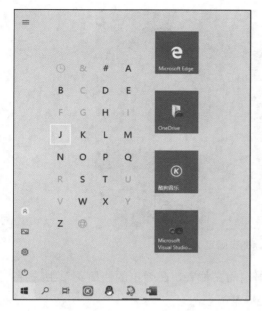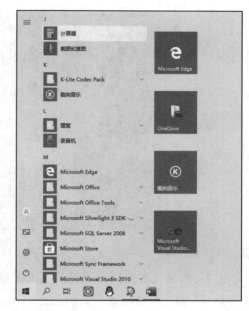

图 2-12　　"开始"菜单查找应用方法 2

③将应用固定到"开始屏幕"磁贴区。

用户可以将应用或文件夹固定到"开始"菜单的磁贴区中，可以快速访问或查看实时更新。

方法 1：执行命令固定。在应用列表中，右击需要固定的应用，在弹出的快捷菜单中选择"固定到'开始'屏幕"选项，即可将此应用固定到磁贴区。例如将"酷狗音乐"固定到磁贴区后的效果如图 2-13 所示。

说明：单击选中磁贴，拖动可调整位置；右击，在弹出的快捷菜单中可选择"调整大小"或选择"从'开始'屏幕取消固定"等操作。

图 2-13　命令固定

方法 2：鼠标拖曳固定。在应用列表中，找到需要固定的应用，按下鼠标左键，直接拖至右侧磁贴区，如图 2-14 所示。

图 2-14　鼠标拖曳固定

方法 3：固定文件夹到磁贴区。右击需要固定的文件夹，在弹出的快捷菜单中选择"固定到'开始'屏幕(P)"选项，即可将文件夹固定到磁贴区。

④调整"开始"菜单的大小。

根据需要，用户可调整"开始"菜单的高度和宽度，也可设置全屏显示。

方法：打开"开始"菜单，将鼠标指针移至菜单的上边框或右边框，鼠标指针变为双向箭头，按下鼠标左键拖动，可调整"开始"菜单的高度或宽度；打开"个性化"窗口，选择"开始"选项，单击"使用全屏'开始'屏幕"按钮，设置"开始"菜单全屏显示。

（2）快速启动栏。

快速启动栏用于组织应用程序启动按钮，单击这些按钮可以启动相应的应用程序。快速启动栏是启动应用程序的又一种快捷方式，用户不必回到桌面，便可快速启动应用程序。

用户可以将经常使用的应用程序的快捷方式以按钮的形式添加到快速启动栏中。添加方法如下。

方法 1：在 Windows 10 桌面、"开始"菜单或窗口中，右击要添加的应用程序的图标，在弹出的快捷菜单中选择"固定到任务栏(K)"选项即可。

方法 2：在 Windows 10 桌面、"开始"菜单或窗口中，选中应用程序图标，按下鼠标左键直接将其拖入快速启动栏中即可。例如，将"酷狗音乐"应用程序启动按钮添加到快速启动栏后的效果如图 2-15 所示。

说明：在快速启动栏中，右击任意一个启动按钮，在弹出的快捷菜单中选择 "从任务栏取消固定"选项，即可将该按钮从快速启动栏中删除，如图 2-16 所示。删除快速启动按钮，不会删除该按钮对应的应用程序。

图 2-15　将"酷狗音乐"应用程序启动按钮添加到快速启动栏

图 2-16　删除快速启动栏中的应用程序

（3）任务区按钮。

若当前系统中有正在运行的程序或打开的文件夹窗口，在任务按钮区都会对应一个按钮。默认情况下，这些按钮只显示图标而不显示标签；默认状态下，任务栏按钮分组显示，同一应用打开的所有文档的按钮或同一类图标，始终合并在一起，鼠标指向任意一个组图标，系统显示该组图标包含所有任务的缩略图，单击任务缩略图，实现任务窗口之间的切换；任务窗口关闭后，该任务对应的按钮从任务按钮区中消失。

（4）通知区域。

通知区域位于任务栏右侧，通常包括语言栏、网络、音量和时钟等图标。用户可通过系统设置，在其中显示或隐藏图标。

①显示或隐藏通知区域图标。

方法：右击任务栏空白处，在弹出的快捷菜单中选择"任务栏设置(T)"选项，打开"设置"窗口，在"通知区域"组中选择"选择哪些图标显示在任务栏上"选项，打开"选择哪些图标显示在任务栏上"窗口，单击应用程序右侧的开关按钮，可设置显示或隐藏通知区域图标，如图 2-17 所示。

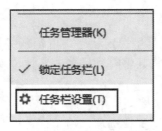

图 2-17　显示/隐藏通知区域图标

②显示或隐藏系统图标。

系统图标包括时钟、音量、操作中心等，默认处于显示状态，用户可通过系统设置在通知区域显示或隐藏系统图标。

方法：打开任务栏"设置"窗口，在"通知区域"组下，选择"打开或关闭系统图标"选项，如图 2-18 所示，打开"打开或关闭系统图标"窗口，在该窗口中单击相应选项的开关按钮，可显示或隐藏相应的系统图标。

 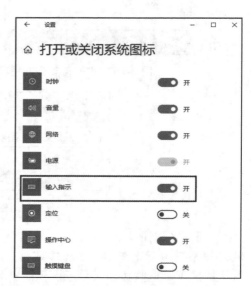

图 2-18　显示/隐藏系统图标

（5）"显示桌面"按钮。

"显示桌面"按钮在任务栏的最右端。单击该按钮，返回系统桌面，打开的窗口全部最小化；在任务栏"设置"窗口中单击"当你将鼠标移动到任务栏末端的'显示桌面'按钮时，使用'速览'预览桌面"开关按钮，将该按钮设置为"开"状态，如图 2-19 所示。再将鼠标移动到"显示桌面"按钮上时，便可快速预览桌面，单击"显示桌面"按钮，返回系统桌面。

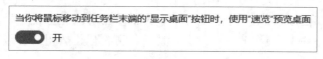

图 2-19　设置"速览"预览桌面

（6）任务栏属性设置。

默认状态下，任务栏停靠在桌面底部，并且呈锁定状态。取消任务栏的锁定状态，根据屏幕显示需求，用户可调整任务栏的大小、将其停靠到屏幕的其他位置或隐藏任务栏。

①解除任务栏的锁定状态。

方法：右击任务栏的空白区域，在弹出的快捷菜单中选择"锁定任务栏(L)"选项即可。这是一个开关式命令，任务栏没有被锁定时，选择该选项，锁定任务栏。该选项前有"✓"时，表明任务栏当前呈锁定状态，如图 2-20 所示。

②调整任务栏的位置。

方法：将鼠标指针指向任务栏的空白区域，按下鼠标左键将任务栏拖至桌面其他三个边缘的任何一个位置，释放鼠标即可。

③调整任务栏的高度。

将鼠标指针指向任务栏的边缘，待鼠标指针变成双向箭头时，拖动鼠标则可以调整任务栏的大小。

说明：任务栏的更多属性设置，可以在"任务栏"窗口中设置。任务栏"设置"窗口如图 2-21 所示。

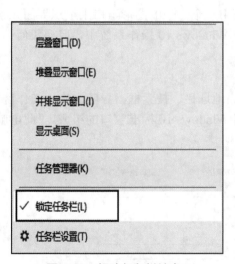

图 2-20　解除任务栏锁定

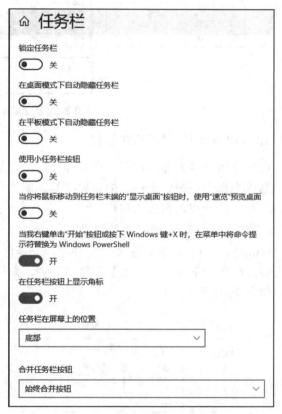

图 2-21　任务栏"设置"窗口

3）桌面背景

桌面背景又称桌面壁纸，是屏幕上主体部分显示的图像，用于美化用户界面，用户可根据喜好自行设置。

方法：右击桌面空白区域，在弹出的快捷菜单中选择"个性化(R)"命令，打开设置"背景"窗口。在"背景"下拉列表框中，可选择"图片"、"纯色"、"幻灯片放映"三种方式。若选择"图片"，可在"选择图片"区域中单击预设的图片，或者点击"浏览"搜索喜欢的图片。在"选择契合度"下拉列表框中选择"填充"、"适应"、"拉伸"、"平铺"、"居中"、"跨区"选项，可使图片以不同的方式契合显示屏幕，如图 2-22 所示。

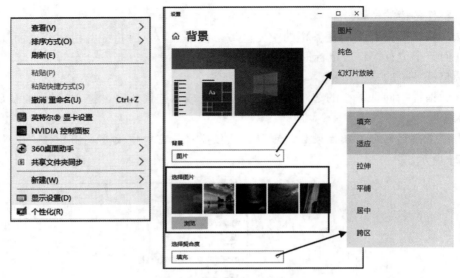

图 2-22　设置桌面背景

4.Windows 10 窗口与对话框

在图形用户界面的操作系统中,界面程序都是用一个一个的图形窗口来组织界面元素,窗口则成为操作系统管理任务的重要工具。例如在 Windows 10 操作系统中,启动任何一个任务,都会打开与之相应的窗口。

1)Windows 10 标准窗口的组成

Windows 10 标准窗口主要由标题栏、功能区、地址栏、搜索框、导航窗格、工作区、状态栏等组成。下面以"此电脑"窗口为例,介绍 Windows 10 标准窗口的组成。"此电脑"窗口如图 2-23 所示。

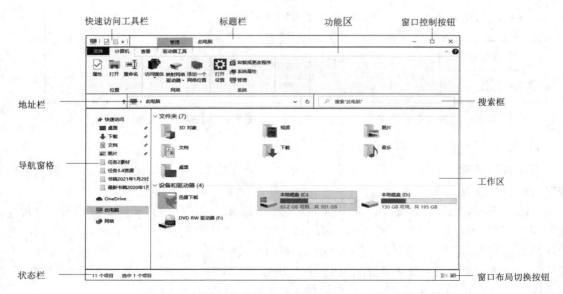

图 2-23　Windows 10 标准窗口的组成——"此电脑"窗口

（1）标题栏。

标题栏位于窗口的顶端，如图 2-23 所示。标题栏包括快速访问工具栏、标题（文件夹或应用程序名称）以及窗口控制按钮（微软公司标准的窗口"最小化"、"最大化"和"关闭"按钮）。

①快速访问工具栏：位于标题栏左侧，默认显示"当前目录"图标、"属性"按钮、"新建文件夹"按钮和"自定义快速访问工具栏"按钮。显示的按钮很少，用户可以将常用的命令按钮添加到"快速访问工具栏"中，使计算机操作更简单方便，提高了操作效率。

方法：单击"自定义快速访问工具栏"按钮，在其下拉列表中选中包含的命令选项，相应的命令按钮添加到快速访问工具栏中；对于列表中不包含的命令，在功能区标签中右击所需的命令按钮，在弹出的快捷菜单中选择"添加到快速访问工具栏(A)"选项，即可将该命令按钮添加到"快速访问工具栏"，如图 2-24 所示。

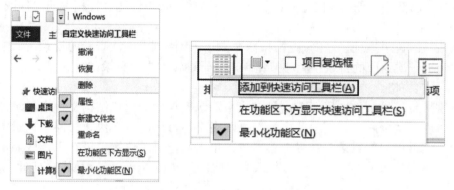

图 2-24　自定义快速访问工具栏

②窗口控制按钮。标题栏右侧包含三个窗口控制按钮，可以实现窗口的"最大化"、"最小化"、"还原"或"关闭"窗口功能。

单击窗口图标，在弹出的下拉菜单中选择相应的命令，可以控制窗口大小及关闭窗口。

（2）功能区。

功能区位于标题栏的下方，如图 2-25 所示。Windows 10 窗口中采用 Ribbon 替代原来的菜单栏和工具栏。单击功能区右上角的"最小化功能区"按钮⌃，在功能区仅显示标签名称；单击"展开功能区"按钮⌄，展开功能区；单击"帮助"按钮，在 Windows 10 中获取"文件资源管理器"的帮助。

图 2-25　功能区

说明：Ribbon 是一种以面板及标签页为架构的用户界面（User Interface）。它是一个收藏了命令按钮和图标的面板。它把命令组织成一系列"标签"，每个标签由许多"组"（group）

构成，每个组是密切相关的功能的集合。每一个应用程序都有自己的标签组，用于展示程序所提供的功能。设计 Ribbon 的目的是使应用程序的功能更易于发现和使用，加快软件整体的学习速度，使用户能根据自身的经验更好地控制整个程序。在标题栏下方，有一行看起来像菜单栏中菜单项的名称是标签名称，单击这些名称切换到相应的标签。

（3）地址栏。

地址栏位于功能区下方，用于显示当前窗口所处的目录位置；单击地址栏右侧下拉箭头⊡，在其下拉列表中可以查看最近访问的位置信息，单击其中的位置信息，可以快速跳转到所选择的目录；在地址栏中直接输入路径，单击右侧的"转到"按钮➡或按【Enter】键，可快速跳转到路径指示的位置；单击地址栏空白处可显示当前目录的路径。

（4）搜索框。

搜索框位于地址栏右侧。在搜索框中输入文件或文件夹的名称或与之相关的关键字，单击右侧的"转到"按钮➡或按【Enter】键，在当前目录中快速查找相关的文件或文件夹。

（5）控制按钮区。

控制按钮区位于地址栏左侧。返回按钮←，用于返回到上一次查看的目录；前进按钮→，用于前进到上一次返回的目录；上移按钮↑，用于跳转到当前目录的父目录。

（6）导航窗格。

导航窗格位于控制按钮区下方。导航窗格除包括早期的树形结构文件夹目录外，还包括"快速访问"、"OneDrive"、"此电脑"、"网络"等目录，在"快速访问"目录中，可以查看用户最近常访问的目录。在导航窗格中，单击某一目录位置，可在工作区显示该目录中的内容。单击目录前的"展开"按钮 › 和"收缩"按钮 ⌄ 可以显示或隐藏该目录包含的子目录。

（7）工作区。

工作区位于导航窗格右侧，用于显示当前目录中的文件或文件夹，是用户对文件或文件夹进行操作的主要工作区域。

（8）状态栏。

状态栏位于窗口的底端。状态栏包括窗口提示信息和窗口布局切换按钮。窗口提示信息位于状态栏左侧，显示当前窗口状态信息和统计信息；两个窗口布局切换按钮位于右侧，用来改变工作区的文件和文件夹的显示方式。

（9）窗口边框。

界定窗口周边的网条称为窗口边框。用鼠标移动一个边框的位置可改变窗口的大小；也可利用鼠标去移动窗口的一个角，同时改变窗口相邻两个边框的位置，以改变窗口的位置和大小。

说明：Windows 10 的桌面是一个特殊的窗口。

2）窗口操作

窗口操作主要包括移动窗口、调整窗口大小、切换窗口、排列窗口、贴边显示窗口及关闭窗口。

（1）移动窗口。

方法：当窗口处于非最大化或最小化状态时，将鼠标指针移至窗口标题栏的空白处，按下鼠标左键并拖动到合适位置后释放鼠标。

（2）调整窗口大小。

默认情况下，打开窗口的大小和上次关闭时的大小一样。调整窗口大小的主要方法有以下几种。

按钮调整法：选择标题栏右侧"最小化"、"最大化（还原）"按钮调整。

手动调整法：当窗口处于非最大化、最小化状态时，将鼠标指针移至窗口的四个边框或四个角处，待鼠标指针变成双向箭头状态时按下鼠标左键并拖动。

快速调整法：双击窗口标题栏的空白处，可使窗口在最大化和还原之间切换；在窗口处于非最大化、最小化状态时，将鼠标指针移动到窗口标题栏空白处，拖动窗口到屏幕最上端最大化窗口，再拖下来还原窗口。

（3）切换窗口。

Windows 10 允许同时打开多个窗口，后打开的窗口会重叠于之前打开的窗口之上。位于最上层的窗口称为活动窗口，其他窗口称为非活动窗口。任何时候，活动窗口只有一个，活动窗口的标题栏呈高亮显示。使非活动窗口成为活动窗口的方法有以下几种。

· 用鼠标单击任务栏上该窗口对应的按钮。

· 单击所要激活的窗口显露部位。

· 反复按下【Alt＋Tab】快捷键，在窗口列表中选择。

· 按下【Windows 键+Tab】快捷键或单击任务栏中的"任务视图"按钮，可显示当前桌面环境中所有窗口的缩略图，单击所需窗口的缩略图可快速在窗口间切换。

（4）排列窗口。

在 Windows 10 中同样可将打开的多个窗口按照一定的方式进行排列。窗口排列有层叠、堆叠和并排显示三种方式。

方法：右击任务栏空白处，在弹出的快捷菜单中选择所需排列选项即可。

（5）贴边显示窗口。

在 Windows 10 中，贴边显示窗口功能可使用户充分利用屏幕空间。用户通过拖动窗口来实现贴边显示窗口功能。

方法：将鼠标指针移动至窗口标题栏空白处，按住鼠标左键拖动窗口到屏幕四角，当窗口出现气泡时，松开鼠标，窗口会以该角落为基准自动占据屏幕四分之一的面积显示；拖动窗口到屏幕上边缘，当窗口出现气泡时，松开鼠标，最大化显示该窗口；拖动窗口到屏幕左、右两侧，当窗口出现气泡时，松开鼠标，窗口会以该边缘为基准自动占据半个屏幕的面积显示。

（6）关闭窗口。

关闭窗口，结束对应的任务，其对应的任务按钮也从任务栏上消失。关闭窗口的方法有以下几种。

· 单击窗口右上角的"关闭"按钮。这是最常用的方法。

· 右击任务栏上对应的按钮，在弹出的快捷菜单中选择"关闭窗口"命令。

· 单击快速访问工具栏左侧的窗口图标，在弹出的控制菜单中选择"关闭(C)"命令。

· 按下【Alt＋F4】快捷键。

3）对话框

在图形用户界面中，对话框是一种特殊的窗口，用来在用户界面中向用户显示信息，或者在需要的时候获得用户的输入响应，或者两者皆有。之所以称为"对话框"，是因为它在计算机和用户之间构成一个对话。Windows 10 的"文件夹选项"对话框如图 2-26 所示。

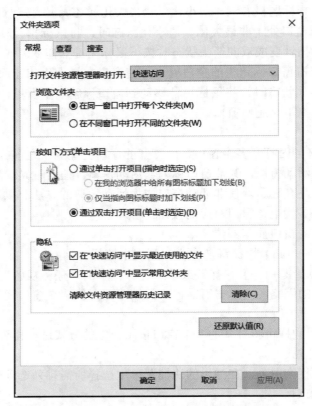

图 2-26　Windows 10 的"文件夹选项"对话框

不同的用户交互，使用的对话框不同，对话框的组成也不完全相同，Windows 10 对话框中常见的有以下几种元素。

标题栏：位于对话框的最顶端，标题栏用于显示对话框的名称，在标题栏空白处按下鼠标并拖动，可以移动对话框。

选项卡：选项卡位于标题栏下方，通过选择选项卡可以从对话框的几组功能中选择一组；使用选项卡可以节约对话框所占屏幕的空间。

列表框：列表框提供一组选项，用户可在其中选择一项或多项，但不能更改选项内容。当列表框中内容较多、一次不能全部显示时，系统会提供滚动条，如图 2-27 左图所示。

下拉列表框：单击下拉列表框右侧的下拉箭头，弹出该框的下拉列表，列表中提供一组选项，用户只能选择其中一项。选择后，下拉列表框中显示所选项内容，下拉列表关闭；用户不进行任何选择时，在下拉列表外单击鼠标，也可关闭下拉列表，如图 2-27 右图所示。

单选钮：用来实现在一组选项中选中一项，且只能选中一项。单击单选钮，选中该选项，单选钮的状态为"◉"。

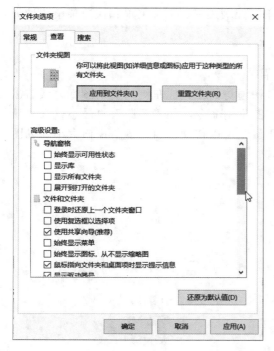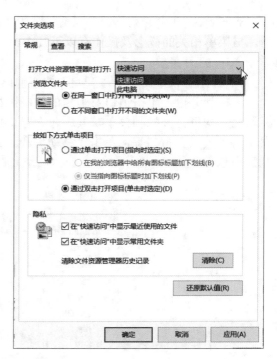

图 2-27　列表框和下拉列表框

复选框：用来实现在一组选项中选中一项或同时选中多项。单击复选框，选中或取消选中该选项，选中时复选框的状态为"☑"。

命令按钮：命令按钮是让用户通过单击按钮执行操作的一种工作方式。如果命令按钮标签呈灰色，表示该按钮当前不可用；如果一个命令按钮标签后有省略号"…"，表示单击该按钮将打开一个对话框。对话框中常见的命令按钮有"确定"、"取消"、"应用"等。

文本框：文本框用于实现系统获得用户的输入响应，是一个矩形框，用户可直接在文本框中输入文本。

组合框：是文本框和列表框的组合，将文本框和列表框的功能组合在一起。文本框的内容可直接输入，也可从列表框中选择添加。

预览框：显示用户所做的选择和设置的效果，供用户预览。

数值调节框：单击数值框右边的箭头可以改变数值的大小，也可以直接输入数值。

说明：对话框与窗口是不同的。①作用不同：对话框主要实现人机交流；窗口显示计算机操作用户界面。②外观不同：对话框通常比较小型，在标题栏右侧只有"关闭"按钮；而窗口可以自行调节大小，甚至可以全屏显示，在标题栏右侧包含"最小化"、"最大化"和"关闭"三个按钮。③内容不同：对话框的内部只会有简单的选项或"确认"、"取消"、"关闭"等按钮；窗口中则会包含许多不同的元素。

5. Windows 10 菜单

"菜单"是各种操作命令的集合。Windows 10 通过菜单把操作计算机的命令方式转化成可视的选择方式，使得计算机的操作变得简单、方便，如图 2-28 所示。

Windows 10 中的菜单一般包括"开始"菜单、控制菜单、下拉菜单和快捷菜单四种类型，与菜单相关的概念及操作有以下几个。

（1）打开菜单。

•"开始"菜单：单击"开始"按钮弹出的菜单。

•控制菜单：单击窗口左上角的控制图标（快速访问工具栏左侧的窗口图标）或右击标题栏，均可打开控制菜单，其中包含窗口操作的常用命令，如"还原"、"最小化"、"最大化"、"关闭"窗口等，单击"移动"和"大小"还可以移动窗口、调节窗口大小，如图 2-29 所示。

图 2-28　Windows 10 的"排序方式"下拉菜单

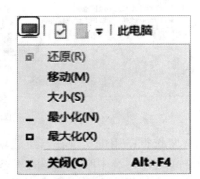

图 2-29　控制菜单

•下拉菜单：单击菜单栏中的菜单项所弹出的下拉菜单。图 2-28 中显示了"查看"功能中，"排序方式"的下拉菜单。

•快捷菜单：用鼠标右击某个对象所弹出的菜单，其中包含与该对象操作密切相关的一组命令。右击的对象不同，快捷菜单中包含的命令不同。

菜单中的每个选项对应于 Windows 10 中的一个命令，因此也称命令项，它可使用户不必记忆相应命令，使操作更加简单。

（2）关闭菜单。

打开菜单后，选择菜单中的某一个命令或单击菜单以外的任何地方或按 Esc 键，均可关闭菜单。

（3）菜单中常用符号的含义。

•命令项后带省略号"…"：表示执行该命令项会打开一个对话框，要求用户选择和输入信息。

•命令项后带黑三角箭头"▶"：表示该命令项含有级联子菜单。

•名称后带组合键：意味着在不打开菜单的情况下，直接使用组合键即可执行该命令。组合键称为该命令的快捷键。

•命令项前有"√"标记：复选标记，表示在同一组命令中可选择多项，选中的命令项前出现该标记。这是一个开关选项。

•命令项前有"•"标记：单选标记，表示在同一组命令中只可选择一项。选中的命令项前出现该标记。

•命令项呈暗灰色：表示该命令项当前不可用。

（4）菜单命令的执行方式。

•鼠标单击：用鼠标单击菜单，然后选择其中的命令项。

•快捷键：快捷键是菜单中命令项后面提示的组合键，通常是由【Alt】键、【Shift】键或【Ctrl】键与一个字母构成的组合键。无论菜单是否激活，都可以通过快捷键选择相应的命令。

6.Windows 10 设置

Windows 10 操作系统不仅为用户提供了高效的工作环境，用户还可以借助 Windows 10 提供的设置功能，根据自己的需求进行系统设置。

单击"开始"按钮，打开"开始"菜单，在"开始"菜单左侧区域选择"设置"选项，打开"Windows 设置"窗口，如图 2-30 所示。以下操作均在"Windows 设置"窗口中完成。

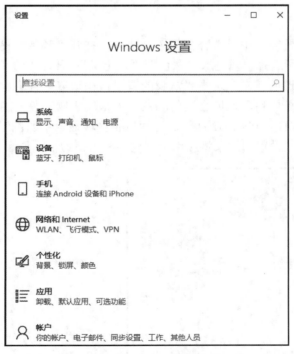

图 2-30　"Windows 设置"窗口

1）个性化设置

方法：在"Windows 设置"窗口中，选择"个性化"选项，打开"个性化"设置窗口，在此窗口中可以根据自己的需求，对系统的"背景"、"颜色"、"锁屏界面"、"主题"、"字体"等内容进行设置，如图 2-31 所示。

图 2-31　"个性化"设置窗口

（1）设置颜色。

在"个性化"设置窗口中，选择"颜色"选项，打开"颜色"设置窗口，在"选择颜色"下拉列表框中，可选择"浅色"、"深色"、"自定义"；开启"透明效果"开关按钮，可使它们的颜色呈现半透明状态；选中"从我的背景自动选取一种主题色"复选框，系统将从用户设置的桌面壁纸中自动选取合适的颜色作为系统主题颜色，当桌面背景更换后，系统主题颜色也随之更换，如图 2-32 所示。在"以下区域显示主题色"组中，选中"标题栏和窗口边框"复选框，设置的效果将应用于标题栏和窗口边框，如图 2-33 所示。

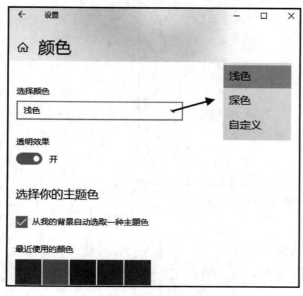

图 2-32　"颜色"设置窗口

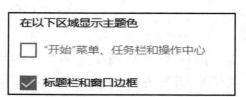

图 2-33　设置标题栏和窗口边框颜色

（2）设置锁屏界面。

锁屏界面是在锁定系统时显示的画面，用户可以将自己喜欢的图片设置为锁屏界面，或者创建幻灯片放映作为锁屏界面。

①设置一张图片为锁屏界面。

在"个性化"设置窗口中，选择"锁屏界面"选项，打开"锁屏界面"设置窗口，在"背景"下拉列表框中选择"图片"选项，在"选择图片"列表中可选择系统提供的图片，如图 2-34 所示。也可单击"浏览"按钮，在弹出的"打开"对话框中，选择要使用的图片，单击"选择图片"按钮，如图 2-35 所示。返回"锁屏界面"设置窗口，在预览图中可查看显示效果。

图 2-34　设置锁屏界面

图 2-35　选择锁屏图片

②设置幻灯片放映为锁屏界面。

在"背景"下拉列表框中选择"幻灯片放映",单击"添加文件夹"按钮,在弹出的"选择文件夹"对话框中选择图片所在的文件夹,单击"选择此文件夹"按钮,选择的文件夹显示在"为幻灯片放映选择相册"列表中;单击"高级幻灯片放映设置"超链接,打开"高级幻灯片放映设置"窗口,如图 2-36 所示,在其中根据需要进行设置,屏幕进入锁定状态后,可查看幻灯片放映效果。

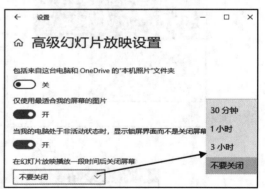

图 2-36　设置锁屏界面幻灯片放映

(3)设置主题。

主题是计算机上外观、颜色和声音的组合,桌面背景、系统颜色、声音方案、桌面图标等都属于主题,甚至还包括鼠标指针样式。

在"个性化"设置窗口中,选择"主题"选项,打开"主题"设置窗口,可分别设置"背景"、"颜色"、"声音"、"鼠标指针"等内容,单击"保存主题"按钮,在弹出的对话框中输入主题名称,单击"保存"按钮,可保存当前的主题设置,在"更改主题"下方列表中显示主题名称,如图 2-37 所示。

2)系统设置

方法:在"Windows 设置"窗口中,选择"系统"选项,打开"系统"设置窗口,在该窗口中对系统的"显示"、"声音"、"通知和操作"、"电源和睡眠"等内容进行设置,如图 2-38 所示。

图 2-37 设置主题

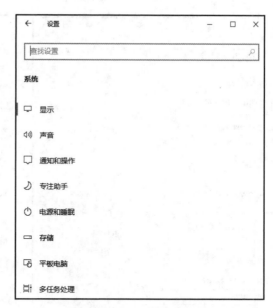

图 2-38 系统设置

（1）显示设置。

在"系统"设置窗口，选择"显示"选项，打开"显示"设置窗口，可设置"亮度和颜色"、"缩放与布局"。在"亮度和颜色"组中，拖动"更改内置显示器的亮度"滑块，可调节显示器的亮度；单击"夜间模式设置"超链接，可对夜间模式的强度、指定时间、启用、关闭时间等进行个性化的设置，开启"夜间模式"开关按钮，可减少屏幕蓝光，减少强光在夜间对眼睛的损害。在"缩放与布局"组的"更改文本、应用等项目的大小"下拉列表框中选择不同的缩放比例；在"显示分辨率"下拉列表框中选择不同的分辨率，分辨率越高，显示越清晰，屏幕上对象的尺寸越小，屏幕可以显示的对象也越多；分辨率越低，屏幕上对象的尺寸越大，屏幕上可显示的对象越少；在"显示方向"下拉列表框中可设置屏幕显示的方向，如图 2-39 所示。

（2）声音设置。

在"系统"设置窗口，选择"声音"选项，打开"声音"设置窗口，在"输出"组的"选择输出设备"下拉列表框中选择"扬声器"，拖动"主音量"滑块可调节主音量的大小。在"输入"组的"选择输入设备"下拉列表框中选择"麦克风"，选择声音输入设备。声音设置如图 2-40 所示。

单击"声音控制面板"超链接，打开"声音"对话框，可查看当前选用的声音方案，在"程序事件(E):"下方的列表框中，带有 🔊 图标的是表示发生该事件时会有声音提示，单击"测试"按钮，可试听声音效果。根据需要可以为没有提示声音的事件添加声音，例如，选择"关闭程序"事件，在"声音(S):"下拉列表框中选择一个系统自带的声音文件，此时在"关闭程序"事件前出现一个黄色声音图标，表示为"关闭程序"事件添加了提示音，单击"测试"按钮试听音效；单击"浏览"按钮，可选择本地保存的音频文件（WAV 格式）作为提示音。选中"播放 Windows 启动声音(P)"复选框，可以使系统启动时播放声音，如图 2-41 所示。完成设置后单击"确定"按钮。

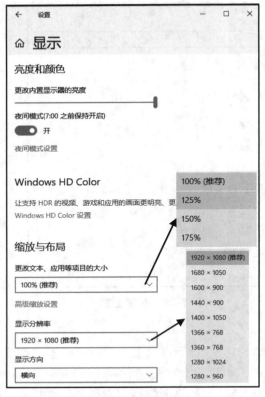

图 2-39　显示设置

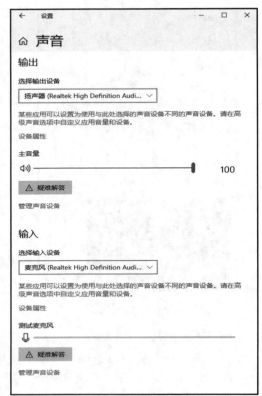

图 2-40　声音设置

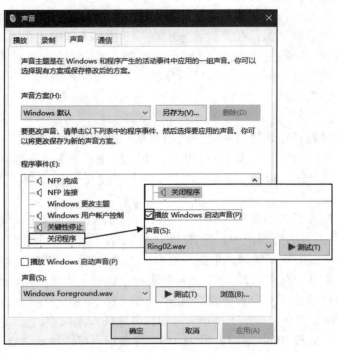

图 2-41　"声音"选项卡

3）设备设置

方法：在"Windows 设置"窗口中，选择"设备"选项，打开"设备"设置窗口，在该窗口中对 "打印机和扫描仪"、"蓝牙和其他设备"、"鼠标"、"输入"等设备进行设置，如图 2-42 所示。

图 2-42　设备设置

（1）蓝牙设置。

在"设备"设置窗口中，选择"蓝牙和其他设备"选项，打开"蓝牙和其他设备"设置窗口。开启"蓝牙"开关按钮，单击"添加蓝牙和其他设备"，在"添加设备"对话框中，选择"蓝牙"，在搜索到的列表中选择已打开并被发现的设备与其连接，如图 2-43 所示。

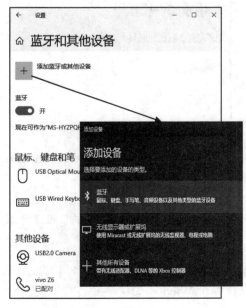

图 2-43　设置蓝牙

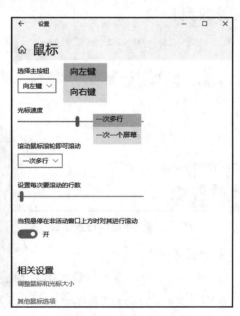

图 2-44　设置鼠标

（2）鼠标设置。

在"设备"设置窗口中，选择"鼠标"选项，打开"鼠标"设置窗口。在"选择主按钮"下拉列表框中选择"向左键"或"向右键"，设置鼠标主键；拖动"光标速度"滑块，调节鼠标指针移动的速度；在"滚动鼠标滚轮即可滚动"下拉列表框中选择"一次多行"或"一次一个屏幕"，设置鼠标滚动速度。若选择"一次多行"，可拖动"设置每次要滚动的行数"滑块，调节滚动的行数。开启"当我悬停在非活动窗口上方时对其进行滚动"开关按钮，当鼠标指向非活动窗口时，可实现非活动窗口滚动。单击"调整鼠标和光标大小"超链接，在"更改指针大小和颜色"组中更改指针的大小和颜色。单击"其他鼠标选项"超链接，在"鼠标属性"对话框中可对鼠标、指针、指针选项、滑轮等进行更加细致的设置。设置鼠标如图 2-44 所示。

4）手机设置

在 Windows 10 中，通过"手机"设置，可使安卓和苹果设备与电脑关联，无论你是使用手机浏览网页、撰写电子邮件还是使用应用，都可以在电脑上继续操作；链接的应用越多，越能获得更好的跨设备体验。

方法：在"Windows 设置"窗口中，选择"手机"选项，打开"你的手机"设置窗口，如果没有登录 Microsoft 账户，则单击"用 Microsoft 登录"按钮，如图 2-45 所示；在"电子邮件和账户"设置窗口中，单击"添加账户"按钮，选择常用账户或创建一个 Microsoft 账户，如图 2-46 所示；返回"你的手机"设置窗口，单击"添加手机"按钮，打开"Microsoft 账户"对话框，如图 2-47 所示，输入手机号，单击"发送"按钮，依据手机的提示，在手机上下载 Your Phone Companion 应用程序，输入账户、密码建立与电脑的链接。

图 2-45　"你的手机"设置窗口

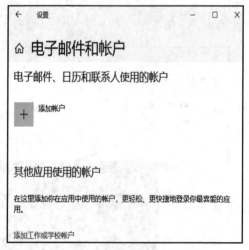

图 2-46　"电子邮件和账户"设置窗口

5）账户设置

在 Windows 10 中，系统继承了很多 Microsoft 服务，使用 Microsoft 账户可以登录并使用 Microsoft 提供的应用程序和服务，并且可以在多个 Windows 10 设备上同步设置。

图 2-47　"Microsoft 账户"对话框

在 Windows 10 中可以创建四种类型账户：管理员账户、标准账户、来宾账户、Microsoft 账户。不同类型的账户决定着该用户可以访问哪些文件和应用，以及能对电脑进行哪些更改操作。用户可根据实际情况创建不同类型的账户。

方法：在"Windows 设置"窗口中，选择"账户"选项，打开"账户"设置窗口。单击"账户信息"可以查看当前账户，单击"管理我的 Microsoft 账户"超链接，可以在网页中管理 Microsoft 账户下的应用。首次使用 Windows 10，系统会以计算机的名称创建本地账户，如需改用 Microsoft 账户，需要注册并登录 Microsoft 账户，如图 2-48 所示。

图 2-48　设置账户

在"账户"设置窗口中，单击"电子邮件和账户"，打开"电子邮件和账户"设置窗口，在该窗口中可以查看当前链接的账户名，如果多人使用一台电脑，则可以添加多个 Microsoft 账户，每个账户都有属于自己的文件、浏览器以及桌面。单击"添加 Microsoft 账户"超链接或"添加账户"按钮，根据向导设置 Microsoft 账户的用户名、密码等相关信息，分别如图 2-49 和图 2-50 所示，账户添加完成。

图 2-49　添加账户信息一

图 2-50　添加账户信息二

2.1.5　知识小结

作为 Windows 10 入门，任务 2.1 涉及的知识点比较多，主要知识如下。

（1）Windows 10 新增功能。

①生物识别技术。

②Cortana 搜索功能。

③平板模式、多桌面。

④进化的"开始"菜单。

⑤任务切换器、任务栏的微调、全新通知中心。

⑥贴靠辅助功能。

⑦命令提示符窗口升级。

（2）Windows 10 的启动与退出。

①Windows 10 的启动。

②Windows 10 的退出，包括退出并关机、退出并重启。

（3）Windows 10 桌面的组成。

①桌面图标及相关操作。

②桌面背景及相关操作。

③任务栏的组成及相关操作。

（4）Windows 10 的窗口与对话框。

①Windows 10 标准窗口的组成及相关操作。

②Windows 10 对话框的组成及相关操作。

（5）Windows 10 的菜单。

①Windows 10 菜单的种类。

②Windows 10 菜单的操作。

（6）Windows 10 设置。

①个性化设置。个性化设置包括颜色、锁屏界面、主题等的设置。

②系统设置。系统设置包括显示、声音等的设置。

③设备设置。设备设置包括蓝牙、鼠标等的设置。

④手机设置。设置安卓设备和苹果设备与电脑关联。

2.1.6　实战练习

（1）通过计算机的冷启动和热启动体会 Windows 10 的启动过程，通过关机和重启体会 Windows 10 的退出并关机和退出并重启。

（2）打开 Windows 10 "此电脑"窗口，完成窗口的最大化、最小化、还原、贴边、关闭等操作，打开多个窗口完成在多个窗口之间切换。

（3）在 Windows 10 "此电脑"窗口中，选择"查看"选项卡中"选项"按钮，打开"文件夹选项"对话框，在该对话框中，完成各种对象操作练习。

（4）打开"开始"菜单，熟悉"开始"菜单的组成，在菜单中查找应用程序并启动应用程序，在磁贴区添加应用程序。

（5）观察任务栏的构成，完成调整任务栏的大小、停靠操作，设置任务栏属性，应用显示桌面按钮快速回到桌面。

（6）按照教材内容进行系统设置和个性化设置。

2.1.7　拓展练习

（1）如何启动应用程序以及退出应用程序？有几种方法？

（2）如何安装、卸载应用程序，试下载字体"草檀毛体"或自己喜欢的字体安装，并卸载。安装 360 安全卫士并卸载。

任务 2.2　Windows 10 文件及文件夹的管理

2.2.1　任务能力提升目标

· 熟练掌握浏览、新建、选定、重命名、移动、复制、删除、搜索、从回收站恢复文件和文件夹。

· 熟练掌握查看及更改文件和文件夹的属性。

· 熟练掌握创建文件和文件夹的快捷方式。

2.2.2　任务内容及要求

小王电脑中的文件比较多，他想对电脑中的文件进行整理。整理后希望达到如下目标。

（1）同时查看文件的文件名、修改日期、文件大小等内容。

（2）文件及文件夹按文件名排序。

（3）对文件和文件夹进行分组存放。

（4）创建一个新的文件夹或文件，用于存储需要的信息。

（5）把原来命名不合适的文件及文件夹进行更名。

（6）对位置不合适的文件进行移动，需要备份的文件进行备份。

（7）删除不需要的文件。

（8）将一些重要的文件隐藏并设置为只读。

（9）整理回收站，对误删除的文件进行恢复。

（10）在合适的位置给常用的文件设置快捷方式。

2.2.3　任务分析

文件及文件夹的操作是使用计算机时最基本的操作。学会文件及文件夹的操作就可以实现常用的数据创建、保存、查询、移动、备份等。根据小王的情况，要想整理好文件，需要学会以下操作：

（1）浏览文件及文件夹。

（2）新建文件及文件夹。

（3）选定文件及文件夹。

（4）重命名文件及文件夹。

（5）移动文件及文件夹。

（6）复制文件及文件夹。

（7）删除文件及文件夹。

（8）回收站的操作。

（9）查看和更改文件及文件夹的属性。

（10）给文件及文件夹创建快捷方式。

2.2.4 任务实施

1.浏览文件及文件夹

步骤 1：以不同的方式查看"Windows"文件夹中的文件和子文件夹。

在如图 2-51 所示的桌面上双击"此电脑"图标，打开"此电脑"窗口。打开的窗口如图 2-52 所示。

在"此电脑"窗口的工作区中双击"C:"盘图标，打开"C:"盘窗口，如图 2-53 所示。

图 2-51 桌面

图 2-52 "此电脑"窗口

图 2-53 "C:"盘窗口

在"C:"盘窗口的工作区中双击"Windows(C:)"文件夹图标，打开"Windows"文件夹窗口，如图 2-54 所示。

图 2-54　"Windows"文件夹窗口

在"Windows"文件夹窗口工作区的空白处右击，弹出如图 2-55 所示的快捷菜单。在弹出的快捷菜单中选择"查看(V)"子菜单中的"大图标(R)"命令，则以大图标的方式查看"Windows"文件夹中的文件和子文件夹，如图 2-56 所示。若选择其他查看方式，则以不同的方式查看"Windows"文件夹中的文件和子文件夹。

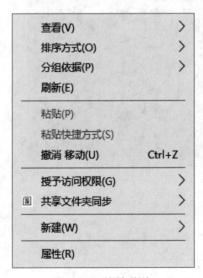

图 2-55　快捷菜单

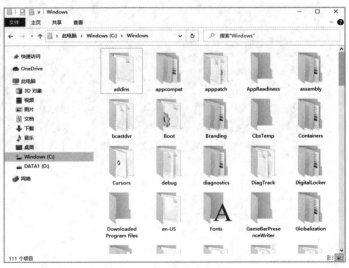

图 2-56　"大图标"显示

步骤 2：以不同的排序方式浏览"Windows"文件夹中的文件和子文件夹。

在图 2-56 中，右击工作区的空白处，在弹出的快捷菜单中选择"排序方式"命令，在弹出的"排序方式(O)"子菜单中选择"修改日期"和"递减(D)"命令，则以修改日期递减的排序方式浏览"Windows"文件夹中的文件和子文件夹，如图 2-57 所示。若选择其他需要的排序方式，则以其他排序方式浏览"Windows"文件夹中的文件和子文件夹。

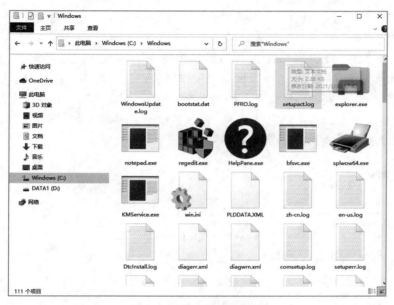

图 2-57　排序方式的设置

步骤 3：对"Windows"文件夹中的文件和子文件夹按照不同的依据进行分组。

在图 2-56 中，右击工作区的空白处，在弹出的快捷菜单中单击"分组依据(P)"，在弹出的子菜单中选择"类型"和"递减(D)"两个命令，则可将"Windows"文件夹中的文件和子文件夹按照类型递减依据进行分组，如图 2-58 所示。在弹出的"分组依据"子菜单中选择其他方式分组，即可按照其他依据进行分组显示。

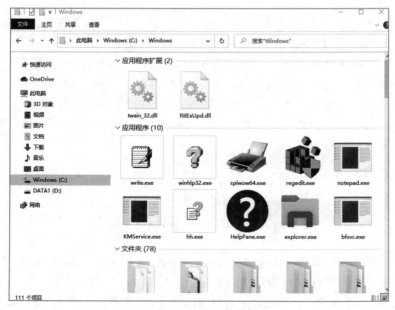

图 2-58　分组方式的设置

2.新建文件及文件夹

步骤 1：在"D:"盘中创建一个名为"练习"的文件夹；在"C:"盘中创建一个名为"重要文件"的文件夹。

单击地址栏上的"此电脑"，此时窗口回到 2-58 所示的状态。在工作区中双击"D:"盘图标，打开"D:"盘窗口。在"D:"盘窗口工作区的空白处右击，在弹出的快捷菜单中选择"新建(W)"→"文件夹(F)"命令，如图 2-59 所示。则在"D:"盘窗口工作区中新建一个文件夹。新建文件夹的名称以蓝色显示，表示名称处于编辑状态，输入文件夹名"练习"，然后按【Enter】键或用鼠标单击空白处即可。

图 2-59　新建文件夹

使用同样的方法在"C:"盘中创建一个名为"重要文件"的文件夹。

步骤 2：在"D:\练习"文件夹中创建一个名为"论文格式.docx"的 Word 文档。

在"D:"盘窗口中双击"练习"文件夹图标，打开"练习"文件夹窗口。右击"练习"窗口工作区的空白处，在打开的快捷菜单中选择"新建(W)"→"Microsoft Word 文档"命令，则窗口中会出现一个名称为"新建 Microsoft Word 文档.docx"的 Word 文档。新建文档的文件名称以蓝色显示，等待更改名称。输入文件名"论文格式.docx"，然后按【Enter】键或用鼠标单击空白处即可。

3.选定文件及文件夹

步骤 1：在"D:\练习"文件夹中选定"论文格式.doc"文件。

在"练习"文件夹窗口工作区中单击"论文格式.doc"文件。文件图标以蓝色显示，表明被选中。

步骤 2：在"C:"盘中同时选定"Program Files"文件夹和"Windows"文件夹。

在"计算机"窗口工作区中双击"C:"图标，打开"C:"窗口。在"C:"窗口工作区中单击"Program Files"文件夹，然后按住【Ctrl】键的同时用鼠标单击"Windows"文件夹。放开【Ctrl】键，两个文件夹均以蓝色显示，表明同时被选中。

步骤3：在"C:"盘中选定除"Program Files"之外的所有文件和文件夹。

在"C:"窗口工作区中单击选中"Program Files"文件夹，在功能区中选择"主页"标签"选择"组下的"反向选择"，如图2-60所示。选中的效果如图2-61所示。

图 2-60　"主页"标签

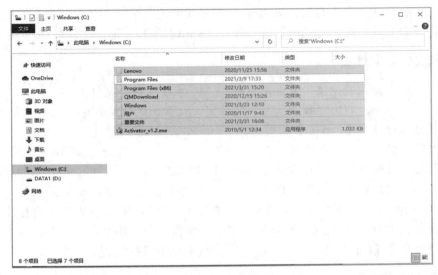

图 2-61　反向选定

4.重命名文件及文件夹

步骤1：将"D:\练习"文件夹中的"论文格式.doc"文件名称改为"开题报告.doc"。

在图2-61中，单击"此电脑"下的"DATA1(D:)"图标 DATA1 (D:)，在打开的"D:"窗口中双击"练习"文件夹图标，打开"练习"文件夹窗口。右击"论文格式.docx"文件，在弹出的快捷菜单中选择"重命名(M)"命令，则"论文格式.docx"文件的名称以蓝色显示，等待更改名称，输入新文件名"开题报告.docx"后按【Enter】键。

步骤2：将"练习"文件夹名称改为"我的论文"。

在步骤1打开的"练习"文件夹窗口的地址栏上单击"DATA1(D:)"，打开"D:"盘窗口右击的"练习"文件夹，在弹出的快捷菜单中选择"重命名(M)"命令，则"练习"文件夹的名称以蓝色显示，等待更改名称。输入新文件夹名"我的论文"后按【Enter】键。

5.移动文件及文件夹

步骤1：将"D:\我的论文"文件夹中的"开题报告.docx"文件移动到"C:"盘中。

打开"D:"盘"我的论文"文件夹窗口，在该窗口工作区中单击选中"开题报告.docx"

文件。在功能区中选择"主页"标签"剪贴板"组下的"剪切" ✂剪切 ，如图2-62所示，或者在键盘上同时按下【Ctrl+X】快捷键。

在窗口导航窗格中单击"Windows(C:)"图标 🖳 Windows (C:) ，打开"C:"盘窗口，在功能区中选择"主页"标签"剪贴板"组下的"粘贴" 粘贴 ，或者同时按下【Ctrl+V】快捷键。

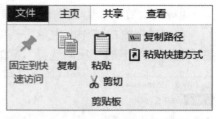

图2-62　　"主页"标签"剪贴板"组

步骤2：将"C:"盘中的"开题报告.docx"文件移动到"D:\我的论文"文件夹中。

同时打开"C:"盘窗口和"D:"盘"我的论文"窗口，按住【Shift】键，用鼠标左键将"开题报告.docx"由"C:"盘窗口直接拖至"D:\我的论文"文件夹窗口中。如果在同一驱动器中移动，则不需要按住【Shift】键。释放【Shift】键和鼠标，文件被移动至目标位置。

6.复制文件及文件夹

步骤1：将"D:\我的论文"文件夹复制到"C:\重要文件"文件夹中。

在"D:"窗口中，右击"我的论文"文件夹，在弹出的快捷菜单中选择"复制(C)"命令或在键盘上同时按下【Ctrl+C】快捷键。

打开"C:"盘中的"重要文件"文件夹窗口，在空白处右击，在弹出的快捷菜单中选择"粘贴"命令或在键盘上同时按下【Ctrl+V】快捷键。

步骤2：将"D:\我的论文"文件夹中的"开题报告.docx"文件复制到"C:"盘中。

步骤3：同时打开"D:"盘"我的论文"文件夹窗口和"C:"盘窗口。直接将"开题报告.docx"文件由"D:\我的论文"窗口拖至"C:"盘窗口中。如果在同一驱动器中复制，则拖动过程中要按住【Ctrl】键。释放鼠标，文件被复制至目标位置。

7.删除文件及文件夹

步骤1：将"C:\重要文件"文件夹中的"我的论文"文件夹删除。将"C:"盘中的"开题报告.docx"文件删除。

打开"重要文件"文件夹窗口，单击选中"我的论文"文件夹，再按下【Delete】键，文件被删除。此时删除的文件或文件夹会暂时放在回收站中。如果发现误删除，可以将其恢复。

使用同样的方法将"C:"盘中的"开题报告.docx"文件删除。

步骤2：将"D:"盘中的"我的论文"文件夹永久删除。

打开"D:"盘窗口，单击选中"我的论文"文件夹，再按下【Shift+Delete】快捷键，然后在弹出的信息提示框中单击"是"按钮，如图2-63所示。

如果文件或文件夹被永久删除，则无法恢复。

8.回收站的操作

步骤1：将"回收站"中误删除的文件夹"我的论文"恢复。

在桌面上双击"回收站"图标，打开"回收站"窗口，右击"我的论文"文件夹，在弹出的快捷菜单中选择"还原(E)"命令。

步骤 2：将"回收站"中的"开题报告.docx"文件删除。

在"回收站"窗口中，右击"开题报告.docx"文件，在弹出的快捷菜单中选择"删除(D)"命令，弹出如图 2-64 所示的对话框，单击"是"按钮。

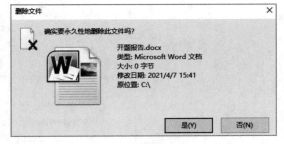

图 2-63　"删除文件夹"对话框　　　　　　图 2-64　回收站删除文件

9.查看和更改文件及文件夹的属性

步骤 1：查看"C:\重要文件"文件夹的大小、创建时间及是否为只读文件。

打开"C:"盘，右击"重要文件"文件夹，在弹出的快捷菜单中选择"属性(R)"命令，弹出如图 2-65 所示的"重要文件 属性"对话框，查看该文件夹的属性。

图 2-65　"重要文件 属性"对话框

步骤 2：将"C:\重要文件"文件夹设置为"只读"属性。

选中图 2-65 中的"只读（仅应用于文件夹中的文件）(R)"复选框，单击"应用"按钮，弹出如图 2-66 所示的"确认属性更改"对话框，单击"确定"按钮，返回图 2-65 后再次单击"确定"按钮。

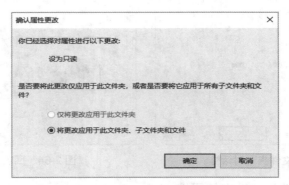

图 2-66 "确认属性更改"对话框

步骤 3：在"C:\重要文件"文件夹中新建"通信录"文件夹，并将其设置为"共享"属性。

在"C:\重要文件"窗口中，选择"主页"标签，单击"新建"组下的"新建文件夹"。此时"C:\重要文件"窗口新建了一个文件夹，将其更名为"通信录"。

右击"通信录"文件夹，在打开的快捷菜单中选择"属性(R)"命令，在打开的对话框中单击"共享"选项卡，会弹出如图 2-67 所示的对话框。单击"共享"按钮，弹出如图 2-68 所示的"网络访问"对话框，单击"共享"按钮后弹出如图 2-69 所示的对话框，再单击"完成"按钮。

图 2-67 "共享"选项卡

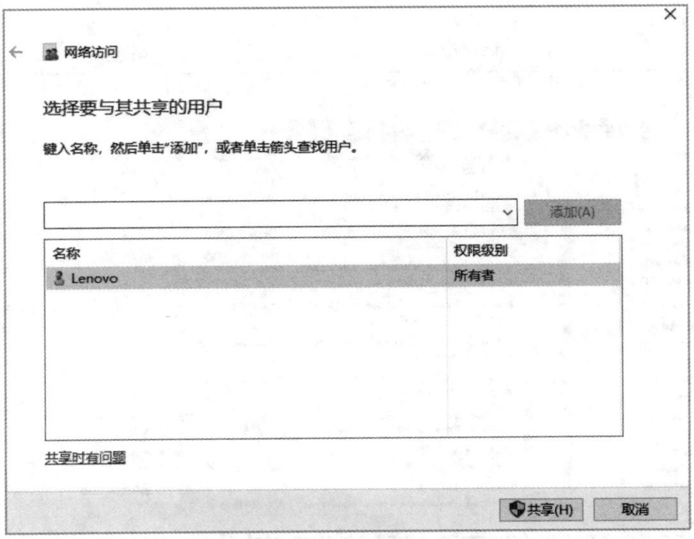

图 2-68 "网络访问"对话框 1

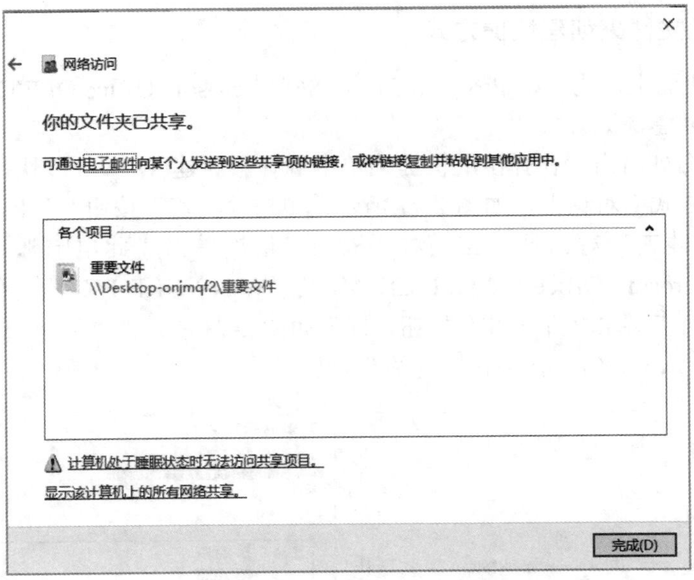

图 2-69 "网络访问"对话框 2

步骤 4：隐藏和显示文件的扩展名。

在"此电脑"窗口中单击"查看"标签，选中或取消选中"显示/隐藏"组下的"文件扩展名"复选框就可以显示或隐藏文件的扩展名

10.搜索文件及文件夹

步骤：在计算机中搜索文件名为"WINWORD.EXE"的文件和文件夹。

打开"此电脑"窗口，在窗口右上角的搜索框中输入"WINWORD.EXE"，系统会自动搜索出所有包含"WINWORD.EXE"的文件和文件夹，如图 2-70 所示，双击相应的文件或文件夹图标即可打开。

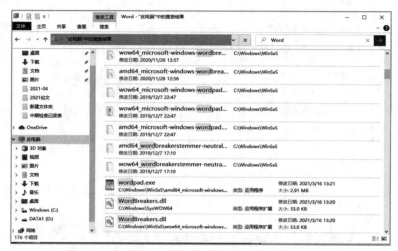

图 2-70 搜索文件及文件夹

11.给文件及文件夹创建快捷方式

步骤 1：在桌面上，为"C:\Program Files(x86)\Microsoft Office\OFFICE14\WINWORD.EXE"应用程序创建快捷方式。

在桌面的空白处右击，在弹出的快捷菜单中选择"新建(W)"→"快捷方式(S)"命令，打开"创建快捷方式"对话框，如图 2-71 所示。单击"浏览"按钮，弹出如图 2-72 所示的"浏览文件或文件夹"对话框。在该对话框中，依次单击"此电脑"、"C:"、"Program Files(x86)"、"Microsoft Office"、"OFFICE14"及"WINWORD.EXE"，然后单击"确定"按钮。返回图 2-71 后单击"下一步"按钮，打开如图 2-73 所示的"创建快捷方式"对话框，在文本框中输入"word2016"，单击"完成"按钮。

图 2-71 "创建快捷方式"对话框 1

图 2-72 "浏览文件或文件夹"对话框

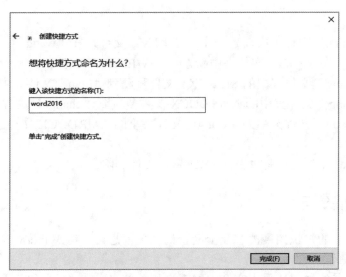

图 2-73　"创建快捷方式"对话框 2

步骤 2：在"D:"盘中新建名为"论文资料"的文件夹，在桌面为其创建名为"论文资料"的快捷方式。

打开"D:"盘，在工作区中新建一个文件夹，并更名为"论文资料"。右击"论文资料"文件夹，在打开的快捷菜单中选择"创建快捷方式(S)"命令。此时窗口空白处会出现如图 2-74 所示的快捷方式，将其更名为"论文资料"，按住【Shift】键并用鼠标拖动至桌面。

名称	修改日期	类型	大小
Program Files	2020/12/15 15:26	文件夹	
QMDownload	2021/3/31 15:18	文件夹	
个人用户	2021/3/31 16:01	文件夹	
录屏	2020/12/7 18:23	文件夹	
视频编辑	2020/12/7 18:18	文件夹	
论文资料	2021/4/7 16:53	文件夹	
论文资料 - 快捷方式	2021/4/7 16:55	快捷方式	1 KB

图 2-74　创建快捷方式

2.2.5　知识小结

任务 2.2 主要学习文件及文件夹的操作，涉及的知识点主要包括以下几个。
（1）浏览和搜索文件和文件夹。
（2）新建、重命名、选定、复制、移动、删除、恢复文件和文件夹。
（3）查看及更改文件和文件夹的属性。
（4）创建文件和文件夹快捷方式。
（5）回收站的操作。

2.2.6　实战练习

（1）在"D:"盘上新建五个名为"zhang"、"wang"、"zhao"、"qian"、"chang"的文

件夹。

（2）在"zhang"文件夹中新建一个 SHU.TXT 文件，在"wang"文件夹中新建一个 AMP.DOCX 文件，在"zhao"文件夹中新建一个 WEN.TXT 文件。

（3）将"zhang"文件夹中的 SHU.TXT 文件移动到"qian"文件夹中。

（4）将"wang"文件夹中的 AMP.DOCX 文件复制到"change"文件夹中。

（5）在"zhang"文件夹中为"wang"文件夹里的 AMP.DOCX 文件创建名为"AMP"的快捷方式。

（6）将"change"文件夹中的 AMP.DOCX 文件删除。

2.2.7 拓展练习

（1）参考本书的知识拓展内容及上网查询相关信息，了解 Windows 10 中剪贴板的相关知识及其基本操作。

（2）参考本书的知识拓展内容及上网查询相关信息，在"回收站"窗口练习清空回收站、还原所有项目，还原选定的项目及查看回收站属性的相关操作。

（3）参考本书的知识拓展内容及上网查询相关信息，学会利用压缩软件对文件及文件夹进行压缩和解压缩。

第二篇　拓展知识

能力与思政培养目标

- 深刻领会每个任务的精神内涵，明确完成一个任务所需的各个环节，使学生能用联系的、全面的、发展的观点看问题，同时引导学生正确对待人生发展中的顺境与逆境，处理好人生发展中的各种矛盾，培养健康向上的人生态度。

- 从计算机的工作原理及应用 Word 2016 解决问题的角度出发，分析问题并解决问题，提升学生的计算思维能力。以任务驱动知识学习、技能提升，达到赋能教学的目的。

- 熟练掌握 Word 2016 文档的新建、打开、保存、保存副本（另存为）、打印等基本操作。

- 熟练掌握并灵活应用 Word 2016 提供的文本编辑、项目符号及编号的添加、文本的格式化等功能。

- 熟练掌握并灵活应用 Word 2016 提供的表格、图形、图像、艺术字、文本框插入、布局等功能，充分利用表格、形状、文本框等对象具有的特性进行文档排版。

- 熟练掌握并灵活应用 Word 2016 提供的页面设置、编辑页眉页脚、插入空白页、插入封面等功能。

- 熟练掌握并灵活应用 Word 2016 提供的插入目录、插入题注和交叉引用、插入域、插入分页和分节、修改样式等高级功能。

- 理解数据源、主文档、邮件合并等概念，熟练掌握并灵活应用邮件合并功能制作信函和标签。

任务 3.1　Word 2016 入门

3.1.1　任务能力提升目标

- 培养学生使用应用软件解决问题的能力，理解计算机的工作原理。
- 熟练掌握 Word 2016 的启动与退出，理解 Windows 10 的应用程序管理功能。

• 熟悉 Word 2016 应用软件的工作环境及其功能，明确其相关概念及术语。

• 熟练掌握新建、保存、打开、关闭、打印 Word 2016 文档的相关操作，进一步理解 Windows 10 的文件管理功能。

3.1.2　任务内容及要求

王同学是刚进入大一的新生，为了更好地完成电子版的文字作业，他选择使用 Word 2016 应用程序来完成。作为初次接触 Word 2016 应用程序的王同学来说，他应该从认识 Word 2016 开始，明确 Word 2016 具有的功能及其作用、如何启动与退出 Word 2016、Word 2016 操作界面的构成、与 Word 2016 相关的概念和术语、什么是 Word 2016 文档，以及与 Word 2016 文档相关的基本操作有哪些。

3.1.3　任务分析

作为初次使用 Word 2016 的小王，可按照下面的顺序进行学习。

（1）明确如何启动 Word 2016。使用某应用软件解决问题，应先启动该应用软件。

（2）熟悉 Word 2016 的操作界面，了解该软件所具有的功能，是使用该软件的基本要求。

（3）熟练掌握 Word 2016 文档的基本操作。文档为计算机用语，是文件的另一个称呼，一般是 Word、Excel 等文字编辑软件产生的文件。文档的基本操作包括保存、打开、关闭、打印文档等，应明确这些操作的真正含义。

（4）明确如何退出 Word 2016。任务完成后，应当退出应用程序，释放系统资源。

（5）明确与 Word 2016 相关的概念及其术语。

3.1.4　任务实施

1.Word 2016 的启动

Word 2016 是 Windows 10 下的一款应用软件，它的启动主要有以下 4 种方法。

方法 1：打开"开始"菜单，在"所有应用"列表中选择"Word 2016"选项。

方法 2：在 Windows 10 桌面上，双击 Word 2016 的快捷方式图标。

方法 3：在 Windows 10 任务栏的快速启动区域中，单击 Word 2016 快速启动按钮。

方法 4：在安装有 Word 2016 的 Windows 10 系统中，双击一个 Word 2016 文档或 Word 2016 模板文件。

2.Word 2016 操作界面

Word 2016 的操作界面主要由标题栏、功能区、文档编辑区、滚动条、标尺、状态栏等组成，如图 3-1 所示。

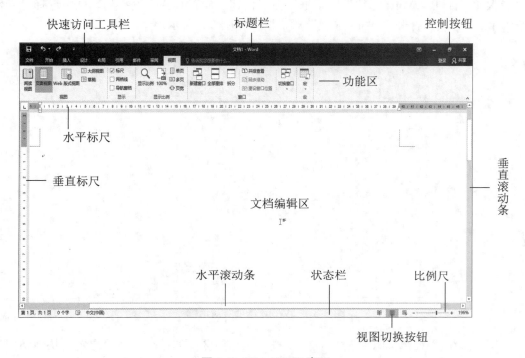

图 3-1　Word 2016 窗口

1）标题栏

标题栏位于 Word 窗口的顶端，包括快速访问工具栏、标题（正在编辑的文档文件名和当前使用的应用程序名称）和 4 个控制按钮（"功能区显示选项"按钮，以及标准的窗口"最小化"、"最大化"和"关闭"按钮）。

（1）快速访问工具栏。

快速访问工具栏位于标题栏的左侧，用于显示一些常用的快捷命令，默认状态下只显示"保存"、"撤消"和"恢复"三个命令，用户可根据需要在其中添加或隐藏其他命令。

在快速访问工具栏中添加命令。单击"自定义快速访问工具栏"最右端的下拉列表框按钮，在其下拉列表框中选中所需的命令即可。"自定义快速访问工具栏"下拉列表框如图 3-2 所示。

在"自定义快速访问工具栏"列表中添加不包含的命令。在"自定义快速访问工具栏"下拉列表框中选择"其他命令(M)…"

图 3-2　"自定义快速访问工具栏"下拉列表框

选项，打开"Word 选项"对话框，在该对话框中查找命令进行添加。例如，若用户在 Word 2016 窗口中快速启动 Microsoft PowerPoint 2016 应用程序，在"自定义快速访问工具栏"中添加启动按钮的操作步骤如下。

步骤 1：打开"Word 选项"对话框。在"快速访问工具栏"下拉列表框中选择"其他命令(M)…"选项，打开"Word 选项"对话框，如图 3-3 所示。

图 3-3 "Word 选项"对话框

步骤 2：在"Word 选项"对话框中查找不在功能区中的命令。在"自定义快速访问工具栏"区域左侧的"从下列位置选择命令(C):"下拉列表框中选择"不在功能区中的命令"选项，此下拉列表框下方同时显示不在功能区中的命令，如图 3-4 所示。

图 3-4 查找"Microsoft PowerPoint"命令

步骤 3：添加不在功能区中的命令。在下方的列表框中选择"Microsoft PowerPoint"命令，单击"添加(A)>>"按钮，将其添加到该列表框右侧的"自定义快速访问工具栏(Q):"下方的列表框中，如图 3-5 所示。

图 3-5 添加"Microsoft PowerPoint"命令至右侧的列表框中

步骤 4：在快速访问工具栏中添加按钮。完成设置，单击"确定"按钮，系统自动在快速访问工具栏中添加 Microsoft PowerPoint 2016 快速启动按钮，效果如图 3-6 所示。

图 3-6 添加"Microsoft PowerPoint 2016"快速启动按钮后的效果图

（2）"功能区显示选项"按钮。

与早期版本相比，Word 2016 标题栏新增了"功能区显示选项"按钮，用于设置功能区的显示方式，单击该按钮弹出下拉列表，如图 3-7 所示。三个选项用于设置功能区的显示方式，系统默认的显示方式为"显示选项卡和命令"。

2）功能区

Word 2016 的功能区在窗口标题栏下方，主要包括"开始"、"插入"、"设计"、"布局"、"引用"、"邮件"、"审阅"和"视图"等选项卡，如图 3-1 所示。Word 2016 将几乎所有命令以按钮的形式分布在这些选项卡中，每个选项卡中又根据功能的不同将命令分为若干个组，组织这些命令，有些组的右下角还包含对话框启动按钮，用于打开与该组命令相关的对话框，用户通过对话框可以进行更进一步的

图 3-7 "功能区显示选项"列表

设置。在标题栏下方，有一行看起来像菜单栏中菜单项的名称是选项卡标签，单击这些标签可以切换到相应的选项卡。

3）Word 2016 后台视图

单击"文件"选项卡，进入 Word 2016 后台视图。后台视图将窗口分为三个区域，左侧区域为命令选项区，其中"新建"、"打开"、"保存"、"另存为"、"打印"、"共享"、"导出"、"关闭"是 Word 2016 文档常用的操作命令；"信息"选项用于检查文档中是否包含隐藏的元素及个人信息；"账户"选项表示用户在登录后，可以在多个客户端云同步文件；"选项"选项包含 Word 2016 应用程序自定义命令。单击该区域的某个命令，中间区域和右侧区域将显示与该命令相关的内容。Word 2016 默认后台视图如图 3-8 所示。

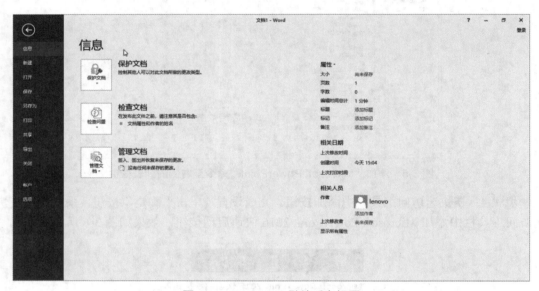

图 3-8　Word 2016 默认后台视图

4）文档编辑区

文档编辑区位于 Word 2016 窗口中间最大的区域，如图 3-1 所示。用户可在此区域输入文本，插入图形、图像、表格等，并对它们进行格式化处理。该区域中闪烁的光标"｜"也称插入符，表示用户可在当前位置输入文本或插入图形、图像等。

5）状态栏

状态栏位于 Word 2016 窗口最下方，如图 3-1 所示。状态栏最左侧显示正在编辑文档的页码、当前文档的总页数，以及文档的总字数；状态栏右侧两个区域分别为视图切换按钮和比例尺。单击视图切换按钮，可快速进行 Word 2016 视图的切换；拖动比例尺滑块，可快速调整文档显示比例。

6）标尺、滚动条

标尺：包括水平标尺和垂直标尺两种。标尺有刻度，默认情况下以字符为单位，用于定位文本、设置页边距、设置字符缩进和设置制表位等。

默认状态下，Word 2016 不显示标尺。显示标尺的方法为：在"视图"选项卡的"显示"

组中选中"标尺"复选框；该复选框的选中与取消选中可以在显示标
尺与隐藏标尺之间切换。"标尺"复选框如图 3-9 所示。

滚动条：包括水平滚动条和垂直滚动条。单击滚动条两端的方向
按钮或拖动滚动条中间的滑块，可以使屏幕上、下、左、右滚动，以
便快速浏览文档内容。

图 3-9 　 "显示"组下
的"标尺"复选框

3.Word 2016 选项卡及其功能

1）"开始"选项卡

"开始"选项卡包括"剪贴板"、"字体"、"段落"、"样式"和"编辑"5 个组，主要用
于实现 Word 2016 文档的文本编辑、格式设置、查找替换等功能，是 Word 2016 最基本的也
是最常用的选项卡。"开始"选项卡如图 3-10 所示。

图 3-10 　 "开始"选项卡

2）"插入"选项卡

"插入"选项卡包括"页面"、"表格"、"插图"、"加载项"、"媒体"、"链接"、"批注"、
"页眉和页脚"、"文本"、"符号"10 个组，主要用于实现在 Word 2016 文档中添加各种对
象的功能。"插入"选项卡如图 3-11 所示。

图 3-11 　 "插入"选项卡

3）"设计"选项卡

"设计"选项卡包括"文档格式"、"页面背景"2 个组，主要用于实现文档格式设置、
页面背景设置等功能。"设计"选项卡如图 3-12 所示。

图 3-12 　 "设计"选项卡

4）"布局"选项卡

"布局"选项卡包括"页面设置"、"稿纸"、"段落"、"排列"4 个组，主要用于实现
Word 2016 文档的页面样式设置、稿纸样式设置、段落格式设置和文档内容的布局等功能。

"布局"选项卡如图 3-13 所示。

图 3-13　"布局"选项卡

5)"引用"选项卡

"引用"选项卡包括"目录"、"脚注"、"引文与书目"、"题注"、"索引"和"引文目录"6 个组，主要用于在 Word 2016 文档中添加目录、题注、脚注和尾注、索引、引文等对象，实现比较高级的功能。"引用"选项卡如图 3-14 所示。

图 3-14　"引用"选项卡

6)"邮件"选项卡

"邮件"选项卡包括"创建"、"开始邮件合并"、"编写和插入域"、"预览结果"和"完成"5 个组。该选项卡中的命令专用于实现 Word 2016 提供的邮件合并功能。5 个组从左至右顺序给出完成邮件合并全过程的相关命令。"邮件"选项卡如图 3-15 所示。

图 3-15　"邮件"选项卡

7)"审阅"选项卡

"审阅"选项卡包括"校对"、"见解"、"语言"、"中文简繁转换"、"批注"、"修订"、"更改"、"比较"和"保护"9 个组，主要用于实现对 Word 2016 文档的内容进行校对和修订等功能，这些功能适用于多人协作处理 Word 2016 长文档。"审阅"选项卡如图 3-16 所示。

图 3-16　"审阅"选项卡

8)"视图"选项卡

"视图"选项卡包括"视图"、"显示"、"显示比例"、"窗口"和"宏"5 个组，主要用于实现设置文档的显示方式及窗口管理等功能。"视图"选项卡如图 3-17 所示。

图 3-17　"视图"选项卡

4.Word 2016 文档的操作

1）新建文档

在 Word 2016 中，新建文档有两种方式：新建空白文档、依据 Word 2016 提供的模板新建文档。

（1）新建空白文档。

方法：启动 Word 2016 后，在"开始"界面中选择"空白文档"选项，如图 3-18 所示，系统在内存中新建一个名为"文档 1"的空白文档。

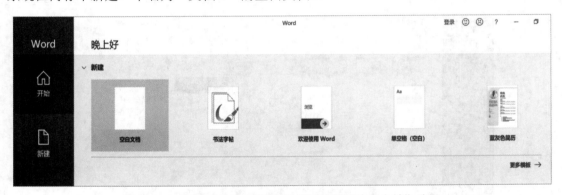

图 3-18　在 Word 2016"开始"界面选择"空白文档"选项

（2）依据模板创建文档。

方法：启动 Word 2016 后，选择"新建"选项，在"新建"界面中，根据文档需求，选择 Word 2016 提供的内置模板或在搜索框中输入系统提示的关键词搜索联机模板，系统根据所选模板在内存中新建一个名为"文档 1"的新文档。依据 Word 2016 内置模板新建文档，如图 3-19 所示。

说明：在 Word 2016 中可以同时编辑多个文档，在文档编辑状态下，进入 Word 2016 后台视图，选择"新建"命令，同上述操作步骤，也可以在内存中新建文档，如图 3-20 所示。新建的文档，文件名默认为"文档*"，这里的"*"表示"1｜2｜3……"，这个序号是新建文档的先后顺序。保存文档时应给文档取一个见名知意的文件名。

2）保存文档

Word 2016 提供的保存文档功能是将内存中的文档以文件的形式保存在外部存储器中，经过保存后的文档，关机后不会丢失。保存文档的命令有"保存"和"另存为"两个。

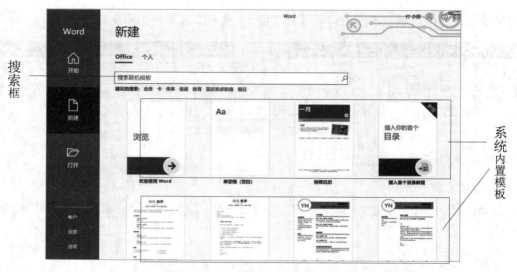

图 3-19　依据 Word 2016 内置模板新建文档

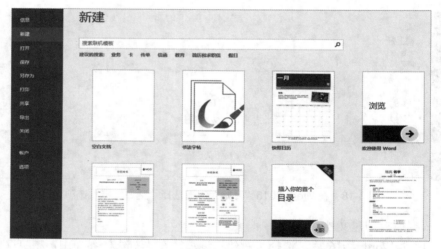

图 3-20　在 Word 2016 后台视图选择"新建"命令新建文档

（1）执行"保存"命令保存文档。

步骤 1：执行"保存"命令。单击快速访问工具栏中的"保存"按钮，进入 Word 2016 后台视图"另存为"命令选项界面，如图 3-21 所示。

图 3-21　后台视图"另存为"命令选项界面

　　步骤 2：保存文档。在后台视图中间区域，系统默认当前选项为"这台电脑"，用户可在右侧区域选择最近保存文档的位置，打开"另存为"对话框；或者在中间区域选择"浏览"选项，打开"另存为"对话框，在对话框中选择保存位置，为文档命名，选择保存类型，完成设置，单击"保存(S)"按钮保存文档。"另存为"对话框如图 3-22 所示。也可以在中间区域单击"OneDrive"选项，将文档保存在 OneDrive 中。

图 3-22　　"另存为"对话框

　　说明：对于已经保存过的文档，单击"保存(S)"按钮时，系统以覆盖的方式将修改的文档内容写回到原文件中，不再进入后台视图。

　　（2）执行"另存为"命令保存文档。

　　方法：进入 Word 2016 后台视图，在左侧区域选择"另存为"命令选项，进入"另存为"命令界面，同执行"保存"命令保存文档操作方法，保存文档。

　　说明：执行"另存为"命令主要用于保存文档副本，保存文档时，始终要选择保存位置；保存文档副本时，选择同一位置，需用不同的文件名保存，选择不同的位置，可用相同文件名保存。

　　3）打开文档

　　在 Word 2016 应用程序中打开文档，是将保存在外部存储器的 Word 2016 文档调入内存，并显示 Word 2016 应用程序窗口的全过程。

　　方法：在 Word 2016 开始界面中，选择"打开"命令选项，在"打开"命令界面的中间区域选择保存文档的位置，系统默认为"最近"，如图 3-23 所示。如果打开最近编辑过的文档，直接在右侧区域选择即可；否则在中间区域选择"这台电脑"选项，在右侧区域选择相应的保存位置，打开"打开"对话框；或者在中间区域选择"浏览"选项，打开"打开"对话框，如图 3-24 所示。在该对话框中选择保存文档的文件夹，在其中选中需打开的文档文件，单击"打开"按钮打开文档；或者选择"OneDrive"选项，在"OneDrive"中打开文档。

图 3-23　在 Word 2016 开始界面选择"打开"命令选项

图 3-24　"打开"对话框

　　说明：在文档编辑状态下，进入 Word 2016 后台视图，在左侧区域选择"打开"命令选项，同上述操作步骤，也可以将保存在外部存储器中的文档打开。执行"打开"命令，后台视图如图 3-25 所示。

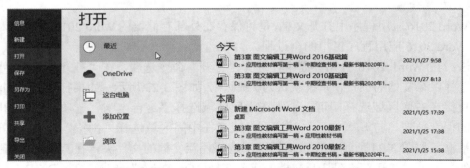

图 3-25　后台视图"打开"命令选项界面

4）打印文档

打印文档，是将电子版的文档输出到打印机，最终形成纸质文档。打印文档的操作步骤如下。

进入后台视图，在左侧区域选择"打印"命令，如图3-26所示。在中间区域，根据需要设置纸张大小、纸张方向、打印范围、打印份数等，在右侧区域预览打印效果，最后单击中间区域的"打印"按钮，系统驱动打印机工作，完成打印。

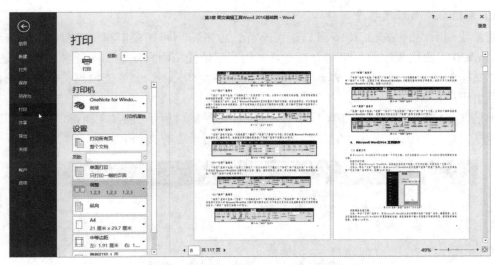

图 3-26 后台视图"打印"命令选项界面

5.Word 2016 的退出

在 Word 2016 窗口中，可以同时打开多个文档。如果窗口中只有一个文档，选择以下 6 种操作方法之一先关闭文档，然后退出 Word 2016。

方法 1：单击 Word 2016 窗口右上角的"关闭"按钮 ✕ 。

方法 2：在后台视图中选择"关闭"命令选项。

方法 3：右击 Word 2016 窗口标题栏的空白处，在弹出的快捷菜单中选择"关闭(C)"命令。

方法 4：双击 Word 2016 窗口标题栏最左侧空白处。

方法 5：按【Alt+F4】组合键。

方法 6：右击任务栏上的 Word 2016 任务按钮 📄 ，在弹出的快捷菜单中选择"关闭窗口"命令。

说明：当 Word 2016 窗口中打开多个文档时，执行上面的方法 1~5 只能关闭当前文档，执行上面的方法 6，快捷菜单中的"关闭窗口"命令变为"关闭所有窗口"命令，此时选择"关闭所有窗口"命令，先顺序关闭每个文档，最后退出 Word 2016 应用程序。

6.相关概念及术语

1）鼠标指针与插入符

在 Word 2016 中，鼠标用于选定对象、移动对象、调整对象大小等操作。鼠标指针的形状不同，其作用也不同，应注意鼠标指针的变化。插入符即闪烁的光标"｜"，用于提示用户输入文本或插入对象的位置。输入文本或插入对象，应先定位插入符，将鼠标指针移动到定位插入符的位置单击即可。

2）段落

在 Word 2016 文档中，按一次回车键，生成一个换行符↵，也称段落标记。两个换行符之间的内容称为一个段落。当一个段落中没有内容时，该段落称为空段落或空行。

3）文档窗口与应用程序窗口

通常我们所说的 Word 2016 窗口是由 Word 2016 应用程序窗口和文档窗口两部分组成的，Word 2016 应用程序窗口可独立存在，文档窗口依托应用程序窗口不能独立存在。关闭文档，文档窗口也被关闭。在 Word 2016 后台视图中，"关闭"命令选项仅关闭文档窗口，不会退出应用程序。

不包含文档窗口的 Word 2016 应用程序窗口，如图 3-27 所示；包含文档窗口的 Word 2016 应用程序窗口，如图 3-28 所示；二者可以从标题栏是否含有文档名区分。

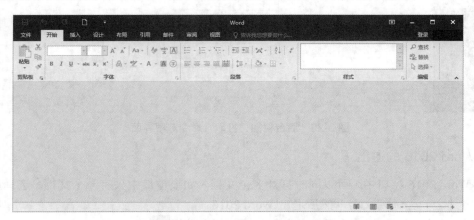

图 3-27　不包含文档窗口的 Word 2016 应用程序窗口

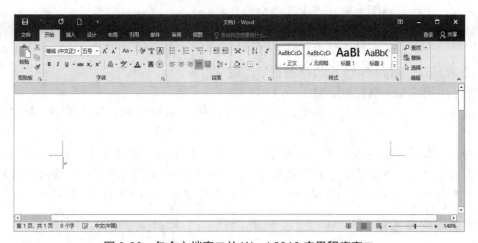

图 3-28　包含文档窗口的 Word 2016 应用程序窗口

4）视图

显示文档的方式称为视图。Word 2016 提供了 5 种视图，为用户在编辑或查看文档时提供了方便。

视图的切换可通过选择"视图"选项卡下"视图"组中的命令按钮实现，如图 3-29 所示；也可通过单击状态栏中的视图按钮实现，如图 3-30 所示。

图 3-29　"视图"组中的命令按钮

图 3-30　状态栏中的视图按钮

（1）页面视图。

页面视图是所见即所得的视图方式，是 Word 2016 的默认视图。在页面视图下，用于显示文档中的所有内容，可对其进行编辑、排版，用户可看到文档中的所有内容在整个页面的分布状况以及在整个文档的哪个页面上，即为打印后的效果，是文档排版的最佳视图。

（2）草稿视图。

草稿视图是最节省系统硬件资源的一种视图方式，在草稿视图下，没有页边距、分栏、页眉页脚、图片等对象，仅显示标题和正文，用一条虚线标记分页，该虚线称为分页线。

（3）大纲视图。

大纲视图按文档的结构层次显示，易于编辑具有层次结构的文档。在大纲视图下，只显示标题和文本内容。

进入大纲视图，功能区显示"大纲"选项卡，主要用于实现设置标题和文本级别、折叠和展开显示各层级的文档内容、调整文本前后顺序等功能。"大纲"选项卡如图 3-31 所示。

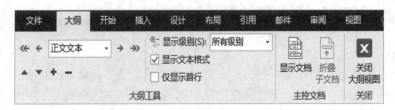

图 3-31　"大纲"选项卡

（4）阅读视图。

阅读视图为在 Word 2016 中阅读文档提供了方便。在阅读视图下，为了充分显示当前的文档内容，方便用户操作，Word 2016 窗口的标题栏成了阅读工具栏，功能区以及大多数屏幕元素被隐藏。在阅读视图方式下的窗口显示效果如图 3-32 所示。

（5）Web 版式视图。

Web 版式视图用于显示文档在 Web 浏览器中的效果。在 Web 版式视图下，用户不仅可以查看文档在 Web 浏览器中的效果，还可以制作网页，文档将显示为一个不带分页符的长页，文本和表格将自动换行以适应窗口的大小。

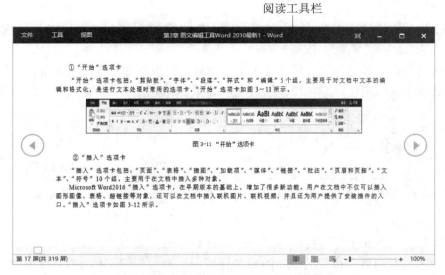

图 3-32   在阅读视图下的窗口显示效果图

5）上下文选项卡

在 Word 2016 功能区，有些选项卡只有在编辑、处理文档中某些特定对象时才显示，这种选项卡称为上下文选项卡。例如，在 Word 2016 文档中编辑艺术字时，功能区显示与之关联的"绘图工具"选项卡。该选项卡主要用于实现艺术字样式设置功能。与艺术字关联的"绘图工具"上下文选项卡如图 3-33 所示。

图 3-33   与艺术字关联的"绘图工具"上下文选项卡

6）剪贴板

Office 2016 提供的"剪贴板"是内存一片连续区域，最多可容纳 24 项内容。选中对象，执行"复制"或"剪切"命令，不会直接粘贴到目标位置，系统将选定的内容先添加到"剪贴板"中，在文档中定位插入符后，执行"粘贴"命令将移动或复制的对象粘贴到插入符所在的位置。"剪贴板"中内容超过 24 项时，"复制"或"剪切"的内容会添加至"剪贴板"最后一项并清除"剪贴板"中的第一项内容。

选择"开始"选项卡→"剪贴板"组右下的启动按钮，打开"剪贴板"窗格，"剪贴板"窗格上的"全部粘贴"按钮可将"剪贴板"列表中的所有对象按前后顺序一起粘贴到插入符所在的位置；"全部清空"按钮可清除"剪贴板"中的所有项目。

3.1.5   知识小结

在任务 3.1 的学习中，主要涉及 Windows 10 的管理功能、Word 2016 应用程序的文档管理功能，同时对 Word 2016 界面及所具有的功能进行了简要介绍，知识点主要包括以下几个方面。

（1）Windows 10 管理功能。

①在 Windows 10 下启动或退出 Word 2016 应用程序。

②应用 Windows 10 存储器管理功能、文件管理功能在 Word 2016 中管理文档。

（2）Word 2016 文档管理功能。

①在 Word 2016 中新建文档，包括新建空白文档、依据模板创建文档。

②在 Word 2016 中保存文档或文档副本。

③在 Word 2016 中打开或关闭文档。

④打印文档。

（3）Word 2016 入门知识。

①Word 2016 操作界面的构成。

②Word 2016 选项卡及其功能。

③相关概念及术语：鼠标与插入符、段落、"关闭"与"退出"、视图、上下文选项卡、剪贴板。

3.1.6 实战练习

（1）了解 Microsoft Office 主要版本，以及每个版本新增的功能。

（2）熟练掌握 Word 2016 的启动与退出。

（3）熟悉 Word 2016 窗口的构成及功用。

（4）熟练掌握新建、保存、打开、关闭、打印文档等操作。

3.1.7 拓展练习

（1）在网上查找与 Microsoft Office 2016 相关的插件及功能。

（2）在 Word 2016 中体验与他人共享文档。

（3）在 Word 2016 "操作说明搜索框"中输入任意一个操作，体验快速搜索命令。

任务 3.2 论文排版

撰写毕业论文，是具有本科及本科以上学历的学生在校期间的一门必修课，目的是综合考查学生在校期间的学习成果及研究能力，也是学生在毕业前对自己在校期间所学知识的一次综合运用与实践锻炼。

3.2.1 任务能力提升目标

•了解在 Word 2016 中编辑长文档的理念，明确长文档排版的总体思路。

• 熟练掌握并灵活应用页面设置、页眉页脚设置、分页、页码插入、空白页插入等功能。

• 熟练掌握并灵活应用文本的编辑、编号的添加、多级列表、格式化等功能。

• 熟练掌握并灵活应用插入表格、图片、文本框，以及设置表格、图片及文本框格式等功能。

• 熟练掌握并灵活应用添加文档目录、插入封面、分节、插入域、插入题注、交叉引用等功能。

3.2.2　任务内容及要求

某大四学生小李的毕业论文手稿已完成，按照学校的要求，毕业论文需打印在 A4 纸上。论文结构顺序为封面、论文题目（中、英文两种语言，内容包括论文题目、作者、摘要、关键词）、目录、论文正文（包括引言、论文论证内容、结束语、参考文献、致谢）等 4 部分。

论文排版格式要求如下。

（1）页面。论文双面排版，纸张大小为"信纸"，方向为"纵向"；预留上、下页边距均为"2.75cm"，内侧边距为"2.8cm"，外侧边距为"2.5cm"，装订线位置在"左侧"，装订线距边界为"2 厘米"，页眉距边界为"2.4cm"，页脚距边界为"2.4cm"。

（2）页眉和页脚。封面、中文题目页、英文题目页、目录页均不设置页眉；正文起始页、参考文献起始页、致谢起始页的页眉均设置为论文题目，右对齐；正文奇数页的页眉设置为当前节标题，右对齐，偶数页的页眉设置为当前章标题，左对齐。

（3）分页。中文题目页与英文题目页均从新的页面开始，目录首页、正文首页、参考文献首页、致谢首页均从奇数页开始。

（4）页码。从正文首页的页面底端开始添加页码，格式为"-1-、-2-……"，起始页码为"-1-"，字体为"Times New Roman"，字号为"9"；奇数页页码右对齐，偶数页页码左对齐；封面、中英文题目页、目录页不显示页码。

（5）中文题目。

①论文题目。套用 Word 2016 提供的"标题"样式。

②作者。字体为宋体，字号为"小三"，居中对齐，行距为 1.25 倍。

③摘要。摘要：两字之间空两个字符，字体为黑体，字号为"四号"，顶格；摘要内容：汉字字体为"宋体"，西文字体为"Times New Roman"，中西文字号均为"小四"，文中括号"()、[]"用英文括号，符号"."的字体与其所在位置的字体一致；对齐方式为"两端对齐"，行距为"固定值，22 磅"；作者部分与摘要部分之间空一行。

④关键词。"关键词"的字体为黑体，字号为四号，顶格。关键词内容：汉字字体为"宋体"、西文字体为"Times New Roman"，字号为"小四"，每两个关键词之间用中文标点符号"；"分隔。关键词部分与摘要部分之间空两行。

（6）英文题目。

①TOPIC（英文题目）。字体为"Times New Roman"，字号为"三号"，字形为"加粗"，对齐方式为"居中"，将题目中的"Based on ASP"换至下一行；行距为单倍行距，段前空

一行，除英语小词外，其他单词首字母大写。

②Author's Name（作者）。字体为"Times New Roman"，字号为"小三"，对齐方式为"居中"，行距为单倍行距。

③ABSTRACT（摘要）。"ABSTRACT"的字体为"Times New Roman"，字号为"四号"，大写，加粗，顶格。英文摘要内容：字体为"Times New Roman"，字号为"小四"，小写，行距为"固定值，22 磅"；摘要部分与作者部分之间空一行。

④KEYWORDS（关键词）。"KEYWORDS"的字体为"Times New Roman"，字号为"四号"，大写，加粗，顶格。关键词内容：字体为"Times New Roman"，字号为"小四"，小写，关键词之间用中文标点符号"；"分隔；摘要部分和关键词部分之间空两行。

（7）正文。

①内容。文本格式：汉字字体为"宋体"，西文字体为"Times New Roman"，中西文字号均为"小四"，文中括号"()、[]"用英文括号，符号"."的字体与其所在位置的字体一致；段落格式：对齐方式为"两端对齐"，每个段落首行缩进"2 字符"，行距为"固定值，22 磅"。

②标题。章标题格式套用 Word 2016 提供的"标题 1"样式，节标题格式套用 Word 2016 提供的"标题 2"样式，小节标题格式套用 Word 2016 提供的"标题 3"样式；标题编号采用多级编号样式自动编号，章标题编号样式为"第 1 章、第 2 章……"，节标题编号样式为"1.1、1.2……"，小节标题编号样式为"1.1.1、1.1.2……"，论文最多三级标题。

③引言。正文开始，章标题编号为"第 1 章"，进目录。

④结束语。正文最后一章，章标题与其他章标题顺序编号，进目录。

⑤参考文献：标题格式套用 Word 2016 提供的"标题 1"样式，不编号，进目录；参考文献列表：顶格、文献序号格式如"[1]"。

⑥参考文献引用。参考文献引用标记：字体为"宋体"，字号为"五号"，采用上标格式；将参考文献列表编号与论文中对应的引注建立引用关系。

⑦致谢。标题格式套用 Word 2016 提供的"标题 1"样式，不编号，进目录。

（8）目录。目录包括论文章目录、图目录和表目录三种类型的目录，顺序为章目录、图目录、表目录。章节目录项：按论文章节顺序为三级层次，目录中的标题应与正文中的标题一致，格式采用 Word 2016 提供的正式格式，标明页码，页码右对齐，目录项之间的行距为"1.5 倍行距"。图目录和表目录的格式采用 Word 2016 提供的正式格式，目录项之间的行距为"1.5 倍行距"。目录：字体为"黑体"，字号为"小三号"；一级标题，居中对齐，另起一面；"图目录"与"表目录"字体为"黑体"，字号为"小四号"，对齐方式为"居中"。

（9）图片。图片单独占行，高度统一为"4.5 厘米"，保持纵横比不变，"居中"对齐；图片说明文字的字体为"微软雅黑"、字号为"五号"，图片说明文字在图片下方、"居中"对齐，并与图片始终保持在同一页。

（10）表格。表格位于上下文字之间，不与文字环绕，"居中"对齐。表格的宽度根据内容调整，特别将表格"考试时间信息表"的宽度设置为"15 厘米"。当表格跨页时，设置表格的宽度为"根据窗口自动调整表格"。单元格内容的字体为"宋体"、字号为"五号"、在单元格中"居中"对齐。表格说明文字的字体为"微软雅黑"、字号为"五号"、在表格上方、与表格"居中"对齐，并与表格始终保持在同一页，当一张表格跨页时，重复显示表头。

（11）图片与表格的编号及引用。论文中的图片与表格独立编号，编号采用自动编号，以章为单位统一编号；图片编号格式为"图章号-编号"，如图 1-1、图 1-2、图 2-1……，表格编号格式为"表章号-编号"，如表 1-1、表 1-2、表 2-1……，文档中图片或表格的编号发生变化时，图片或表格的引用也能自动修改。

（12）封面。封面统一采用 Word 2016 提供的"内置"、"镶边"型封面模板，封面中的内容可用模板中的占位符添加，也可将占位符删除后用文本框或表格等对象添加，封面样图如图 3-34 所示。

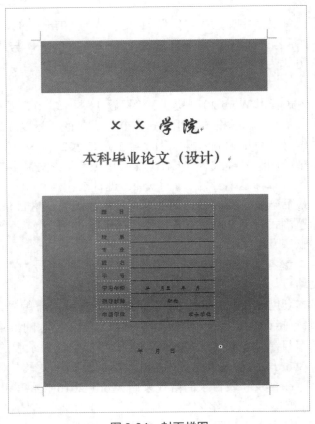

图 3-34　封面样图

①抬头。××学院：每两个字之间用制表符分隔、字体为"华文行楷"、字号为"小初"、在文本框中"居中"显示；本科毕业论文（设计）：字体为"华文中宋"，字号为"一号"，在文本框中"居中"显示。

②论文信息部分。信息名称（包括"题目"、"院系"、"专业"、"姓名"、"学号"、"学习年限"、"指导教师"、"申请学位"）：字体为"等线"、字号为"五号"、后跟下划线（长度适中）、居中显示。"题目"、"院系"、"专业"、"姓名"、"学号"之间空两个汉字字符；" 年 月至 年 月"、"职称"、"学士学位"字体为"楷体"，字号为"五号"。

③年份。"年月日"字体为"华文中宋"，字号为"五号"，"居中"显示，三个字之间用空格分隔。

④封面页边距与中文目录页一致。

（13）删除文档中所有的空行。

3.2.3　任务分析

本科生的毕业论文约为 5000 字，硕士生的毕业论文约为 1.5 万字，博士生的毕业论文为 5 万字以上。论文中除文字内容，作者还会借助图、表、公式等对象，以便更直观、更形象地阐明自己的观点。另外，文档中还包含大量的标题、编号、页眉页脚、题注等特殊对象。如何快速、有效地完成论文的编辑、排版任务，明确 Word 2016 提供的相关功能，安排好操作顺序，是每个学生在动手之前应该认真考虑的问题。小李欲快速完成论文排版任务，可按下面操作顺序进行。

（1）新建 Word 2016 空白文档，并以"论文.docx"命名，保存在"D:\论文"文件夹中。

Word 2016 提供的自动保存功能，每隔 15 分钟保存一次文档，或者用户随时执行"保存"命令，对于保存过的文档，可使文档中的内容始终是最近一次保存过的，即使宕机，再打开文档，前期对文档内容的修改不会丢失。

（2）设置页面格式。

页面设置涉及设置纸张大小、页边距等内容。若先设置文本、图片、表格等对象的格式，再进行页面设置，则会影响前期排版效果。根据任务要求，需设置对称页边距、纸张的大小及方向、装订线的位置、页眉和页脚的边距，表面看很复杂，但是 Word 2016 提供的页面设置功能可以让用户在"页面设置"对话框中快速完成。

（3）录入全部文本。

论文主要的内容为文本，而且除标题或一些特殊内容外，格式要求是一致的，录入全部文本，方便统一格式化处理。

（4）格式化文本。

先格式化文本，再插入图片和表格，有利于文本整体格式化。文本格式化包括字符格式化和段落格式化。

（5）添加编号。

序号在 Word 2016 中称为编号。Word 2016 提供的添加编号功能可以自动调整编号顺序，能确保因删除或增加带编号的内容时不会导致编号发生混乱；Word 2016 提供的添加多级编号功能更方便用户编辑长文档。

（6）分页或分节。

先分页，更有利于后期插入图片或表格的排版。在页面视图下，排版的效果为所见即所得。Word 2016 提供的分页、分节功能可将文档中的内容分在不同的页面中；当文档中的两段内容必须放在不同的页面时，应在两段内容之间分页；如果相邻的两页，页面设置不同时，不仅要分页，还要分节。根据任务中页眉和页脚及分页的要求，需在中文题目页、正文首页、参考文献首页、致谢首页前分节。

（7）添加图片和表格。

图片和表格是两类不同的对象，操作方法也不相同。插入图片和表格时，系统默认为嵌入式，可以看成是段落中的一个字符，设置对齐方式时，与设置段落对齐方式相同。

图片不会跨页。表格是由网格构成的，当表格比较大时，会自动跨页显示。按照任务的要求，当表格跨页时需重复表头；当页面设置为对称页面时，表格的对齐方式受宽度的影响，通常情况下，表格跨页时，表格宽度设置为根据窗口调整。

（8）添加图片、表格的题注及交叉引用。Word 2016 提供的插入题注和交叉引用功能，不仅可以为图片和表格自动编号，还可将编号与引用关联，当添加或删除图片和表格时，系统可自动更新编号及引用。

（9）编辑页眉。

完成正文排版后，利用 Word 2016 提供的插入域功能，可以方便将论文题目、章标题、节标题添加到页眉中。

（10）添加页码。

根据插入页码的要求，正文排版完成后即可插入页码，此时页码不会发生大的变化。

（11）添加目录。

完成上面的操作，为添加目录提供了可能。Word 2016 提供了插入目录的功能，根据格式化后的标题及插入的页码，系统可自动生成目录。

（12）删除文档中的所有空行。

在文档编辑过程中，可能会产生一些不必要的空行，为使文档整齐，应删除这些空行。

（13）更新目录。

删除空行可能会影响页码的变化，为使目录正确，应对目录中的页码进行更新。

（14）添加参考文献编号交叉引用。

Word 2016 提供的交叉引用功能，可有效地将参考文献的引用与参考文献编号关联起来。

（15）制作封面。

封面作为独立内容可最先制作，也可最后制作。

（16）保存、关闭文档并退出 Word 2016。

完成论文排版后应及时保存文档、关闭文档并退出应用程序。

3.2.4　任务实施

1.新建 Word 2016 空白文档并保存

步骤：按任务 3.1 新建空白文档及保存文档的操作步骤，新建一个空白文档，并以"论文.docx"名保存在"D:\论文"文件夹中。

2.设置页面格式

步骤 1：打开"页面设置"对话框。选择"布局"选项卡→"页面设置"组右侧的启动按钮 ，打开"页面设置"对话框，如图 3-35 所示。

步骤 2：设置对称页边距。在"页面设置"对话框中选择"页边距"选项卡，在"页码范围"组中将"多页(M):"右侧下拉列表框中的值设为"对称页边距";将"页边距"下的"内侧(N):"右侧数码框的值设为"2.8 厘米"、"外侧(O):"右侧数码框的值设为"2.5 厘米"、"上(T):"右侧数码框的值设为"2.75 厘米"、"下(B):"右侧数码框的值设为"2.75 厘米"、"装订线(G):"右侧数码框的值设为"2 厘米",其余保留默认值,如图 3-36 所示。

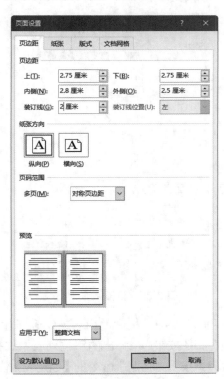

图 3-35 　"页面设置"对话框 　　　　图 3-36 　设置对称页边距

步骤 3:设置纸张大小。在"页面设置"对话框中选择"纸张"选项卡,将"纸张大小(R):"下方下拉列表框的值设为"信纸",如图 3-37 所示。

步骤 4:设置页眉和页脚的边距。在"页面设置"对话框中选择"版式"选项卡,在"页眉和页脚"组中,将"距边界:"中的"页眉(H):"右侧数码框的值设为"2.4 厘米"、"页脚(F):"右侧数码框的值设为"2.4 厘米",如图 3-38 所示。完成上述设置后,单击"确定"按钮。

3.录入全部文本

论文的全部文本内容已保存在"论文内容.docx"文件中,将其复制到当前文档即可。

步骤 1:打开"论文内容.docx"文档。同任务 3.1 打开文档的操作方法,打开保存在本书提供的素材文件夹中的"论文内容.docx"文档。

步骤 2:将文档内容复制到剪贴板。在"论文内容.docx"文档窗口,按下"全选"命令的【Ctrl+A】快捷键选定文档全部内容,再按下"复制"命令的【Ctrl+C】快捷键将所选内容复制到 Word 2016 剪贴板中。

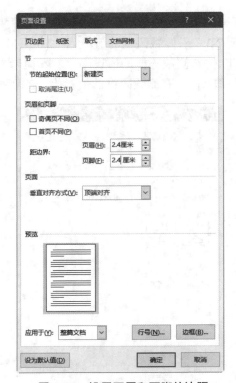

图 3-37 设置纸张大小　　　　　　　图 3-38 设置页眉和页脚的边距

步骤 3：将剪贴板中的内容粘贴到新建的文档中。选择"视图"选项卡→"窗口"组→"切换窗口"按钮，在弹出的下拉列表中选择"论文.docx"选项，将窗口切换至"论文.docx"文档窗口，按下"粘贴"命令的【Ctrl+V】快捷键，论文内容全部复制到新建的"论文.docx"文档中。

4.格式化文本

（1）设置字符格式。

步骤 1：打开"字体"对话框。在"论文.docx"文档窗口中按下"全选"命令【Ctrl+A】快捷键，选定全部内容。再选择"开始"选项卡→"字体"组右侧的启动按钮 ，打开"字体"对话框，如图 3-39 所示。

步骤 2：设置字体及字号。选择"字体(N)"选项卡，将"中文字体(T):"下方下拉列表框中的值设为"宋体"、"西文字体(F):"下方下拉列表框中的值设为"Times New Roman"、"字号(S):"下方列表框中的值设为"小四"，如图 3-40 所示。完成设置后，单击"确定"按钮。

（2）设置段落格式。

步骤 1：打开"段落"对话框。按下【Ctrl+A】组合键选定全部内容，选择"开始"选项卡→"段落"组右侧的启动按钮 ，打开"段落"对话框，如图 3-41 所示。

步骤 2：设置段落格式。在"段落"对话框中选择"缩进和间距(I)"选项卡，在"缩进"组中将"特殊格式(S):"下方下拉列表框中的值设为"首行缩进"、"缩进值(Y):"下方数码框中的值设为"2 字符"；在"间距"组中，将"行距(N):"下方下拉列表框中的值设为"固定值"、"设置值(A):"下方数码框中的值设为"22",如图 3-42 所示。完成设置后,单击"确定"按钮。

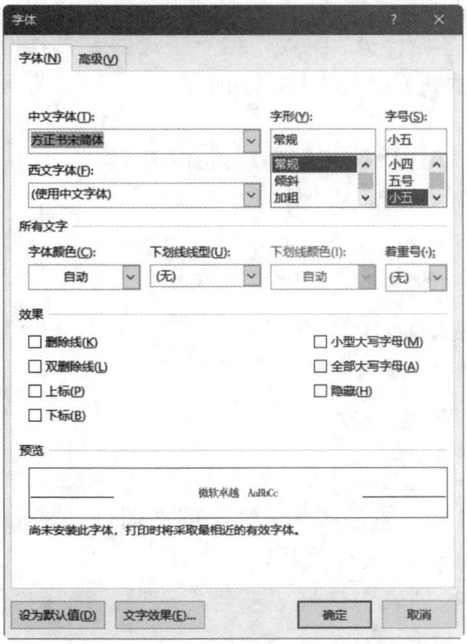

图 3-39　"字体"对话框之"字体(N)"选项卡

图 3-40　设置中英文字体、字号

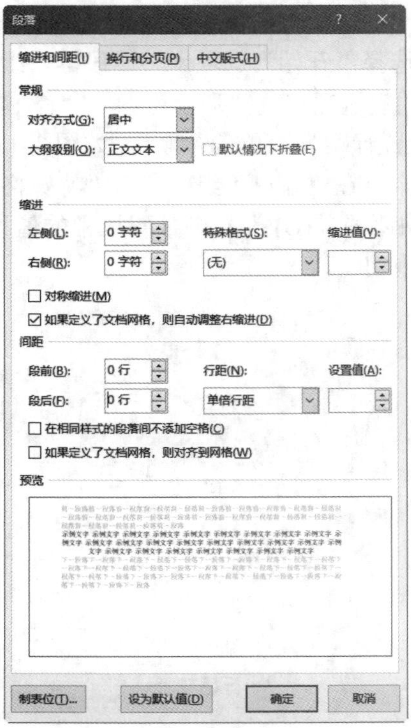

图 3-41　"段落"对话框

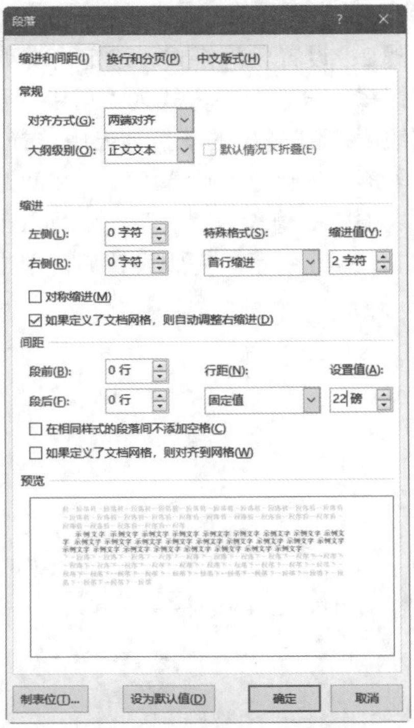

图 3-42　设置首行缩进和行距

（3）设置论文中文题目格式。

步骤1：选定中文题目。将鼠标指针移到中文题目最左侧文档选择区，当鼠标指针变为反向指针时 ⌐，单击鼠标选定论文中文题目。

步骤2：应用"标题"样式。选择"开始"选项卡→"样式"组→样式列表"其他"按钮 ，展开样式列表，在列表中选择"标题"样式选项，如图3-43所示。

图3-43　样式列表"标题"样式

（4）设置论文英文题目格式。

步骤1：设置字符格式。与选定论文中文题目操作方法类似，选定英文题目"Design and implementation of vb examination system based on asp"，选择"开始"选项卡→"字体"组→"字号"下拉列表框右侧下拉箭头，在弹出的下拉列表中选择"三号"选项；选择"开始"选项卡→"字体"组→"加粗"按钮 **B**；如图3-44所示。

说明：在"（1）设置字符格式"中，已统一设置所有文本字体。中文字体设置为"宋体"，英文字体设置为"Times New Roman"。

步骤2：设置段落格式。选定论文英文题目，选择"开始"选项卡→"段落"组→"居中"按钮 ，设置对齐方式为"居中"；选择"开始"选项卡→"段落"组→"行和段落间距"按钮 ，在弹出的下拉列表中选择"1.0"，设置行距为"单倍行距"，如图3-45所示；打开"段落"对话框，选择"缩进和间距(I)"选项卡，在"缩进"组中，将"特殊格式(S)："下拉列表框中的值设为"无"；在"间距"组中，将"段前(B)："右侧数码框中的值设为"1行"，如图3-46所示。完成设置后，单击"确定"按钮。

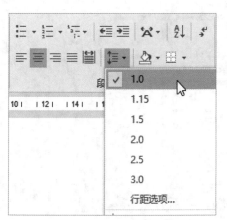

图3-44　设置字号及加粗　　　　图3-45　设置"居中"对齐和"单倍行距"

图 3-46　设置段前间距

　　步骤 3：转换英文单词大小写。分别将插入符定位在单词"implementation"、"examination"、"system"、"based"中，按下【Shift+F3】组合键，将每个单词首字符转换为大写；将插入符分别定位在单词"vb"、"asp"中，按下【Shift+F3】组合键两次，将每个单词的所有字符转换为大写。

　　步骤 4：将"Based on ASP"转至下一行。将插入符定位在单词"Based"前，按【Enter】键。完成设置后，英文题目效果如图 3-47 所示。

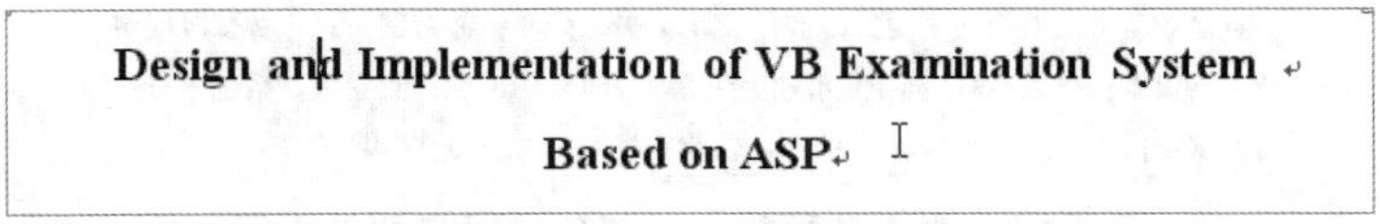

Design and Implementation of VB Examination System

Based on ASP

图 3-47　完成设置后论文英文题目的效果图

　　（5）设置中、英文作者格式。

　　步骤 1：设置中文作者格式。同前述操作方法，选定"学生姓名：×××指导教师：×××"，设置字号为"小三"、对齐方式为"居中"；打开"段落"对话框，将"特殊格式(S)："的值设为"无"、"行距(N)："的值设为"多倍行距"、"设置值(A)："的值设为"1.25"、"段后(F)："的值设为"1 行"，完成设置后，单击"确定"按钮。中文题目及作者格式化后的效果如图 3-48 所示。

基于 **ASP** 的 **VB** 考试系统的设计与实现

学生姓名：×××　　　　　　指导教师：×××

图 3-48　完成设置后论文中文题目及作者的效果图

步骤 2：设置英文作者格式。同前述操作方法，选定"Author's Name:×××　Tutor:×××"，设置字号为"小三"、对齐方式为"居中"；打开"段落"对话框，将"特殊格式(S):"的值设为"无"、"行距(N):"的值设为"单倍行距"、"段后(F):"的值设为"1 行"。完成设置后，单击"确定"按钮。英文题目和作者完成设置后的效果如图 3-49 所示。

Design and Implementation of VB Examination System

Based on ASP

Author's Name:　×××　　　　　　Tutor:　×××

图 3-49　完成设置后论文英文题目及作者的效果图

（6）设置中、英文摘要及关键字格式。

步骤 1：设置"摘要："、"关键词："字符格式。将插入符定位在"摘要"两字中间，按两次空格键；用拖曳法选定"摘要："，按住【Ctrl】键并拖曳鼠标同时选定"关键词："，同前述操作方法，设置字体为"黑体"、字号为"四号"。

步骤 2：设置中文摘要段落格式。将插入符定位在中文摘要第一个段落中的任意位置，打开"段落"对话框，设置"特殊格式(S):"的值为"无"，单击"确定"按钮，关闭"段落"对话框；将插入符定位在中文摘要第二个段落中的任意位置，打开"段落"对话框，设置"段后(F):"的值为"2 行"，单击"确定"按钮，关闭"段落"对话框。完成设置后，摘要第一段落顶格对齐，第二段落与关键词之间空两行。

步骤 3：设置中文关键词段落格式。将插入符定位在中文关键词段落中的任意位置，打开"段落"对话框，设置"特殊格式(S):"的值为"无"，单击"确定"按钮，关闭"段落"对话框。完成设置后，效果如图 3-50 和图 3-51 所示。

摘　要：随着计算机的普及，考试系统受到广泛使用，正成为人们的研究热点之一。考试系统的主要好处有：可以动态地管理各种考试信息；考试时间可灵活设置；可以在规定的时间段内的任意时间参加考试；阅卷快，系统可以在考试结束时当场给出考试成绩；可以节省资源，减少纸张和印刷费用等。

图 3-50　中文摘要第一段落顶格对齐的效果图

基于 ASP 的 VB 考试系统是采用 C#语言和 ASP.NET 在 Visual Studio 2010 和 SQL Server 2008 中实现了添加用户、教师组卷、学生考试、自动判卷、导出成绩等功能。论文介绍了基于 ASP 的 VB 考试系统各个模块的功能，包括超级管理员模块的功能、教师模块的功能、学生模块的的功能，完成了超级管理员、教师、学生三种不同身份的功能需求。

图 3-51　中文摘要第二段落与关键词格式化后的效果图

说明：摘要内容和关键词内容的字符格式与段落格式已在（1）（2）中统一设置。

步骤 4：设置"ABSTRACT："和"KEYWORDS："字符格式。同前述操作方法，同时选定"ABSTRACT："和"KEYWORDS："，设置字号为"四号"、加粗。

步骤 5：设置英文摘要、关键词段落格式。同步骤 2、步骤 3 操作方法，设置第一段落顶格对齐，第二段落与关键词空两行；关键词顶格对齐。

（7）设置论文标题格式。

步骤 1：选定所有章标题。论文中红色的文本为章标题，选定标题"引言"，选择"开始"选项卡→"编辑"组→"选择"按钮，在弹出的下拉列表中选择"选定所有格式类似的文本（无数据）(S)"选项，如图 3-52 所示，选中论文中所有的章标题。

步骤 2：应用"标题 1"样式。选择"开始"选项卡→"样式"组→"样式"列表中的"标题 1"选项，将"标题 1"样式应用到所有 1 级标题。应用样式后章标题在大纲视图下的显示效果如图 3-53 所示。

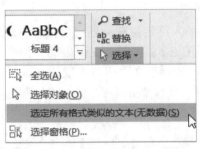

图 3-52　"选择"按钮下拉列表　　　图 3-53　应用样式后章标题在大纲视图下的效果图

步骤 3：应用"标题 2"、"标题 3"样式。同步骤 2 操作方法，选定论文中蓝色文本的节标题，应用"标题 2"样式；选定紫色文本的小节标题，应用"标题 3"样式。此处以第 4、5 章部分标题为例，完成设置后，在大纲视图下的显示效果如图 3-54 所示。

（8）删除手工输入的章节编号。

步骤 1：将文档显示方式切换为大纲视图。选择"视图"选项卡→"视图"组→"大纲视图"按钮，如图 3-55 所示，将文档的显示方式切换为大纲视图。

图 3-54　应用样式后部分节与小节标题的效果图　　图 3-55　"视图"组中的"大纲视图"按钮

步骤 2：删除手工输入的编号及空格。在大纲视图下，功能区显示"大纲"选项卡，选择"大纲"选项卡→"大纲工具"组→"显示级别(S)："，在弹出的下拉列表中选择"3 级"，如图 3-56 所示。在文档编辑区仅显示 3 级标题；选定手工编号及编号后的空格，按【Delete】键删除即可。这里仍以第 4、5 章为例，删除编号及空格后，标题的效果如图 3-57 所示。

图 3-56　设置"显示级别(S):"的值为"3 级"　　图 3-57　删除手工编号后的标题效果图

5.添加编号

（1）添加章节标题编号。

步骤 1：打开"定义新多级列表"对话框。将插入符定位在标题"引言"前，选择"开始"选项卡→"段落"组→"多级列表"按钮，如图 3-58 所示，在弹出的下拉列表中选择一种与任务要求相近的列表样式，如图 3-59 所示，选择后在"引言"前添加编号"1"，删除该编号。再在"多级列表"按钮下拉列表中选择"定义新的多级列表(D)…"选项，打开"定义新多级列表"对话框，如图 3-60 所示。

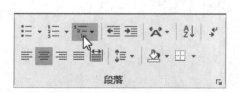

图 3-58　"段落"组的"多级列表"按钮　　图 3-59　选择样式相近的多级列表样式

步骤 2：设置各级编号对齐方式。在"定义新多级列表"对话框的"位置"组中，设置"编号对齐方式(U):"的值为"左对齐"，单击"设置所有级别(E)…"按钮，打开"设置所有级别"对话框，如图 3-61 所示。在"设置所有级别"对话框中，设置"每一级的附加缩进量(A):"的值为"0 厘米"，"第一级的文字位置(T):"的值为"0.75 厘米"，如图 3-62 所示，目的是使各级编号左对齐，没有缩进量，完成设置后，单击"确定"按钮，返回"定义新多级列表"对话框，对话框状态如图 3-63 所示。

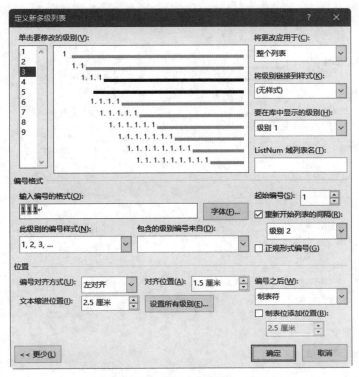

图 3-60　"定义新多级列表"对话框

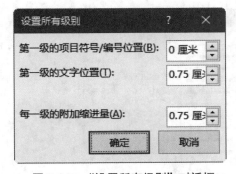

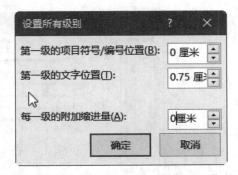

图 3-61　"设置所有级别"对话框　　图 3-62　设置"每一级的附加缩进量(A):"的值

　　步骤 3：设置章标题编号样式并与"标题 1"样式关联。在"定义新多级列表"对话框中，"单击要修改的级别(V)："左侧列表框中选择"1"，在"编号格式"组中，设置"此级别的编号样式(N)："下方下拉列表框的值为"1，2，3，…"，在"输入编号的格式(O)："文本框默认值"1"的前面输入"第"，后面输入"章"，不得更改数字"1"；单击"更多(M)>>"按钮 更多(M) >> ，在展开的对话框右半区域中，设置"将级别链接到样式(K)："下方下拉列表框的值为"标题 1"、"要在库中显示的级别(H)："下方下拉列表框的值为"级别 1"、"起始编号(S)："右侧数码框的值为"1"，选中"正规形式编号(G)"复选框，设置"编号之后(W)："下方下拉列表框的值为"空格"，如图 3-64 所示，完成设置后，单击"确定"按钮，标题 1 样式显示关联章编号样式，并在章标题前自动添加编号，如图 3-65 所示。删除"参考文献"、"致谢"标题前章编号。添加章编号部分的效果如图 3-66 所示。

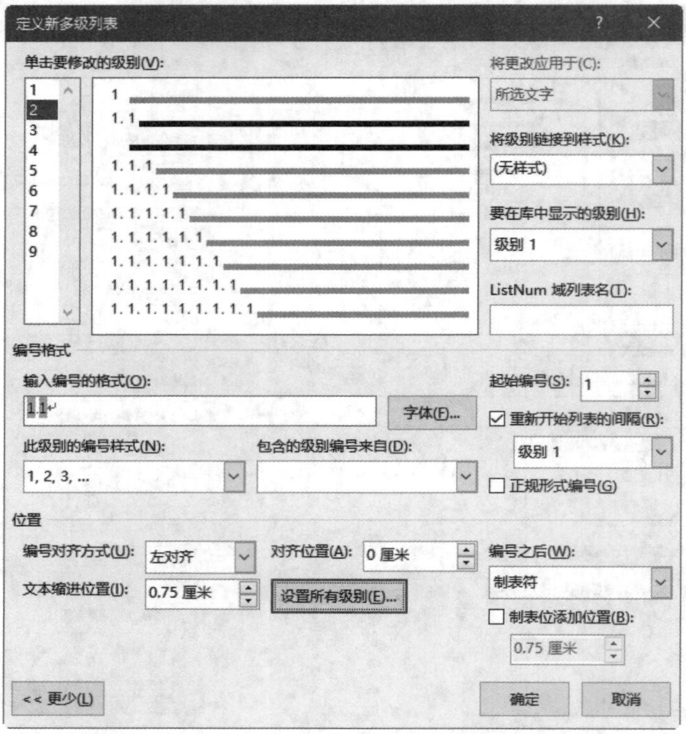

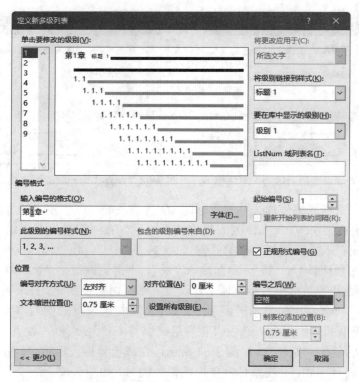

图 3-63　完成设置后的"定义新多级列表"对话框状态

图 3-64　设置 1 级标题编号样式并与"标题 1"样式关联

 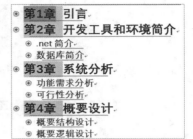

图 3-65　"标题 1"样式关联编号样式并自动添加章标题编号　图 3-66　添加章标题编号部分的效果图

步骤 4：设置节标题编号样式并与"标题 2"样式关联。打开"定义新多级列表"对话框，在"单击要修改的级别(V)："左侧列表框中选择"2"，设置"将级别链接到样式(K)："下方下拉列表框的值为"标题 2"、"起始编号(S)："右侧数码框的值为"1"，选中"重新开始列表的间隔(R)："复选框，在其下方下拉列表框中选择"级别 1"选项，选中"正规形式编号(G)"复选框，设置"编号之后(W)："下方下拉列表框的值为"空格"，其余取默认值，如图 3-67 所示。完成设置后，单击"确定"按钮，"标题 2"样式显示关联节编号样式，并在节标题前自动添加编号，如图 3-68 所示。

图 3-67　设置 2 级标题编号样式并与"标题 2"样式关联

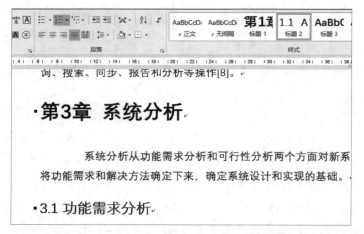

图 3-68 "标题 2"样式关联编号样式并自动添加节标题编号

步骤 5：设置小节标题编号样式并与"标题 3"样式关联。打开"定义新多级列表"对话框，在"单击要修改的级别(V)："左侧列表框中选择"3"，设置"将级别链接到样式(K)："下方下拉列表框的值为"标题 3"、"起始编号(S)："右侧数码框的值为"1"，选中"重新开始列表的间隔(R)："复选框，在其下方下拉列表框中选择"级别 2"选项，选中"正规形式编号(G)"复选框，设置"编号之后(W)："下方列表框的值为"空格"，其余取默认值，如图3-69 所示。完成设置后，单击"确定"按钮。"标题 3"样式显示关联小节编号样式，并在小节标题前自动添加编号，如图 3-70 所示。

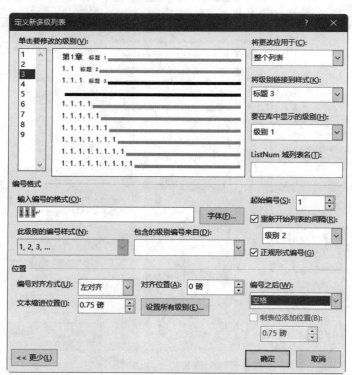

图 3-69 设置 3 级标题编号样式并与"标题 3"样式关联

图 3-70 "标题 3"样式关联编号样式并自动添加小节标题编号

说明：

①上面定义了 3 级编号，如果还有 4 级标题，可以继续定义 4 级编号，Word 2016 支持 9 级标题，论文一般 3 级标题足以说明问题。

②每一级编号与相应级别的标题样式链接，完成多级列表定义后，系统自动为标题添加相应级别的编号。在大纲视图下，第 4、5 章标题添加多级编号后的效果如图 3-71 所示。

（2）添加参考文献编号。

步骤 1：新建编号样式。将鼠标指针移动到文档选择区，按下鼠标左键向下拖动，选定参考文献中带有编号样式为"[1]、[2]……"的内容，选择"开始"选项卡→"段落"组→"编号"按钮右侧下拉箭头，在弹出的下拉列表中选择"定义新编号格式(D)…"选项，如图 3-72 所示，打开"定义新编号格式"对话框，如图 3-73 所示；在"编号格式(O):"下方文本框中编号"1"左侧输入英文字符"["，右侧输入英文字符"]"，删除"1"后面的"."，新建编号样式如图 3-73 所示。完成设置后，单击"确定"按钮，同时选定内容添加编号，删除手工输入的编号。

图 3-71 第 4、5 章标题添加编号后的效果图　　图 3-72 "编号"按钮下拉列表

步骤 2：设置编号与文字间隔。在选定状态下，同前述操作方法，打开"定义新多级列表"对话框，单击"更多(M)>>"按钮，设置"编号之后(W):"的值为"空格"，完成设置后，单击"确定"按钮，编号与文字间隔自动调整为空格。

步骤 3：设置对齐方式。在选定状态下，同前述操作方法，打开"段落"对话框，设置"特殊格式(S):"的值为"无"，完成设置后，单击"确定"按钮。参考文献列表顶格对齐。

说明：添加样式为（1）的编号方法同添加参考文献编号方法。

6.分页或分节

步骤 1：在论文英文题目前分页。将插入符定位在论文英文题目前，选择"布局"选项卡→"页面设置"组→"分隔符"按钮，在弹出的下拉列表"分页符"组中选择"分页符(P)"

选项，如图 3-74 所示，在题目前插入分页符。

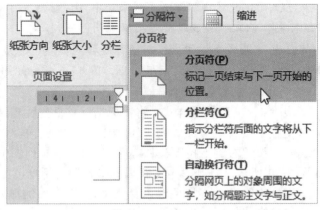

图 3-73　"定义新编号格式"对话框　　　图 3-74　"分隔符"按钮下拉列表"分页符"组选项

步骤 2：将正文起始页分在奇数页。将插入符定位在标题"引言"前，选择"布局"选项卡→"页面设置"组→"分隔符"按钮，在弹出的下拉列表"分节符"组中选择"奇数页(D)"选项，如图 3-75 所示，在"引言"前插入分节符，并且正文的起始页始终为奇数页。

步骤 3：将"致谢"、"参考文献"起始页分在奇数页。同步骤 2 的操作方法，分别将插入符定位在"致谢"、"参考文献"标题前，选择"分节符"组中"奇数页(D)"选项，在"致谢"和"参考文献"前插入分节符，并始终在奇数页。

说明：分节时，有时会出现编号和标题分页，标题顺序编号，此时只要将插入符定位在上一页编号所在行，在样式库下拉列表中选择"清除格式(C)"选项即可，如图 3-76 所示。

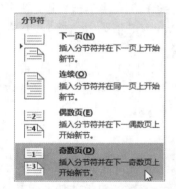

图 3-75　"分隔符"按钮"分节符"组选项　　　图 3-76　样式列表"清除格式(C)"选项

7.添加图片

（1）添加“登录界面.png”图片。

步骤 1：定位插入符。选择“开始”选项卡→“编辑”组→“查找”按钮，打开“导航”窗格，在搜索框中输入“如图 5-1 所示”，“导航”窗格“结果”选项区显示查找到的位置，如图 3-77 所示，同时在文档中突出显示查找到的内容，如图 3-78 所示；将插入符定位在“具体实现代码如下”之后，按【Enter】键，生成一个空段落，按【Backspace】键删除缩进，设置该段落行距为“单倍行距”。

导航
如图5-1所示
1 个结果
标题
页面
结果
登录界面，输入超级管理员和教师的用户名和密码或者学生的学号和密码，在角色里分别选择各自的角色，点击登录按钮，就可以分别进入超级管理员界面、教师界面、学生界面。登录界面如图5-1所示，具体实现代码如下。

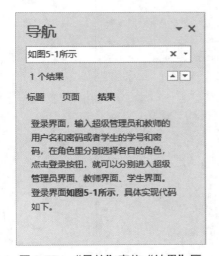

图 3-77　“导航”窗格“结果”区

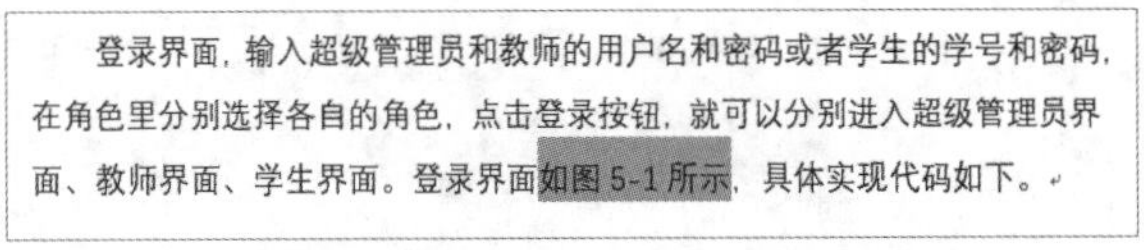

登录界面，输入超级管理员和教师的用户名和密码或者学生的学号和密码，在角色里分别选择各自的角色，点击登录按钮，就可以分别进入超级管理员界面、教师界面、学生界面。登录界面如图 5-1 所示，具体实现代码如下。

图 3-78　文档中查找到的内容突出显示

步骤 2：插入图片。选择“插入”选项卡→“插图”组→“图片”按钮，打开“插入图片”对话框，在本书提供的“任务 3.2 素材”文件夹中，选中保存在本地的图片文件“登录界面.png”，如图 3-79 所示，单击“插入”按钮。图片以“嵌入型”方式插入插入符所在位置。

插入图片
« 任务3.2资源 › 任务3.2素材
搜索"任务3.2素材"
组织
新建文件夹
此电脑
3D 对象
视频
图片
文档
下载
音乐
桌面
本地磁盘 (C:)
本地磁盘 (D:)
网络
登录界面.png
选择题管理界面.png
学生进入在线考试界面.png
文件名(N):
登录界面.png
所有图片(*.emf;*.wmf;*.jpg;*.j
工具(L)
插入(S)
取消

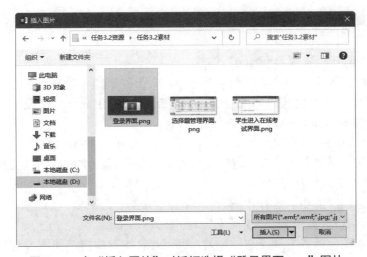

图 3-79　在“插入图片”对话框选择“登录界面.png”图片

步骤 3：调整图片大小。单击图片使图片处于选定状态，选择"图片工具"选项卡→"格式"子选项卡→"大小"组右侧的启动按钮，打开"布局"对话框，在"大小"选项卡中，选中"缩放"组中"锁定纵横比(A)"复选框（系统默认为选中状态），在"高度"组中，设置"绝对值(E)"数码框的值为"4.5 厘米"，如图 3-80 所示，完成设置后，单击"确定"按钮。

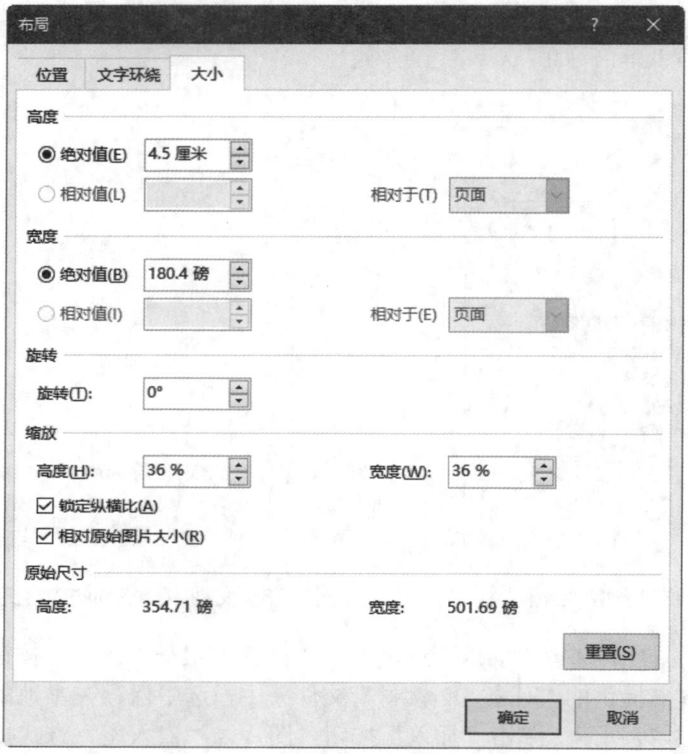

图 3-80　在"布局"对话框中设置图片大小

步骤 4：设置图片对齐方式。选定图片，选择"开始"选项卡→"段落"组→"居中"按钮，使图片与页面左右居中对齐。

（2）添加"选择题管理界面.png"图片。

步骤 1：定位插入符。同添加"登录界面.png"图片步骤 1 的操作方法，将插入符定位在"如图 5-3 所示，具体实现代码如下"之后，按【Enter】键，生成一个空段落，按【Backspace】键删除缩进，设置该段落行距为"单倍行距"。

步骤 2：插入图片。同添加"登录界面.png"图片步骤 2 的操作方法，打开"插入图片"对话框，在本书提供的"任务 3.2 素材"文件夹中选中保存在本地的图片文件"选择题管理界面.png"，单击"插入"按钮即可。

步骤 3：调整图片大小。选择"图片工具"选项卡→"格式"子选项卡→"大小"组→"高度:"数码框，设置其值为"4.5 厘米"，如图 3-81 所示。

步骤 4：设置图片对齐方式。选定图片，按【Ctrl+E】快捷键使图片与页面左右居中对齐。

说明：同上述添加图片操作方法，添加图 5-2、图 5-4、图 5-5。

8.添加表格

（1）添加"超级管理员和教师信息表"。

步骤 1：定位插入符。同添加图片定位插入符的操作方法，在"导航"窗格中查找"如表 4-1 所示"，搜索结果如图 3-82 和图 3-83 所示，将插入符定位在"如表 4-1 所示。"之后按【Enter】键，生成一个空段落，按【Backspace】键删除缩进，将该段落行距设置为"单倍行距"。

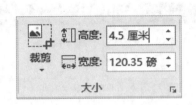

图 3-81　设置图片高度

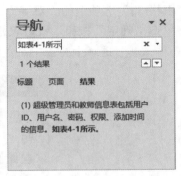

图 3-82　"导航"对话框中的"结果"区

(1) 超级管理员和教师信息表包括用户 ID、用户名、密码、权限、添加时间的信息。如表 4-1 所示。

图 3-83　高亮显示文档中查找到的内容

步骤 2：插入表格。选择"插入"选项卡→"表格"组→"表格"按钮，在弹出的下拉列表中选择"插入表格(I)…"选项，打开"插入表格"对话框。在该对话框中，设置"列数(C):"右侧数码框的值为"5"、"行数(R):"右侧数码框的值为"6"，在"'自动调整'操作"组中，选择"根据内容调整表格(F)"选项，如图 3-84 所示，完成设置后，单击"确定"按钮，在插入符位置插入一个 6 行 5 列的表格。插入表格后的效果如图 3-85 所示。

图 3-84　通过"插入表格"对话框插入表格

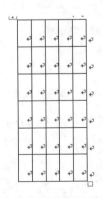

图 3-85　插入表格后的效果

　　说明：表格由行和列构成，行由 1、2、3……从上到下顺序编号，列由 A、B、C……从左到右顺序编号，行列交叉的矩形区域称为单元格，单元格由交叉的列号和行号标识，如 A 列 1 行单元格的标识为 A1、B 列 2 行单元格的标识为 B2，等等。

　　步骤 3：填充单元格内容。参照"表格 4-1"图片，在 A1 单元格中输入"英文字段名"，输入完毕后按【Tab】键或在下一个单元格中单击鼠标，插入符定位到下一个单元格，并输入相关内容；重复操作，直至每个单元格中的内容输入完成。

　　步骤 4：设置表格居中对齐。单击表格左上角的十字标记⊞选中表格，选择"表格工具"选项卡→"布局"子选项卡→"表"组→"属性"按钮，如图 3-86 所示，打开"表格属性"对话框，在"表格(T)"选项卡的"对齐方式"组中选择"居中(C)"选项，如图 3-87 所示。完成设置后，单击"确定"按钮。设置表格与页面水平方向居中对齐。

　　说明："表格工具"选项卡为上下文选项卡，编辑表格时显示该选项卡。

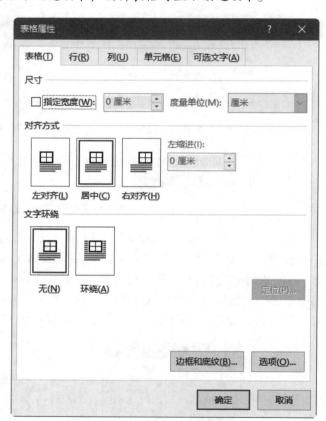

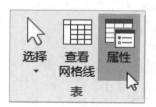

图 3-86　"表"组中的"属性"按钮　　　　图 3-87　"表格属性"对话框

　　步骤 5：设置单元格内容格式。将鼠标指针移动到 A1 单元格，使用拖曳法选定所有单元格，同前述操作方法，设置字体为"宋体"、字号为"五号"、对齐方式为"居中"；打开"表格属性"对话框，选择"单元格(E)"选项卡，在"垂直对齐方式"组中选择"居中(C)"选项，如图 3-88 所示，单击"确定"按钮，完成单元格内容字体、字号、对齐方式的设置。

图 3-88　"表格属性"对话框中的"单元格"选项卡

（2）添加"考试时间信息表"。

步骤 1：定位插入符。同添加图片定位插入符的操作方法，将插入符定位在"如表 4-2 所示"之后，按【Enter】键，生成一个空段落，按【Backspace】键删除缩进，将该段落行距设置为"单倍行距"。

步骤 2：插入表格。选择"插入"选项卡→"表格"组→"表格"按钮，在弹出的下拉列表"插入表格"区域中移动鼠标，选择"5×2 表格"，如图 3-89 所示，单击鼠标，在插入符位置插入一个 2 行 5 列的表格。插入 5×2 表格后的效果如图 3-90 所示。

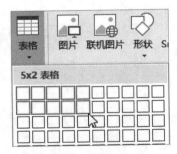

图 3-89　通过"插入表格"区域插入表格

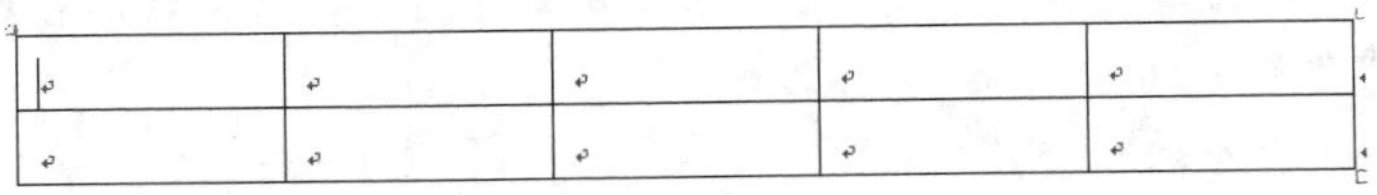

图 3-90　插入 5×2 表格后的效果

步骤 3：添加单元格内容。参照图片"考试时间信息表.png"，在单元格中输入内容。输入内容后的表格效果如图 3-91 所示。

字段英文名	属性（数据类型）	大小	允许为空	备注
kssj	varchar	50	是	考试时间

图 3-91　输入内容后的表格效果

步骤 4：设置表格列宽。右击表格左上角的标记⊞，在弹出的快捷菜单中选择"自动调整(A)"命令→"根据内容自动调整表格(F)"命令，如图 3-92 所示，表格列宽调整为适应单元格内容的宽度，设置列宽后的表格效果如图 3-93 所示。

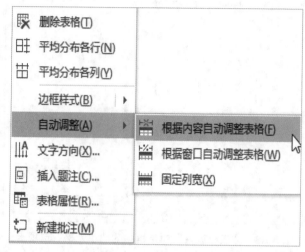

图 3-92　执行"根据内容自动调整表格(F)"命令设置表格列宽

字段英文名	属性（数据类型）	大小	允许为空	备注
kssj	varchar	50	是	考试时间

图 3-93　设置列宽后的表格效果

步骤 5：设置表格对齐方式。选择"开始"选项卡→"段落"组→"居中"按钮，使表格在页面水平方向居中对齐。

步骤 6：设置单元格内容格式。同前述操作方法，选定所有单元格，设置字体为"宋体"、字号为"五号"、对齐方式为"居中"。

说明：将插入符定位在文档内容"表 3-2　考试时间信息表"之后按回车键，重复上述6 个步骤，完成"考试时间信息表"的添加。

（3）添加"测试内容"表。

"测试内容"表是一个 4 行 5 列的表格，与其他表不同，该表中的内容已录入在文档中，用蓝色斜体字标识。表中相邻两个单元格中的内容用空格分隔，每行最后一个单元格的内容以换行符结束，如图 3-94 所示。添加该表格的操作步骤如下。

测试内容	操作	预期效果	实际效果	修改措施
密码修改功能	新密码和确认新密码项填写不同	提示两次密码不一致，请确认	提示修改成功	
随即组卷功能	输入要生成的试卷编号	实现随机组卷	生成输入编号的随即组卷的试卷	无
添加用户的功能	输入添加用户的信息	显示添加成功	显示系统错误	修改了数据库的字符类

图 3-94　已输入的"测试内容"表中的内容

步骤 1：打开"将文字转换成表格"对话框。选中蓝色斜体文本内容，选择"插入"选项卡→"表格"组→"表格"按钮，在弹出的下拉列表中选择"文本转换成表格(V)…"选项，打开"将文字转换成表格"对话框，如图 3-95 所示。

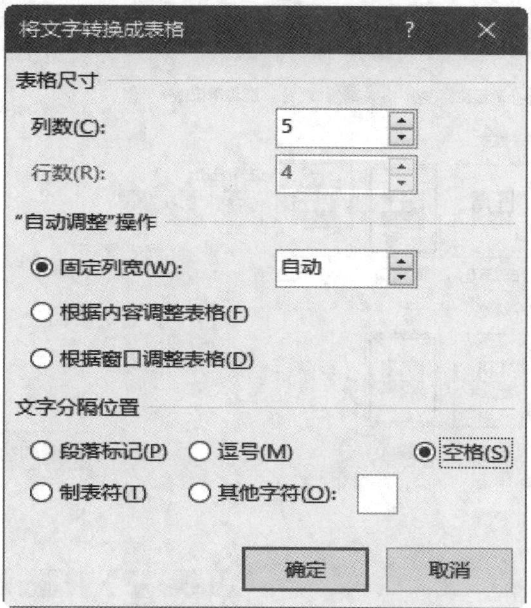

图 3-95　"将文字转换成表格"对话框

步骤 2：将文本转换为表格。在"将文字转换成表格"对话框中，查看系统根据录入文本时使用的分隔符，自动识别转换为表格的行数和列数，如果不正确，在"文字分隔位置"组中选择正确的分隔符，确认正确后，单击"确定"按钮。文本转换为表格后的效果如图 3-96 所示。

测试内容	操作	预期效果	实际效果	修改措施
密码修改功能	新密码和确认新密码项填写不同	提示两次密码不一致，请确认	提示修改成功	
随即组卷功能	输入要生成的试卷编号	实现随机组卷	生成输入编号的随即组卷的试卷	无
添加用户的功能	输入添加用户的信息	显示添加成功	显示系统错误	修改了数据库的字符类

图 3-96　文本转换为表格后的效果

步骤 3：设置表格格式。单击表格左上角的标记，选定表格，同前述操作方法，打开"表格属性"对话框，在"表格(T)"选项卡的"尺寸"组中，选中"指定宽度(W):"复选框，设置其右侧数码框中的值为"15 厘米"，在"对齐方式"组中选择"居中(C)"选项，如图 3-97 所示。

步骤 4：设置单元格内容格式。选定所有单元格，设置单元格内容字体为"宋体"、字号为"五号"、对齐方式为"居中"；选择"开始"选项卡→"字体"组→"倾斜"按钮 *I*，取消文本"倾斜"格式。完成设置后的表格效果如图 3-98 所示。

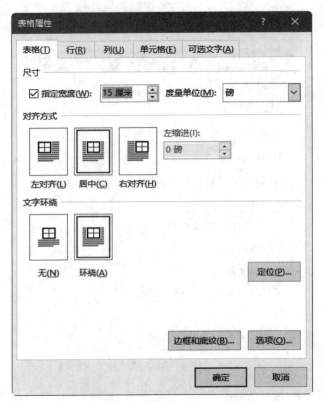

图 3-97   设置表格指定宽度

表 5-1 测试内容

测试内容	操作	预期效果	实际效果	修改措施
密码修改功能	新密码和确认新密码项填写不同	提示两次密码不一致，请确认	提示修改成功	
随即组卷功能	输入要生成的试卷编号	实现随机组卷	生成输入编号的随即组卷的试卷	无
添加用户的功能	输入添加用户的信息	显示添加成功	显示系统错误	修改了数据库的字符类

图 3-98   添加"测试内容"表后的效果

　　步骤 5：设置表格跨页时标题行重复。将插入符定位在表格的标题行，打开"表格属性"对话框，在"行(R)"选项卡的"选项(O)"组中，选中"在各页顶端以标题行形式重复出现(H)"复选框，如图 3-99 所示，单击"确定"按钮，跨页表标题行重复显示的效果如图 3-100 所示。

图 3-99　设置表格跨页时标题行重复

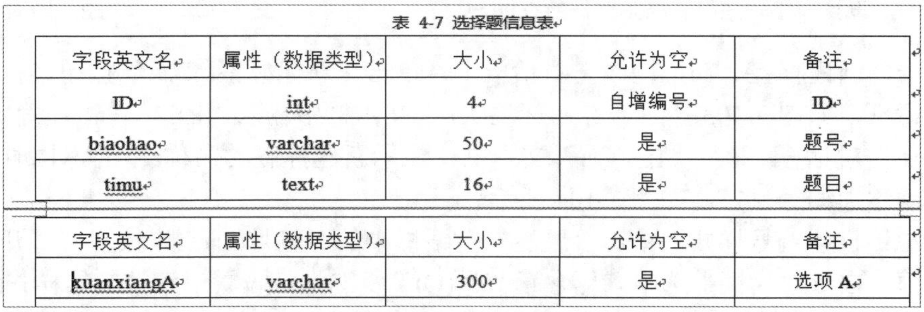

表 4-7　选择题信息表

字段英文名	属性（数据类型）	大小	允许为空	备注
ID	int	4	自增编号	ID
biaohao	varchar	50	是	题号
timu	text	16	是	题目
字段英文名	属性（数据类型）	大小	允许为空	备注
kuanxiangA	varchar	300	是	选项 A

图 3-100　跨页表标题行重复的显示效果

　　步骤 6：设置表格题注与表格始终在同一页。选定表格的题注，打开"段落"对话框，在"换行和分页(P)"选项卡中选定"与下段同页(X)"复选框，如图 3-101 所示，单击"确定"按钮,设置完成后,表格题注与表格始终保持在同一页。

9.添加图片、表格题注及交叉引用

（1）添加图片题注。以添加"图 5-1"题注为例。

步骤 1：打开"题注"对话框。选定论文中的"登录界面"图片,选择"引用"选项卡→"题注"组→"插入题注"按钮,打开"题注"对话框,如图 3-102 所示。

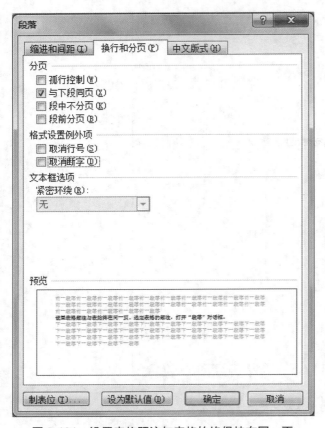

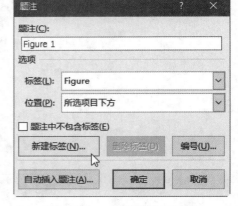

图 3-101　设置表格题注与表格始终保持在同一页　　　图 3-102　　　"题注"对话框

　　步骤 2：新建标签。在"题注"对话框中,单击"新建标签(N)..."按钮,打开"新建标签"对话框,如图 3-103 所示,在"标签(L):"文本框中输入"图",单击"确定"按钮,返回"题注"对话框,在"题注(C):"文本框中显示新建标签的名称"图",同时系统在标签后面自动添加编号"1",如图 3-104 所示。

　　步骤 3：设置编号样式。单击"题注"对话框中的"编号(U)..."按钮,打开"题注编号"对话框,在该对话框中选中"包含章节号(C)"复选框,设置"章节起始样式(P)"的值为"标题 1"、"使用分隔符(E):"的值为"- (连字符)",如图 3-105 所示,单击"确定"按钮,返回"题注"对话框,此时"题注(C):"文本框中显示的图片编号格式为"图 1-1",如图 3-106 所示。

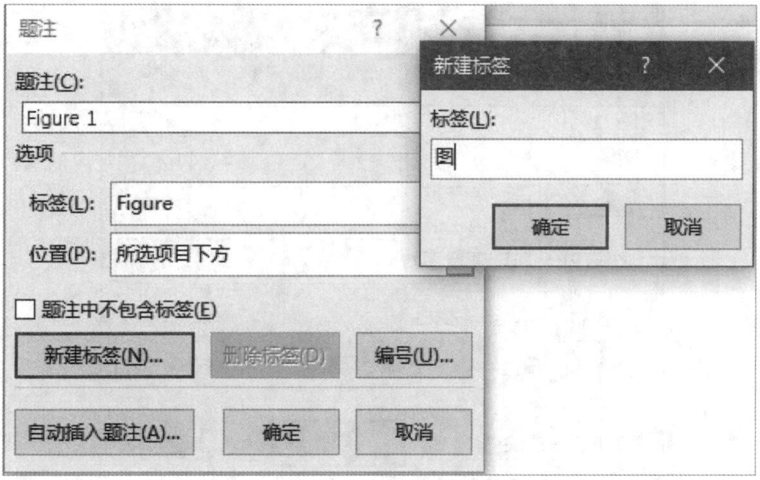

图 3-103　在"新建标签"对话框中新建标签

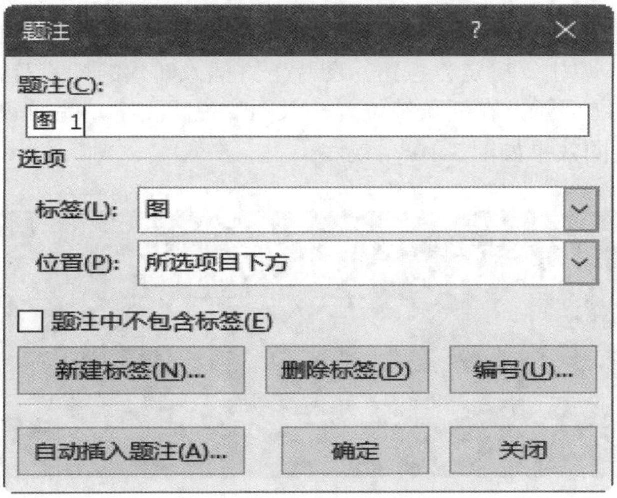

图 3-104　在"题注"对话框中显示新建的"图"标签

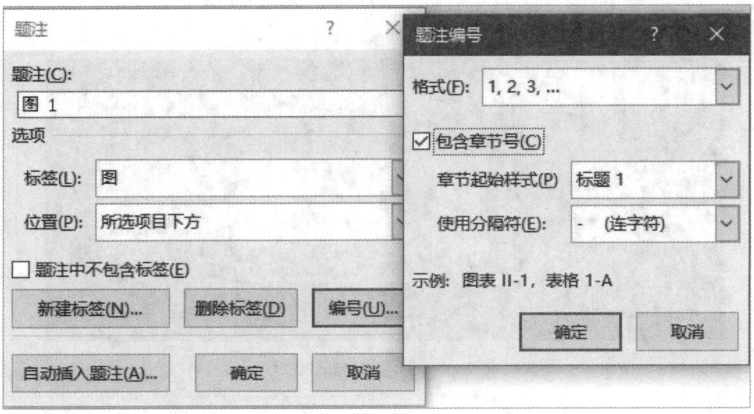

图 3-105　在"题注编号"对话框中设置编号样式

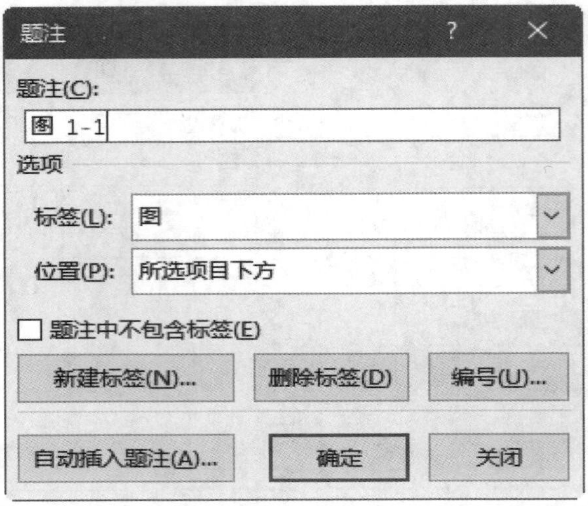

图3-106　在"题注"对话框中显示设置后的编号样式

步骤 4：插入图片题注。在"题注"对话框中，设置"位置(P):"右侧下拉列表框的值为"所选项目下方"，单击"确定"按钮，图片下方插入新建的标签及编号。插入符停留在编号之后，如图 3-107 所示，在插入符位置输入图片说明文字，完成题注的添加。"登录界面"图片添加题注后的效果如图 3-108 所示。

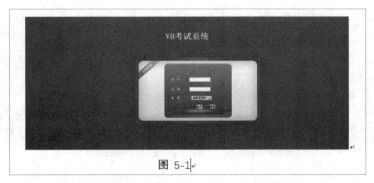

图 5-1

图 3-107　"登录界面"图片插入标签及编号的效果

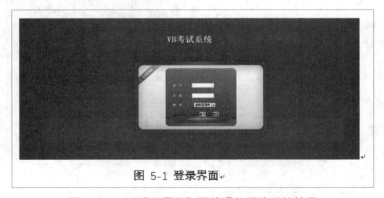

图 5-1 登录界面

图 3-108　"登录界面"图片添加题注后的效果

步骤 5：设置题注与图片在同页。在嵌入方式下选定图片，打开"段落"对话框，选择"换行和分页(P)"选项卡，在"分页"组中选中"与下段同页(X)"复选框，如图 3-109 所示。完成设置后单击"确定"按钮。

步骤 6：给其他图片添加题注。分别选定每一张图片，打开"题注"对话框，系统自动顺序编号，无需重新设置，直接单击"确定"按钮，在添加的标签及编号后输入说明文字，设置图片与题注在同页，完成添加题注操作。例如：选定"添加超级管理员和教师界面"图片，打开"题注"对话框，"题注(C):"下方的文本框显示自动编号为"图 5-2"，如图 3-110 所示。

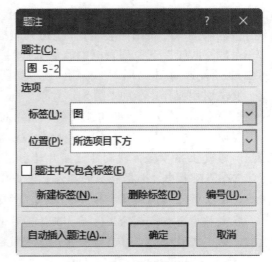

图 3-109　设置题注与图片在同页　　　图 3-110　"题注"对话框显示自动编号为"图 5-2"

（2）添加图片交叉引用，以添加"图 5-1"交叉引用为例。

步骤 1：定位插入符。将插入符定位在论文中图片的引用位置"登录界面如图 5-1 所示"，删除"图 5-1"。

步骤 2：打开"交叉引用"对话框。选择"引用"选项卡→"题注"组→"交叉引用"按钮，打开"交叉引用"对话框，如图 3-111 所示。

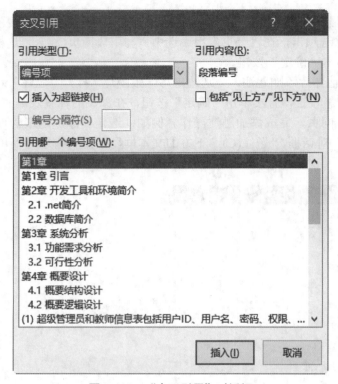

图 3-111　"交叉引用"对话框

步骤 3：插入交叉引用。在"交叉引用"对话框中，设置"引用类型(T):"下拉列表框中的值为"图"、"引用内容(R):"下拉列表框中的值为"只有标签和编号"，系统在"引用哪一个题注(W):"下拉列表框中显示所有图片的题注，选择"图 5-1 登录界面"选项，如图 3-112 所示，单击"插入"按钮，在"如所"中间插入交叉引用"图 5-1"，完成添加图片交叉引用操作。添加"图 5-1 登录界面"图片交叉引用后的效果如图 3-113 所示。按下【Ctrl】键单击该引用，即可跳转到该引用对应的题注位置。

说明："交叉引用"对话框为伴随对话框，添加其他图片的交叉引用时，无需关闭该对话框。重复上述步骤，找到其他图片的引用位置，在"交叉引用"对话框的"引用哪一个题注(W):"列表中，选择相应的题注，单击"插入"按钮即可；完成添加所有图片的交叉引用后，单击标题栏"关闭"按钮，关闭"交叉引用"对话框。

在文档中添加或删除图片后，其他图片的编号需做相应的改变，此时按下【Ctrl+A】快捷键，选定文档全部内容，单击【F9】功能键，图片的编号及其引用自动更改。

（3）添加表题注及交叉引用，以"表 4-1"为例。

步骤 1：添加表题注。将插入符定位在"表 4-1"任意一个单元格中，同新建"图"标签的操作方法，创建名为"表"的标签；与图片编号样式相同，设置表编号样式；在"题注"对话框中，设置"位置(P):"的值为"所选项目上方"。完成设置后单击"确定"按钮，在表上方自动添加"表"标签及编号，在编号之后输入表说明文字即可。"表 4-1"添加题注后的效果如图 3-114 所示。

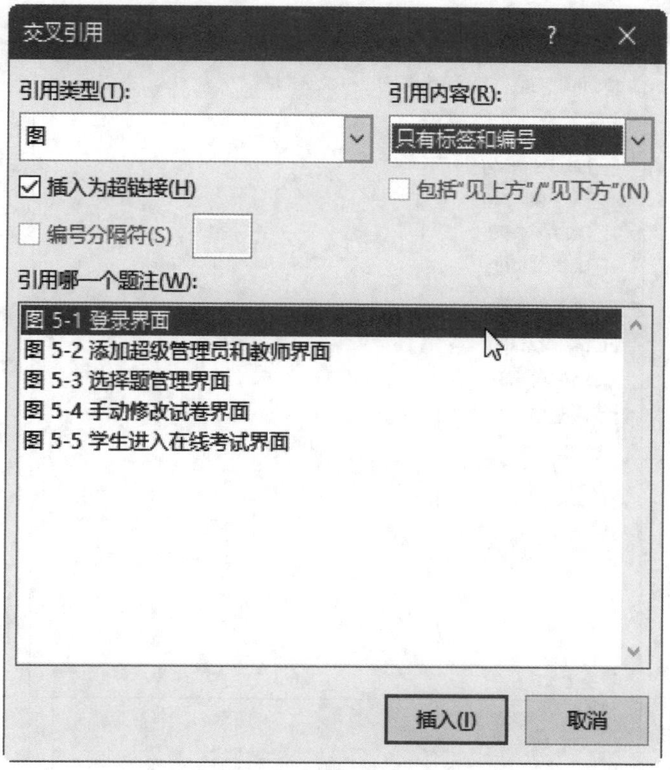

图 3-112　在"交叉引用"对话框中设置交叉引用格式

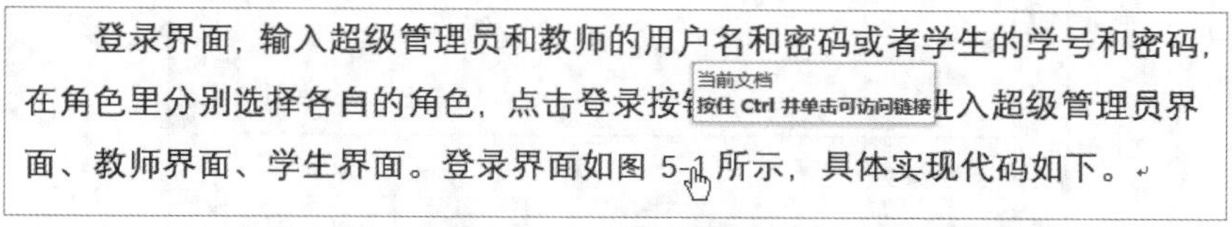

登录界面，输入超级管理员和教师的用户名和密码或者学生的学号和密码，在角色里分别选择各自的角色，点击登录按钮进入超级管理员界面、教师界面、学生界面。登录界面如图 5-1 所示，具体实现代码如下。

图 3-113　添加"图 5-1"交叉引用后的效果图

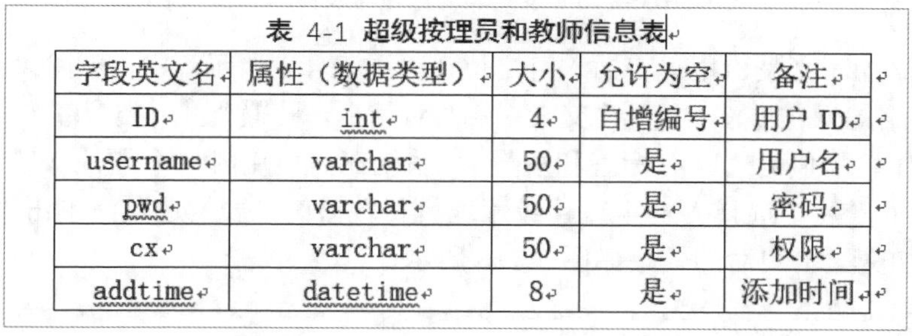

表 4-1　超级按理员和教师信息表

字段英文名	属性（数据类型）	大小	允许为空	备注
ID	int	4	自增编号	用户 ID
username	varchar	50	是	用户名
pwd	varchar	50	是	密码
cx	varchar	50	是	权限
addtime	datetime	8	是	添加时间

图 3-114　"表 4-1"添加题注后的效果图

步骤 2：设置表的题注与表在同页。将插入符定位在题注中，打开"段落"对话框，选择"换行和分页(P)"选项卡，在"分页"组中选中"与下段同页(X)"复选框，如图 3-115 所示。完成设置后单击"确定"按钮。

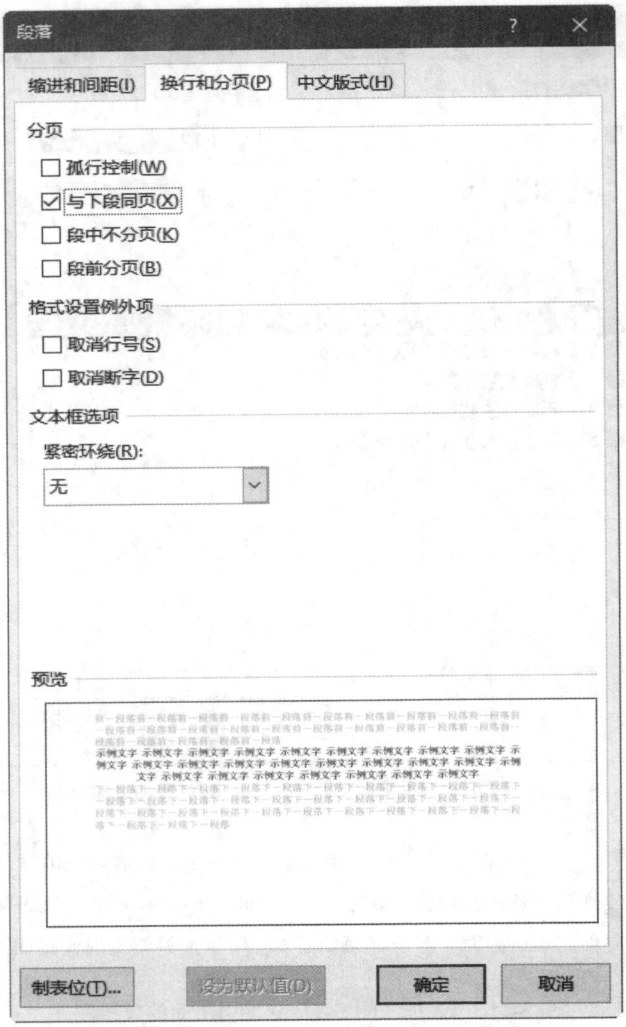

图 3-115　设置表的题注与表在同页

　　步骤 3：添加表交叉引用。将插入符定位在"如表 4-1 所示"中，删除"表 4-1"，同添加图片交叉引用的操作方法，打开"交叉引用"对话框，设置"引用类型(T):"的值为"表"、"引用内容(R):"的值为"只有标签和编号"，系统在"引用哪一个题注(W):"下拉列表框中显示所有表的题注，选择"表 4-1　超级管理员和教师信息表"选项，单击"插入"按钮。"表 4-1"添加交叉引用后的效果如图 3-116 所示。

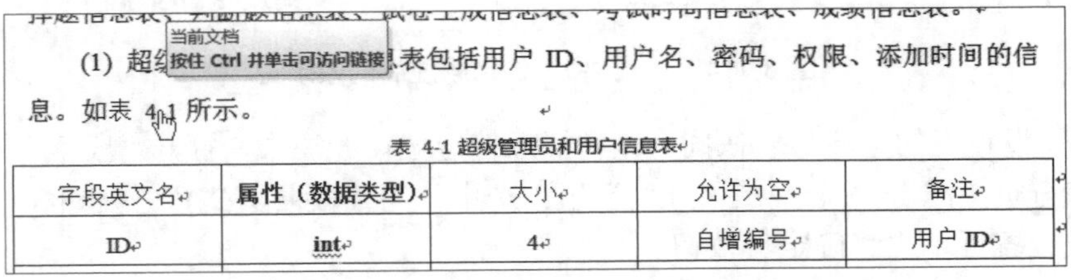

图 3-116　"表 4-1"添加交叉引用后的效果

说明：重复上述步骤，为其他表添加题注。

（4）修改"题注"样式。

步骤 1：打开"修改样式"对话框。选择"开始"选项卡→"样式"组→"样式"列表的其他按钮 ▼，展开样式列表，如图 3-117 所示，右击"题注"样式，在弹出的快捷菜单中选择"修改(M)…"命令，如图 3-118 所示，打开"修改样式"对话框，如图 3-119 所示。

图 3-117　样式列表"题注"样式

图 3-118　快捷菜单"修改(M)…"命令

图 3-119　"修改样式"对话框

步骤 2：修改样式。在"修改样式"对话框中，将"格式"组中的字体"黑体"修改为"微软雅黑"，字号"10"修改为"五号"；单击对话框下方的"格式(O)"按钮，在弹出的列表中选择"段落(P)..."选项，打开"段落"对话框，在"段落"对话框的"缩进和间距(I)"选项卡中，设置"对齐方式(G):"为"居中"，如图 3-120 所示；单击"确定"按钮，返回"修改样式"对话框，如图 3-121 所示，再单击"确定"按钮，完成题注字体、字号及对齐方式的设置，同时论文中添加的所有题注均修改为新样式，如图 3-122 所示。

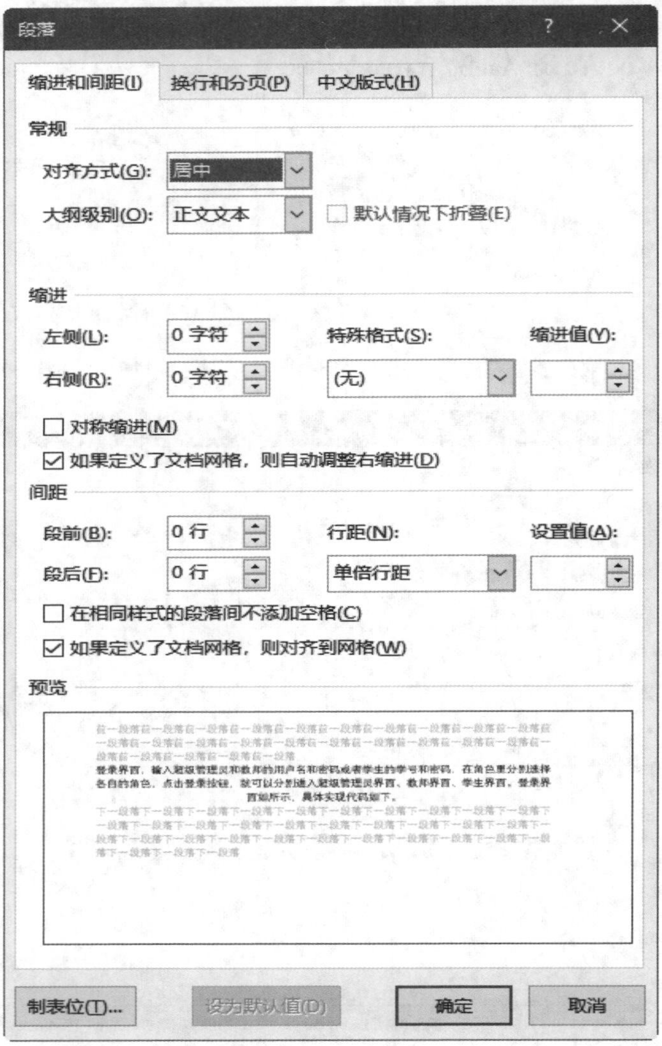

图 3-120　设置题注"居中"对齐

10.编辑页眉

（1）设置同一节中三种页眉。

步骤 1：进入页眉编辑区。将插入符定位在正文首页，选择"插入"选项卡→"页眉和页脚"组→"页眉"按钮，如图 3-123 所示，在弹出的下拉列表中选择"编辑页眉(E)"选项，如图 3-124 所示，或者在页面上边界处双击鼠标，进入页眉编辑区；功能区显示"页眉和页脚工具"上下文选项卡，如图 3-125 所示。

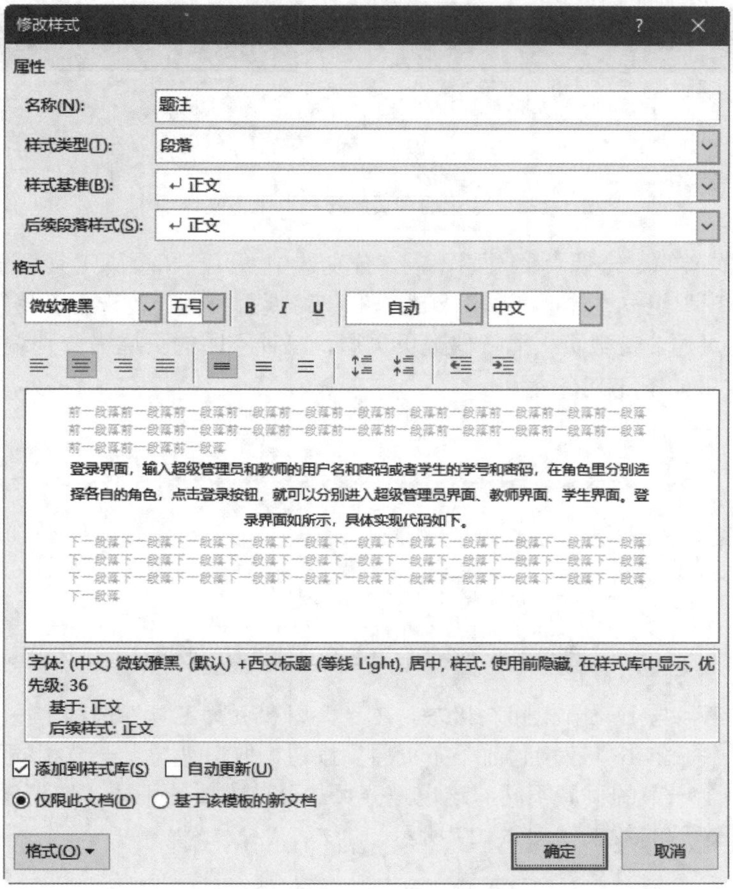

修改样式

属性

名称(N):　题注

样式类型(T):　段落

样式基准(B):　↵ 正文

后续段落样式(S):　↵ 正文

格式

微软雅黑　五号　**B** *I* U　自动　中文

前一段落

登录界面，输入超级管理员和教师的用户名和密码或者学生的学号和密码，在角色里分别选择各自的角色，点击登录按钮，就可以分别进入超级管理员界面、教师界面、学生界面。登录界面如所示，具体实现代码如下。

下一段落

字体: (中文) 微软雅黑, (默认) +西文标题 (等线 Light), 居中, 样式: 使用前隐藏, 在样式库中显示, 优先级: 36
　基于: 正文
　后续样式: 正文

☑ 添加到样式库(S)　☐ 自动更新(U)
◉ 仅限此文档(D)　○ 基于该模板的新文档

格式(O)▾　　　　　确定　取消

图 3-121　设置字体、字号、对齐方式后的对话框状态

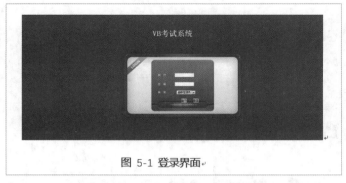

图 5-1 登录界面

图 3-122　修改"题注"样式后系统自动修改插入的题注样式

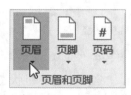

页眉　页脚　页码

页眉和页脚

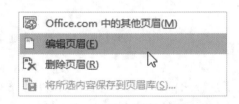

Office.com 中的其他页眉(M)

编辑页眉(E)

删除页眉(R)

将所选内容保存到页眉库(S)...

图 3-123　"页眉和页脚"组的"页眉"按钮　　　图 3-124　　"编辑页眉(E)"选项

图 3-125　"页眉和页脚工具"上下文选项卡

步骤 2：设置首页、奇偶页的页眉不同。分别选中"页眉和页脚工具"选项卡→"设计"子选项卡→"选项"组→"首页不同"复选框和"奇偶页不同"复选框。使第 2 节中包含三种页眉，即首页页眉、奇数页页眉、偶数页页眉，三种不同的页眉需分别编辑。设置后第 2 节三种页眉的效果如图 3-126 所示。

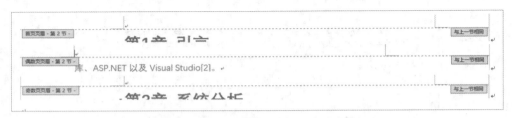

图 3-126　设置后第 2 节三种页眉的效果

步骤 3：取消"与上一节相同"状态。在"页眉和页脚工具"选项卡→"设计"子选项卡→"导航"组中，单击"链接到前一条页眉"按钮，取消"与上一节相同"状态，可以使当前节的页眉与上一节的页眉不同，这也是分页与分节本质的不同。取消第 2 节页眉"与上一节相同"状态后的效果如图 3-127 所示。

图 3-127　取消第 2 节页眉"与上一节相同"状态后的效果

说明：完成步骤 2 和步骤 3 操作后，"页眉和页脚工具"选项卡中与第 2 节相关的"选项"组和"导航"组按钮的状态如图 3-128 所示。

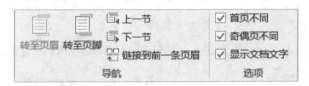

图 3-128　设置后"选项"组与"导航"组的状态

步骤 4：设置第 3 节、第 4 节首页页眉不同。连续单击"导航"组中的"下一节"按钮，进入第 3 节页眉编辑区，如图 3-129 所示。第 3 节"导航"组、"选项"组按钮状态如图 3-130所示，选中"首页不同"复选框，如图 3-131 所示，使第 3 节除包含奇数页页眉和偶数页页眉外，也包含首页页眉，如图 3-132 所示，使用相同的操作方法进入第 4 节页眉编辑区，选中"首页不同"复选框，使第 4 节也包含首页页眉。

图 3-129　进入第 3 节页眉编辑区

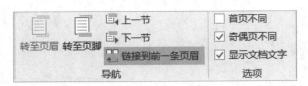

图 3-130　第 3 节"导航"组和"选项"组按钮的状态

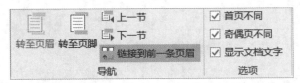

图 3-131　保持其他按钮状态不变后选中"首页不同"复选框

图 3-132　第 3 节首页页眉效果图

说明：由于第 3 节、第 4 节中的页眉保持与上节相同，只保留了奇数页页眉和偶数页页眉两种，选中"首页不同"复选框，使得第 3 节、第 4 节中也包含三种页眉。根据任务要求，第 3 节和第 4 节页眉添加的内容与第 2 节页眉添加的内容相同，无需取消"与上一节相同"状态。

（2）添加首页页眉内容。

步骤 1：打开"域"对话框。连续点击"导航"组的"上一节"按钮，如图 3-133 所示，切换至第 2 节首页页眉编辑区，选择"页眉和页脚工具"选项卡→"插入"组→"文档部件"按钮，在弹出的下拉列表中选择"域(F)…"选项，如图 3-134 所示，打开"域"对话框，如图 3-135 所示。

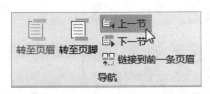

图 3-133　"导航"组的"上一节"按钮

图 3-134　"插入"组的"文档部件"按钮下拉列表

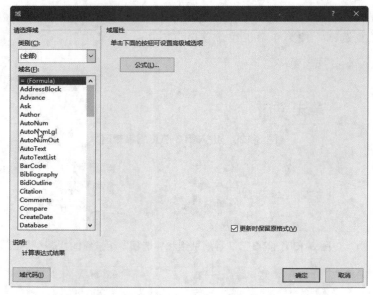

图 3-135　"域"对话框

步骤 2：插入具有"标题"样式段落的文本。在"域"对话框中，选择"请选择域"组的"域名(F)："下拉列表框中的"StyleRef"选项，选择"域属性"组的"样式名(N)："下拉列表框中的"标题"选项，其余选项取默认值，如图 3-136 所示，单击"确定"按钮后，论文题目添加到首页页眉插入符所在的位置；按下"右对齐"【Ctrl+R】快捷键，论文题目右对齐。

说明：第 3 节、第 4 节的页眉保持与上一节的页眉相同，当第 2 节添加首页页眉后，第 3 节、第 4 节首页页眉自动添加。添加首页页眉后，效果如图 3-137 所示。

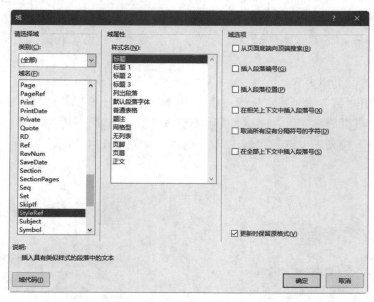

图 3-136　在"域"对话框中选择插入"标题"样式域

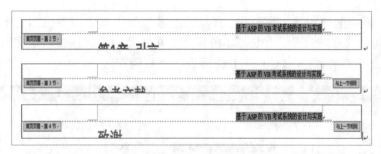

图 3-137 在"首页页眉"区添加"标题"样式域后的效果

（3）添加奇偶页页眉内容。

步骤 1：插入具有"标题 2"样式段落的文本。同添加首页页眉内容的操作方法，单击"下一节"或"上一节"按钮，切换至第 2 节奇数页页眉编辑区。打开"域"对话框，选择"请选择域"组的"域名(F)："列表框中的"StyleRef"选项，选择"域属性"组的"样式名(N)："列表框中的"标题 2"选项，在"域选项"组中选中"在全部上下文中插入段落号"复选框，其余选择默认值，如图 3-138 所示，单击"确定"按钮，论文的节标题添加到奇数页页眉；按下"右对齐"【Ctrl+R】快捷键，节标题右对齐，如图 3-139 所示。

图 3-138 在"域"对话框中选择插入"标题 2"样式域

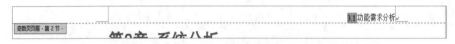

图 3-139 在"奇数页页眉"区添加"标题 2"样式域后的效果

步骤 2：插入具有"标题 1"样式段落的文本。同添加首页页眉内容的操作方法，单击"下一节"或"上一节"按钮，切换至第 2 节偶数页页眉编辑区，打开"域"对话框，选择"请选择域"组的"域名(F)："列表框中的"StyleRef"选项，选择"域属性"组的"样式名(N):"列表框中的"标题 1"选项，在"域选项"组中选中"在全部上下文中插入段落号"复选框，其余选择默认值，如图 3-140 所示，单击"确定"按钮，论文的章标题添加到偶数页页眉，按下"左对齐"【Ctrl+L】快捷键，章标题左对齐，如图 3-141 所示。

图 3-140　在"域"对话框中选择插入"标题 1"样式域

图 3-141　在"偶数页页眉"区添加"标题 1"样式域后的效果

　　说明：完成添加第 2 节奇偶页的页眉后，第 3 节、第 4 节奇偶页的页眉同时显示相应的内容。

11.添加页码

　　步骤 1：转至页脚编辑区。选择"页眉和页脚工具"选项卡→"设计"子选项卡→"导航"组→"转至页脚"按钮，如图 3-142 所示，切换至第 2 节"首页页脚"编辑区。"导航"组和"选项"组按钮状态如图 3-143 所示，页脚保持"首页不同"、"奇偶页不同"、"与上一节相同"状态。例如，第 2 节"首页页脚"编辑区状态如图 3-144 所示。

图 3-142　"设计"子选项卡"导航"组"转至页脚"按钮

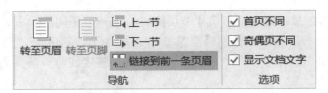

图 3-143　"导航"组和"选项"组按钮状态

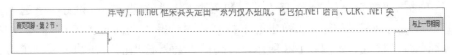

图 3-144　第 2 节"首页页脚"编辑区状态

步骤 2：设置第 2 节的页码格式。在第 2 节页脚编辑区选择"页眉和页脚工具"选项卡→"设计"子选项卡→"页眉和页脚"组→"页码"按钮，在弹出的下拉列表中选择"设置页码格式(F)…"选项，如图 3-145 所示，打开"页码格式"对话框，设置"编号格式(F)："右侧下拉列表框的值为"-1-,-2-,-3-,…"、"起始页码(A)："右侧数码框的值为"-1-"，如图 3-146 所示，完成设置后单击"确定"按钮。

步骤 3：设置第 3 节、第 4 节的页码格式。单击"导航"组"上一节"或"下一节"按钮，分别转至第 3 节、第 4 节"首页页脚"编辑区。打开"页码格式"对话框，设置"编号格式(F)："右侧下拉列表框的值为"-1-,-2-,-3-,…"，在"页码编号"组中选中"续前节(C)"选项，如图 3-147 所示，完成设置后单击"确定"按钮。

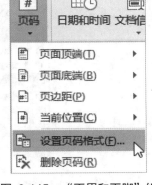

图 3-145　"页眉和页脚"组的"页码"按钮下拉列表

说明：每一节的页码格式要分别设置。

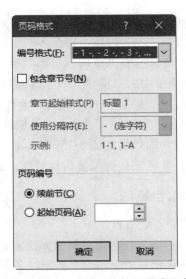

图 3-146　设置页码格式　　图 3-147　设置第 3 节、第 4 节的页码编号为"续前节"

步骤4：取消第2节、第3节、第4节页脚"与上一节相同"状态。单击"导航"组中"上一节"或"下一节"按钮，分别转至第2节、第3节、第4节"首页页脚"、"奇数页页脚"、"偶数页页脚"编辑区，在"导航"组中单击"链接到前一条页眉"按钮，取消"与上一节相同"的状态。

步骤5：在第2节"首页页脚"插入页码。单击"导航"组中的"上一节"或"下一节"按钮，转至第2节"首页页脚"。选择"页眉和页脚工具"选项卡→"设计"子选项卡→"页眉和页脚"组→"页码"按钮，在弹出的下拉列表中选择"当前位置(C)"子菜单中的"简单"→"普通数字"样式，如图3-148所示，页码插入插入符当前所在的位置。在第2节"首页页脚"插入页码的效果如图3-149所示。

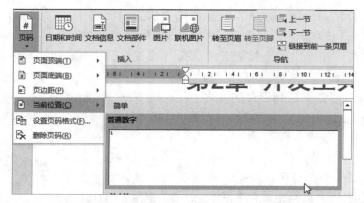

图3-148　选择页码在"当前位置"以"简单"→"普通数字"方式插入

图3-149　在第2节"首页页脚"插入页码的效果

步骤6：在各节不同页脚中插入页码。同步骤5的操作方法，单击"导航"组中的"上一节"或"下一节"按钮，转至各节不同页脚的编辑区，选择"页眉和页脚工具"选项卡→"设计"子选项卡→"页眉和页脚"组→"页码"按钮，在弹出的下拉列表中选择"当前位置(C)"子菜单中的"简单"→"普通数字"样式，页码插入插入符当前所在的位置；单击"导航"组中的"上一节"或"下一节"按钮，分别转至各节"首页页脚"、"奇数页页脚"编辑区，按下"右对齐"【Ctrl+R】快捷键，使页码右对齐；完成插入页码操作，各节三种页脚插入页码的效果如图3-150所示。

说明：系统默认进入页脚编辑区，文本左对齐。

12.添加目录

（1）插入章节目录。

步骤1：插入空白页。将插入符定位在英文关键词行末段落标记前，选择"插入"选项卡→"页面"组→"空白页"按钮，在英文目录页后插入一个空白页，插入符定位在空白页首行，空白页属于第1节。

图 3-150　完成插入页码操作后各节页码显示的效果图

步骤 2：打开"目录"对话框。在当前插入符位置输入"目录"二字，按【Enter】键，插入符切换至下一行。选择"引用"选项卡→"目录"组→"目录"按钮，在弹出的下拉列表中选择"自定义目录(C)…"选项，打开"目录"对话框，如图 3-151 所示。

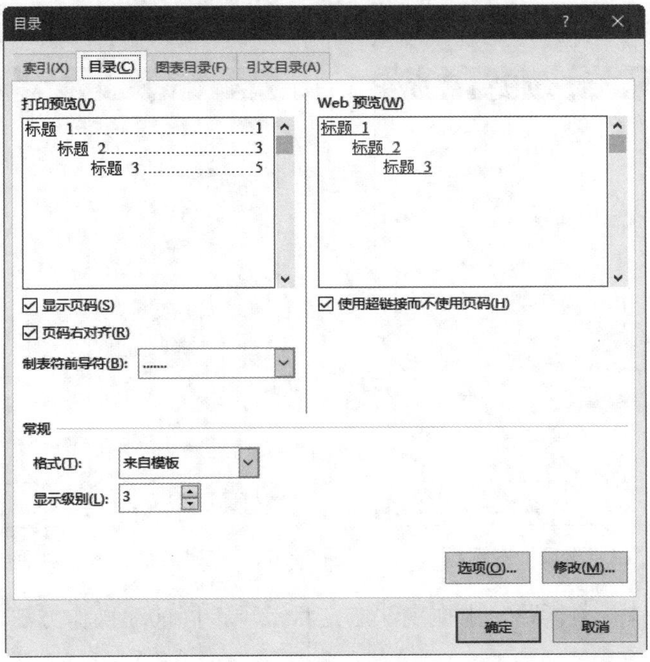

图 3-151　"目录"对话框

步骤 3：设置目录格式并插入。在"目录"对话框的"常规"组中，设置"格式(T):"右侧下拉列表框中的值为"正式"，其余取默认值，如图 3-152 所示；单击"选项(O)…"按钮，打开"目录选项"对话框，如图 3-153 所示；删除"有效样式:"下"标题"右侧"目录级别(L):"文本框中的"1"，如图 3-154 所示，论文题目不会出现在目录中，单击"确定"按钮返回"目录"对话框。单击"确定"按钮，论文章节目录插入插入符所在位置。

图 3-152　在"目录"对话框中设置目录格式

图 3-153　"目录选项"对话框　　图 3-154　在"目录选项"对话框中设置目录包含项目

　　步骤 4：设置目录项行距。用拖曳法选定目录项，同前述操作方法，设置行距为"1.5 倍行距"。

　　步骤 5：设置"目录"格式。选定"目录"，同前述操作方法，设置字体为"黑体"、字号为"小三"；打开"段落"对话框，在"缩进和间距(I)"选项卡的"常规"组中，设置"对齐方式(G):"的值为"居中"、"大纲级别(O):"的值为"1 级"，完成设置后单击"确定"按钮。

　　（2）插入图、表目录。

　　步骤 1：打开"图表目录"对话框。将插入符定位在章节目录之后，输入"图目录"，按【Enter】键，选择"引用"选项卡→"题注"组→"插入表目录"按钮，打开"图表目录"对话框，如图 3-155 所示。

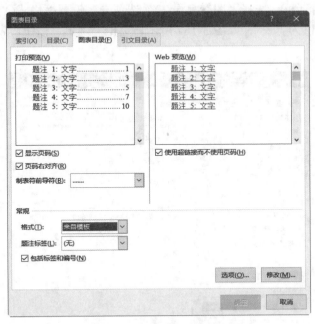

图 3-155 "图表目录"对话框

步骤 2：插入图目录。选择"图表目录(F)"选项卡，设置"格式(T):"的值为"正式"、"题注标签(L):"的值为"图"，其余取默认值，如图 3-156 所示，单击"确定"按钮，图目录插入章节目录之后。

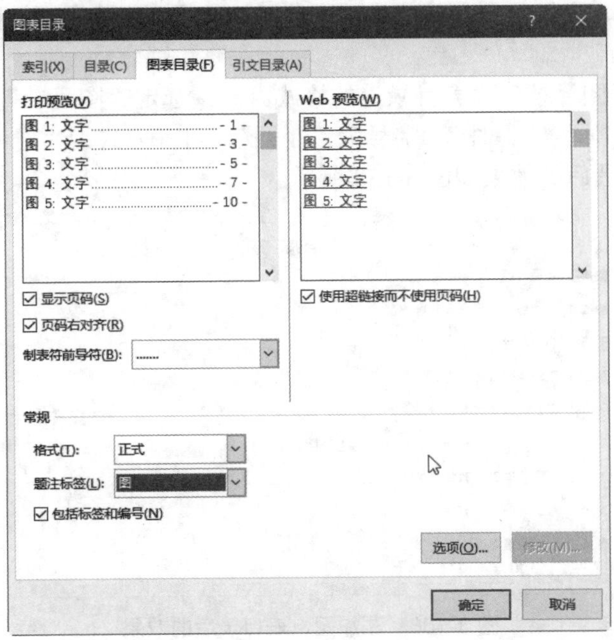

图 3-156 设置图目录格式

步骤 3：插入表目录。将插入符定位在图目录之后，输入"表目录"，按【Enter】键，打开"图表目录"对话框，选择"图表目录(F)"选项卡，设置"格式(T):"的值为"正式"、"题注标签(L):"的值为"表"，如图 3-157 所示，单击"确定"按钮，表目录就插入到了图目录之后。

图 3-157　设置表目录格式

步骤 4：设置图、表目录项行距。分别选定图目录项和表目录项，同前述操作方法，设置行距为"1.5 倍行距"。

步骤 5：设置"图目录"、"表目录"的格式。分别选定"图目录"和"表目录"，同前述操作方法，设置字体为"黑体"、字号为"小四"、对齐方式为"居中"、大纲级别为"1级"。添加图、表目录后的效果如图 3-158 所示。

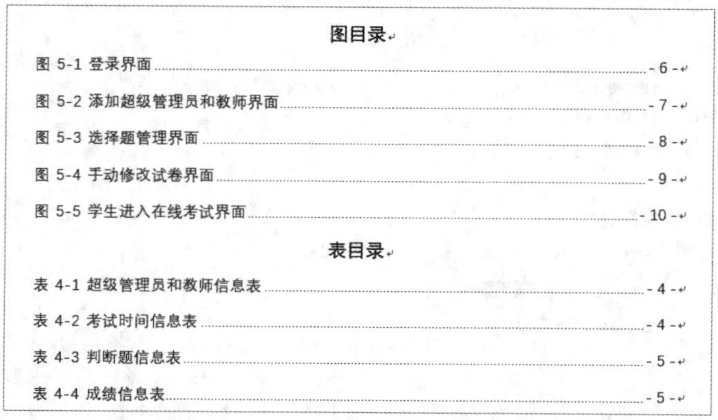

图目录

图 5-1　登录界面 .... - 6 -

图 5-2　添加超级管理员和教师界面 .... - 7 -

图 5-3　选择题管理界面 .... - 8 -

图 5-4　手动修改试卷界面 .... - 9 -

图 5-5　学生进入在线考试界面 .... - 10 -

表目录

表 4-1　超级管理员和教师信息表 .... - 4 -

表 4-2　考试时间信息表 .... - 4 -

表 4-3　判断题信息表 .... - 5 -

表 4-4　成绩信息表 .... - 5 -

图 3-158　添加图、表目录后的效果

13.删除文档中的所有空行

步骤 1：打开"查找和替换"对话框。将插入符定位在文档开始位置，选择"开始"选项卡→"编辑"组→"替换"按钮，打开"查找和替换"对话框，如图 3-159 所示。

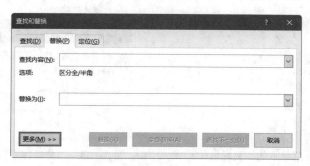

图 3-159　"查找和替换"对话框

步骤 2：删除所有空行。在"查找和替换"对话框中，单击"更多(M)>>"按钮，展开对话框，将插入符定位在"查找内容(N):"文本框中，单击"特殊格式(E)"按钮，在弹出的列表中选择"段落标记(P)"，如图 3-160 所示，在文本框中输入一个段落标记，接着再输入一个段落标记；将插入符定位在"替换为(I):"文本框中，输入一个段落标记，如图 3-161 所示，完成设置后反复单击"全部替换(A)"按钮，直到系统提示全部替换完成，删除所有空行，关闭"查找和替换"对话框。

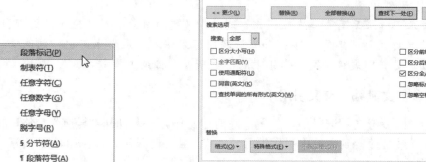

图 3-160　"特殊格式(E)"按钮列表　　图 3-161　在"查找和替换"对话框中输入"段落标记"状态

说明：文档最后的空行无法删除时，手动删除即可。

14.更新目录

（1）更新章节目录。

步骤：将鼠标指针移动至章节目录区域，右击，在弹出的快捷菜单中选择"更新域(U)"

命令，如图 3-162 所示，打开"更新目录"对话框，选中"只更新页码(P)"选项，如图 3-163 所示，单击"确定"按钮，完成章节目录的更新。

 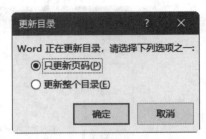

图 3-162　"目录"快捷菜单下的"更新域(U)"命令　　　图 3-163　"更新目录"对话框

（2）更新图、表目录。

步骤：分别将鼠标指针移动至图目录和表目录区域，右击，在弹出的快捷菜单中选择 "更新域(U)"命令，打开"更新图表目录"对话框，选中"只更新页码(P)"选项，如图 3-164 所示，单击"确定"按钮，完成图目录或表目录的更新。

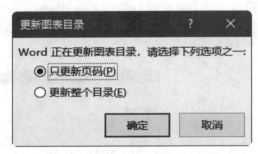

图 3-164　"更新图表目录"对话框

说明：目录中如果只有页码发生变化，则选择"更新目录"对话框或"更新图表目录" 对话框中的"只更新页码(P)"选项；如果标题内容或图表题注发生变化，则选择"更新目录"对话框或"更新图表目录"对话框中的"更新整个目录(E)"选项。

15.添加参考文献编号交叉引用

步骤 1：定位参考文献编号引用位置。同前述操作方法，打开"导航"空格，在搜索框中输入"[1]"，系统搜索到文档中引用编号"[1]"，并突出显示，如图 3-165 所示，将引用编号"[1]"删除。

> 随着教育思想的不断更新和计算机科学技术的不断发展，传统的考试方式已经无法满足教师和学生的需要。在此环境下考试系统应运而生[1]。与传统的考试模式相比，考试系统具有无可比拟的优势。传统考试过程一般有试卷制定、

图 3-165　系统检索到对象并突出显示

步骤 2：将文献编号与引用关联。选择"引用"选项卡→"题注"组→"交叉引用"按钮，打开"交叉引用"对话框，在该对话框中，设置"引用类型(T):"的值为"编号项"、"引用内容(R):"的值为"段落编号（无上下文）"，在"引用哪一个编号项(W):"列表中选择参考文献中编号为"[1]"的选项"[1]马晓波等.C#程序开发实训教程[M].第一版.北京：清华大学出版社"，如图 3-166 所示，完成设置后单击"插入(I)"按钮。添加参考文献编号交叉引用后的效果如图 3-167 所示。

说明："交叉引用"对话框为伴随对话框，单击"插入(I)"按钮后对话框不会关闭。在"导航"窗格中继续输入其他引用编号，重复上面的步骤，创建其他参考文献编号与引用的关联，直至完成后单击"关闭"按钮，关闭"交叉引用"对话框。

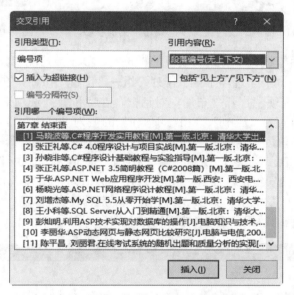

图 3-166　在"交叉引用"对话框中设置参考文献编号与引用关联

步骤 3：设置引用编号格式。采用拖曳法选定插入的引用编号，同前述操作方法，设置字号为"五号"，选择"开始"选项卡→"字体"组→"上标"按钮 x^2，设置上标效果。完成设置，添加参考文献编号交叉引用的效果如图 3-167 所示。

随着教育思想的不断更新和计算机科学技术的不断发展，传统 当前文档 按住 Ctrl 并单击可访问链接 已经无法满足教师和学生的需要。在此环境下考试系统应运而生[1]。与传统的考试模式相比，考试系统具有无可比拟的优势。传统考试过程一般有试卷制定、

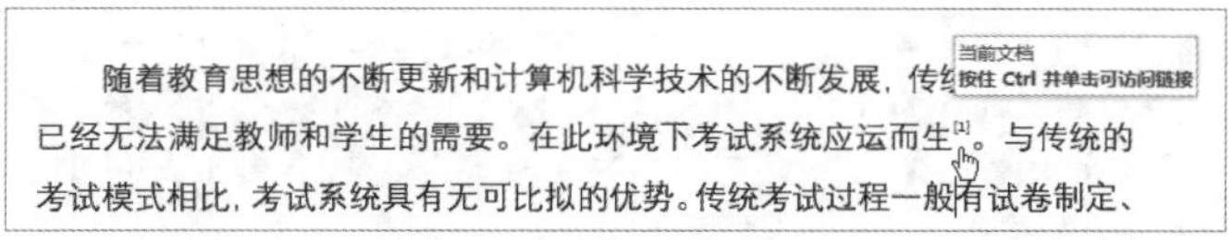

图 3-167　添加参考文献编号交叉引用的效果

16.制作封面

（1）设置封面模板。

步骤 1：插入封面。将插入符定位在论文中文题目前，选择"插入"选项卡→"页面"组→"封面"按钮，在弹出的下拉列表中选择 Word 2016 提供的"内置"→"镶边"模板，如图 3-168 所示，在论文的首页插入封面，封面效果如图 3-169 所示。

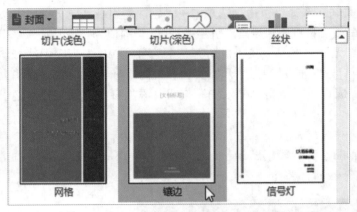

图 3-168　Word 2016 提供的"内置"→"镶边"封面模板

图 3-169　插入封面效果图

步骤 2：修改封面模板。单击封面模板的占位符，显示"绘图工具"选项卡。选择"绘图工具"选项卡→"格式"子选项卡→"排列"组→"位置"按钮，在弹出的下拉列表中选择"其他布局(L)…"选项，打开"布局"对话框，在"位置"选项卡的"水平"组中，设置"对齐方式(A):"的值为"居中"、"相对于(R):"的值为"页边距"，在"垂直"组中，设置"对齐方式(G):"的值为"居中"、"相对于(E):"的值为"页边距"，如图 3-170 所示；在"大小"选项卡的"高度"组中，设置"相对值(L):"的值为"100%"、"相对于(T):"的值为"页边距"，在"宽度"组中，设置"相对值(I):"的值为"100%"、"相对于(E):"的值为"页边距"，其余选项取默认值，如图 3-171 所示，完成设置后单击"确定"按钮。设置完成后占位符相对页边距的效果如图 3-172 所示。

图 3-170　设置封面占位符对齐方式

图 3-171　设置封面占位符大小

图 3-172　设置完成后占位符相对页边距的效果

（2）添加封面抬头。

步骤 1：添加文本框。分别单击封面中每个占位符的标签，选定占位符，按【Delete】键删除所有占位符。选择"插入"选项卡→"文本"组→"文本框"按钮，在弹出的下拉列表中选择"绘制文本框(D)"选项，如图 3-173 所示，在封面白色区域绘制一个横排文本框；右击文本框边框，在弹出的快捷菜单中选择"其他布局选项(L)…"命令，如图 3-174 所示，打开"布局"对话框，在"位置"选项卡的"水平"组中，设置"对齐方式(A)"的值为"居中"、"相对于(R)"的值为"页边距"，如图 3-175 所示，完成设置后单击"确定"按钮。添加文本框后的效果如图 3-176 所示。

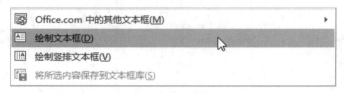

图 3-173　"绘制文本框(D)"选项

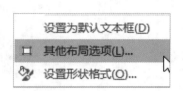

图 3-174　文本框快捷菜单命令

图 3-175　设置文本框水平对齐方式

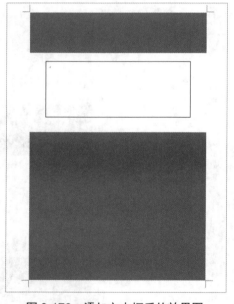

图 3-176　添加文本框后的效果图

步骤 2：编辑封面抬头。将论文第一页中"××学院"、"本科毕业论文（设计）"两行内容复制到文本框中，分别将插入符定位在"××学院"每两个字之间，按【Tab】键，在每两个字之间插入制表符，选定"××学院"，同前述操作方法，设置字体为"华文行楷"、字号为"小初"；选定"本科毕业论文（设计）"，设置字体为"华文中宋"、字号为"一号"；单击文本框边框选定文本框，选择"绘图工具"选项卡→"格式"子选项卡→"文本"组→"文本对齐"按钮，在弹出的下拉列表中选择"中部对齐(M)"选项，如图 3-177 所示，设置文本在文本框中上下居中对齐；选择"开始"选项卡→"段落"组→"居中"按钮，设置文本在文本框中水平居中对齐，在"段落"对话框中设置行距为"单倍行距"；选择"绘图工具"选项卡→"格式"子选项卡→"形状样式"组→"形状轮廓"按钮，在弹出的下拉列表中选择"无轮廓(N)"选项，如图 3-178 所示，隐藏文本框。完成设置后，封面抬头的效果如图 3-179 所示。

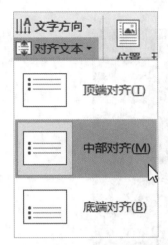

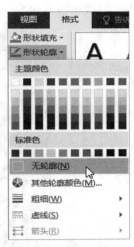

图 3-177　"文本"组的"文本对齐"按钮下拉列表　　图 3-178　隐藏文本框边框

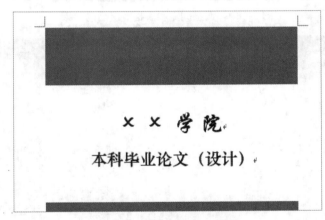

图 3-179　封面抬头的效果

（3）编辑论文信息。

步骤 1：插入表格。同前述操作方法，在封面下面区域插入一个 9 行 2 列的表格，参照封面样图，在单元格中输入相关内容。

步骤 2：设置单元格文本格式。用拖曳法选定 A 列的所有单元格，同前述操作方法，设置字体为"等线"、字号为"五号"、对齐方式为"两端对齐"；选择"开始"选项卡→"字体"组→"加粗"按钮 **B**，设置文本加粗效果；用拖曳法同时选定 B7、B8、B9 的单元格，设置字体为"楷体"，B7、B8 单元格内容"居中"对齐，B9 单元格内容"右对齐"。

步骤 3：设置表格格式。将鼠标指针移动到表格两列之间的分隔线上，鼠标指针变为双向指针 ⫴，向左拖动表线，调整第 A 列的宽度与文字同宽；使用同样的操作方法向左拖动表格右边框，适当调整表格宽度，调整后的效果如图 3-180 所示；选定表格，打开"表格属性"对话框，如图 3-181 所示，单击"定位(P)…"按钮，打开"表格定位"对话框，在"水平"组中，设置"位置(S)："下拉列表框的值为"居中"、"相对于(V)："下拉列表框的值为"栏"，如图 3-182 所示，完成设置后单击"确定"按钮，返回"表格属性"对话框，设置表格居中对齐。完成设置后表格的效果如图 3-183 所示。

图 3-180　调整列宽和表格宽度后的效果

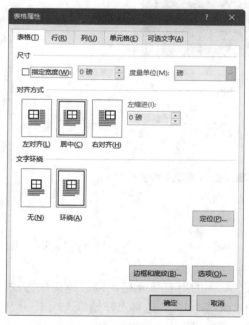

图 3-181　"表格属性"对话框

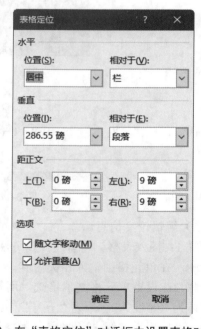

图 3-182　在"表格定位"对话框中设置表格对齐方式

　　步骤 4：隐藏表格 A 列边框。将鼠标指针移动到 A 列上边框，当鼠标指针变为向下的黑色实心指针↓时，单击鼠标选定表格 A 列，选择"表格工具"选项卡→"设计"子选项卡→"边框"组→"边框"按钮下拉箭头，在弹出的下拉列表中选择"无框线(N)"选项，如图 3-184 所示。

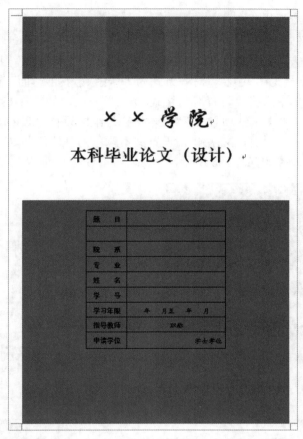

图 3-183　表格在占位符中"居中"对齐的效果图

图 3-184　"边框"按钮下拉列表中的"无框线(<u>N</u>)"选项

　　步骤 5：保留 B 列单元格下边框。同选定 A 列方法一样选定 B 列，同步骤 4 的操作方法，在"边框"按钮下拉列表中选择"右框线(R)"选项，隐藏表格右边框；将鼠标指针移到 B1 单元格左下角，当鼠标指针变为反向黑色实心箭头 时，单击鼠标选定 B1 单元格，在"边框"按钮下拉列表中选择"上框线(P)"选项，隐藏 B1 单元格上边框。完成设置，信息部分的效果如图 3-185 所示。

说明：打印时，虚框线不会被打印。

　　（4）设置日期格式。

　　步骤：在表格下方段落标记处输入"年月日"，选定"年月日"，同前述操作方法，设置字体为"宋体"、字号为"五号"、对齐方式为"居中"；右击封面下面蓝色区域占位符边框，在弹出的快捷菜单中选择"设置对象格式(O)..."命令，如图 3-186 所示，打开"设置形状格式"窗格，选择"文本选项"，在"文本填充"组中设置"颜色(C)"右侧下拉列表框的值为"主题颜色"→"黑色，文字 1"，设置文本颜色为"黑色"，如图 3-187 所示。完成设置后，论文封面的效果如图 3-188 所示。

图 3-185　完成设置信息部分的效果图　　　　　　图 3-186　占位符快捷菜单命令

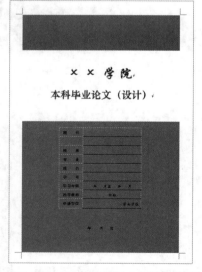

图 3-187　在"设置形状格式"窗格的"文本选项"中设置文本颜色　　图 3-188　完成设置后论文封面的效果图

　　（5）删除原封面内容页。

　　步骤：选定原封面内容，按【Delete】键，删除所有内容，删除页面中的所有段落标记。

　　（6）设置封面页面边距。

　　步骤 1：插入分节符。将插入符定位在论文中文题目前，同前述操作方法，在"分隔符"

按钮下拉列表中选择"分节符"组的"奇数页(D)"选项，在论文中文题目前分节并从奇数页开始，成为新的第 2 节，原第 2 节顺序变为第 3 节，依此类推。

步骤 2：取消第 2 节"与上一节相同"状态。进入页眉编辑区，同前述操作方法，单击"导航"组的"上一节"或"下一节"按钮，单击"链接到前一条页眉"按钮，取消第 2 节"首页页眉"、"奇数页页眉"、"偶数页页眉"的"与上一节相同"状态；切换到页脚编辑区，采用同样的操作方法，取消"首页页脚"、"奇数页页脚"、"偶数页页脚"的"与上一节相同"状态。单击"导航"组的"上一节"或"下一节"按钮，切换至"首页页眉-第 1 节-"编辑区，选择"页眉和页脚工具"选项卡→"设计"子选项卡→"关闭"组→"关闭页眉和页脚"按钮，返回文档编辑区。

步骤 3：设置第 1 节页面格式。打开"页面设置"对话框，在该对话框中选择"页边距"选项卡（见图 3-189），在"页码范围"组中设置"多页(M):"右侧下拉列表框中的值为"普通"；在"页边距"组中设置"左(L):"右侧数码框的值为"2.8 厘米"、"右(R):"右侧数码框的值为"2.5 厘米"、"上(T):"右侧数码框的值为"2.75 厘米"、"下(B):"右侧数码框的值为"2.75 厘米"、"装订线(G):"右侧数码框的值为"2 厘米"、"应用于(Y):"右侧数码框的值为"本节"，其余取默认值；在"纸张"选项卡和"版式"选项卡中，均将"应用于(Y):"的值设置为"本节"，完成设置后单击"确定"按钮。

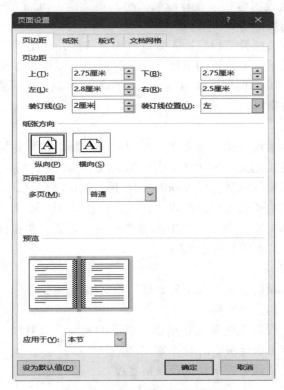

图 3-189　设置论文封面页边距

17.保存、关闭文档并退出 Word 2016

步骤 1：保存文档。单击快速工具栏中的"保存"按钮，系统将格式化后的文档以覆盖方式保存到"论文.docx"文档中。

步骤 2：退出 Word 2016。单击 Word 2016 窗口右上角的"关闭"按钮，关闭文档同时退出 Word 2016。

3.2.5 知识小结

在任务 3.2 的学习中，主要涉及的对象有文档、页面、文本、图片、表格、页码、目录等，与其相关的知识点如下。

（1）Word 2016 文档的操作。

①在 Word 2016 应用程序中新建空白文档。

②保存文档。保存文档包括保存新建文档、应用 Word 2016 提供的自动保存功能保存文档。

③在 Word 2016 应用程序中打开已有的 Word 2016 文档。

④在 Word 2016 应用程序中同时编辑两个文档，实现在两个文档窗口之间的切换。

⑤关闭文档。

（2）页面的操作。

①页面设置。页面设置包括：设置纸张大小、页边距、页面方向，设置页眉边距、页脚边距，设置不同节的页面等。

②分页或分节。分页或分节包括插入分页符和分节符、设置两节之间页眉页脚的不同。分页符标记一页结束与下一页开始的位置，分节符标记一节结束与下一节开始的位置。

③编辑页眉页脚。编辑页眉页脚包括在页眉插入文本域、在页脚插入页码、设置页码格式、不同节页眉的编辑等。

（3）文本的操作。

①文本编辑。文本编辑包括选定文本、复制文本、查找替换文本。

②格式化文本。格式化文本包括字符格式化、段落格式化、应用样式等。

③添加编号。添加编号包括应用 Word 2016 提供的编号样式、自定义编号样式、自定义多级列表样式、将编号样式与标题样式关联、为编号添加交叉引用等。

④利用文本框添加文本。利用文本框添加文本包括设置文本框格式、在文本框中添加文本、在文本框中设置文本的对齐方式等。

（4）表格的操作。

①插入表格。插入表格包括插入空白表格、将文本转换为表格。

②选定表格及行、列、单元格。

③设置表格属性。设置表格属性包括设置表格的宽度、设置在页面和占位符中的对齐方式、设置单元格内容在单元格中的对齐方式。

④用拖曳表格框线法调整表格列宽及表格宽度。

⑤隐藏表格边框。

⑥格式化单元格内容。

⑦设置表头重复。

⑧添加表格题注及交叉引用，设置题注与表格始终保持在同页。

（5）图片的操作。

①插入本地图片。

②设置图片格式。设置图片格式包括选定图片、调整图片大小、设置图片对齐方式。

③添加图片题注及交叉引用，设置题注与图片始终保持在同页。

（6）目录的操作。

①插入空白页。

②添加目录。添加目录包括插入文档章节目录和图表目录、应用内置目录格式、自定义目录格式等。

③格式化目录项。格式化目录项包括选定目录项、设置目录项段落格式。

（7）插入封面。

①应用 Word 2016 提供的内置封面模板插入封面。

②修改封面模板。修改封面模板包括修改模板中控件的大小、设置控件对齐方式、删除控件、设置模板中文本填充等。

③在封面中插入文本框和表格、设置文本框及表格在封面控件中的格式等。

3.2.6　实战练习

利用任务 3.2 提供的素材，按照任务要求独立完成论文的排版。要求在制作过程中思路清晰，操作熟练，完成效果与样稿的一致。

3.2.7　拓展练习

下面是一张统计表，请同学们根据以下要求完成操作。

（1）根据窗口自动调整表格的宽度，并调整各列为等宽。

（2）为表格应用一种恰当的样式，取消表格第 1 列特殊格式，将表格中的文字颜色改为蓝色并水平居中对齐。

（3）在表格最后一行的两个空单元格中，自左至右使用公式分别计算企业的数量之和与累计的百分比之和，结果都保留整数。

（4）根据省（市）创建企业数量和占总数百分比的簇状柱形图，样图请参见素材"论文排版"文件夹。

编号	省（市）	翻译服务企业数量/家	总数量百分比（%）
1	北京	300	22.63
2	上海	248	18.7
3	广东	366	27.6
4	江苏	412	31.07
	合计		

任务 3.3　应用表格排版

通常制作个人简历、新闻快报、求职信、网页等文档，排版是第一要务。应用 Word 2016 提供的表格功能，可以快速解决相关问题。本任务利用制作电子新闻快报来介绍表格排版。

3.3.1　任务能力提升目标

· 了解利用 Word 2016 制作电子新闻快报的理念，明确利用表格排版解决实际问题的总体思路。

· 熟练掌握插入表格、设置表格属性等操作，灵活应用表格的特性进行排版。

· 熟练掌握将已有文档的文字导入当前文档中，灵活应用添加项目符号与边框等功能美化文档。

· 熟练掌握并灵活应用图片属性的设置。

3.3.2　任务内容及要求

小王是华为公司的销售人员，他要制作一期介绍华为公司新技术及新产品的电子新闻快报，新闻内容及排版已在 Word 2016 中设计完成，样稿如图 3-190 所示。

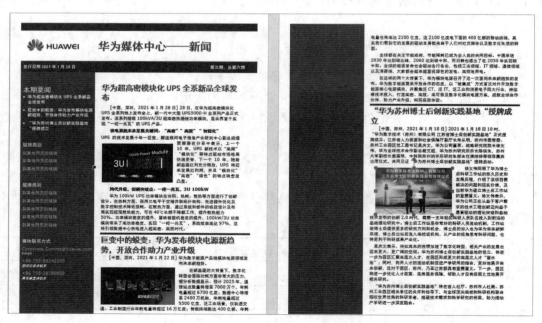

图 3-190　电子新闻快报样图

排版格式要求如下。

（1）版面使用 A4 纸，方向为纵向，上、下页边距均设置为 2.4 厘米，左、右页边距均设置为 1.1 厘米。

（2）标题上方矩形区域的颜色为标准色深蓝，高度×长度为 0.38 厘米×19.2 厘米。

（3）标题行高度为 2.54 厘米，标题部分包含华为 LOGO 和新闻快报标题、标题字体为黑体、字号为一号、颜色为标准色浅蓝；华为 LOGO 的宽度为 1 厘米，长度为 4.5 厘米。

（4）发行日期行的高度为 0.95 厘米，区域颜色为标准色深蓝，日期左对齐，期刊号右对齐，中文字体为黑体，字号为 10 磅，颜色为主题色白色，背景为 1；英文及数字字体为 Verdana，字号为 10 磅。

（5）页面分两栏，左栏宽度为 6 厘米，右栏宽度为 13 厘米。

（6）导航栏（左栏）的排版要求如下。

·填充色为标准色蓝色，底纹图案样式为浅色横线，图案颜色为标准色深蓝。

·标题"本期要闻"的字体为黑体，字号为三号，文字颜色为标准色黄色，段前间距为 2 行。

·本期要闻内容，中文字体为黑体、字号为 10 磅，英文及数字字体为 Verdana、字号为 10 磅，文字颜色为主题色白色，背景为 1；段后间距为 6 磅，行距为单倍行距，添加项目符号，项目符号类型用小圆点，项目符号与文字空一个空格。

·标题"链接类别"、"媒体联系方式"的字体为黑体、字号为 11 磅，文字颜色为标准色黄色；段前间距为 1 行。

·链接类别内容，中文字体为黑体、字号为 10 磅，英文及数字字体为 Verdana、字号为 10 磅，文字颜色为标准色浅蓝，段后间距为 6 磅，行距为单倍行距。

·媒体联系方式内容，英文及数字字体为 Verdana、字号为 10 磅，文字颜色为标准色浅蓝；行距为单倍行距。

·联系方式说明文字，中文字体为黑体、字号为 8 磅，英文及数字字体为 Verdana，字号为 8 磅，文字倾斜，文字颜色为主题色白色，背景为 1；段后间距为 6 磅，行距为固定值 10 磅。

（7）新闻栏（右栏）的排版要求如下。

·标题字体为黑体，字号为小二，颜色为标准色蓝色；行距为单倍行距；标题分隔线样式为实线，宽度为 3 磅，颜色为标准色深蓝。

·内容，中文字体为黑体、字号为 10 磅，英文及数字字体为 Verdana、字号为 10 磅；段落为首行缩进 2 字符，行距为单倍行距，内容距右边界缩进 2 字符，段落之间相距 6 磅。

（8）图片。按照样例，新闻"华为超高密模块化 UPS 全系新品全球发布"中的图片名称和格式为"210130-4.png"，高度为 3.25 厘米；新闻"巨变中的蜕变：华为发布模块电源新趋势，开放合作助力产业升级"中的图片名称和格式为"210228-3.png"，高度为 3.05 厘米；新闻"'华为苏州博士后创新实践基地'授牌成立"中的图片名称和格式为"210120-3.jpg"，高度为 3.89 厘米。三张图片均设置为文字四周环绕，图片位置参照样稿。

3.3.3　任务分析

新闻快报的内容必须精心选择，简练、准确地描述所包含的中心议题，标题应尽可能地简单明确，版面设计要有一定的吸引力。

样稿在色彩上采用了蓝白搭配，给人一种舒爽的感觉，版面将内容纵横分成不同的区域，并使用不同的颜色区分，再加上醒目的标题及配图，可以强烈地吸引读者的眼球。

样稿的排版类型在实际中经常见到，具备这样一些特点：各部分内容区域相邻、相对独立、呈矩形排列。在 Word 2016 中，利用表格中每个单元格相对独立的特性，对单元格进行适当的合并与拆分，可以很好地实现文档的排版效果。

在完成上一任务的基础上，本任务的主要工作是版面布局，如何快速有效地完成任务，小王可按下面操作顺序进行。

（1）新建 Word 2016 空白文档并保存。

（2）设置页面格式。

（3）应用表格布局版面，布局版面是完成样稿的基础。

（4）设置单元格填充效果。案例中有些文本颜色为白色，先填充，再对文本格式化，这样便于及时浏览文档效果。

（5）输入所有文本并格式化。

（6）制作新闻栏分隔线。

（7）添加项目符号。

（8）添加图片，以方便布局。

（9）插入表格，系统默认带框线，完成上面的操作，隐藏表格框线，实现排版效果。

3.3.4　任务实施

1.新建 Word 2016 空白文档并保存

方法：与任务 3.2 的操作方法相同，新建空白文档，并以"新闻快报.docx"为文件名进行保存。

2.设置页面格式

（1）设置页边距。

步骤：与任务 3.2 设置页面格式的操作方法相同，打开"页面设置"对话框。在"页边距"选项卡中，分别设置页边距"上(T):"、"下(B):"的值均为"2.4 厘米"，"左(L):"、"右(R):"的值均为"1.1 厘米"；纸张方向为"纵向(P)"，如图 3-191 所示。

（2）设置纸张大小。

步骤：在"页面设置"对话框中，选择"纸张"选项卡，系统默认"纸张大小(R):"为"A4"，如图 3-192 所示。完成设置后，单击"确定"按钮。

3.应用表格布局版面

（1）插入表格。

步骤：与任务 3.2 插入表格的操作方法相同，将插入符定位在首行起始位置，打开"插入表格"对话框。在该对话框中，设置"列数(C):"为"2"、"行数(R):"为"4"，其余为默认值，如图 3-193 所示。完成设置后，单击"确定"按钮。在插入符所在位置插入一个 4 行 2 列表格后的效果如图 3-194 所示。

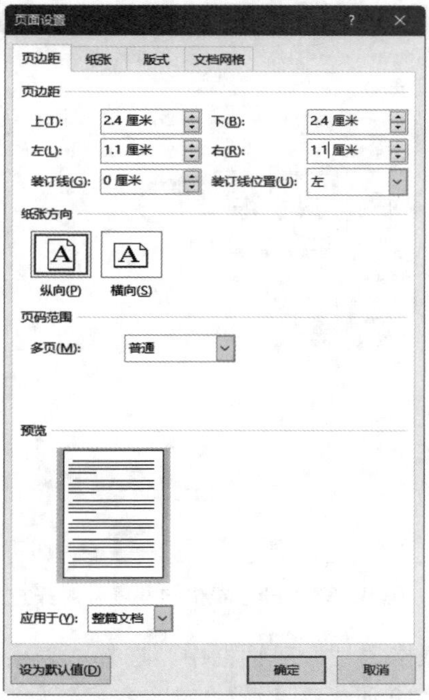

图 3-191　设置页边距和纸张方向

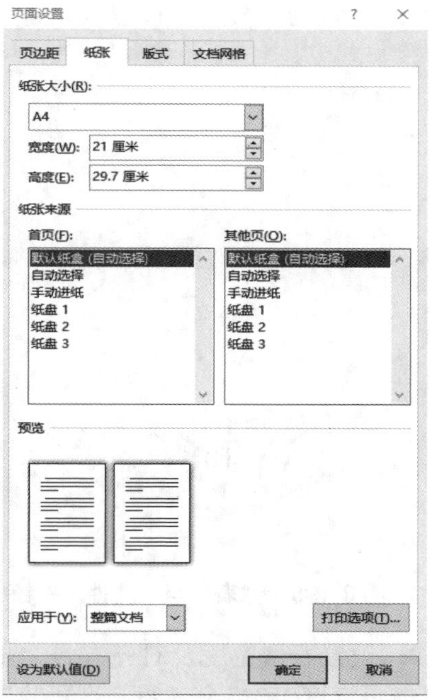

图 3-192　设置纸张大小

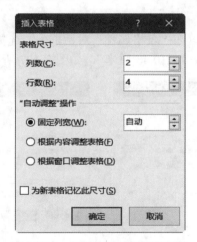

图 3-193　设置表格的行数和列数

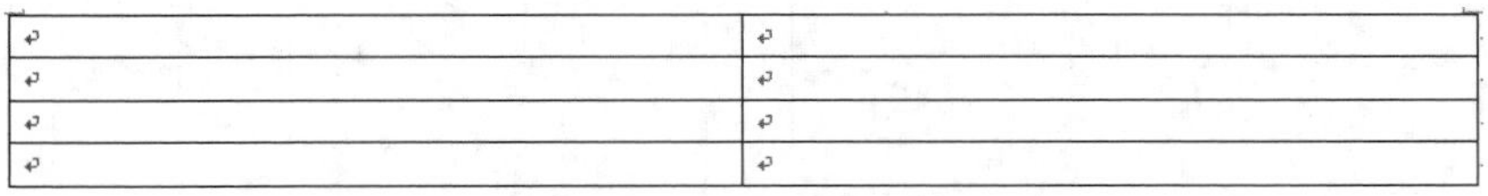

↵	↵
↵	↵
↵	↵
↵	↵

图 3-194　插入一个 4 行 2 列表格后的效果图

（2）设置表格属性。

步骤 1：打开"表格属性"对话框。将插入符定位在表格 A1 单元格中，选择"表格工具"选项卡→"布局"子选项卡→"表"组→"属性"按钮，如图 3-195 所示，打开"表格属性"对话框。

图 3-195　"表"组"属性"按钮　　　　图 3-196　设置表格的宽度和对齐方式

步骤 2：设置表格宽度及对齐方式。在"表格属性"对话框中，选择"表格(T)"选项卡，选中"指定宽度(W):"复选框，设置其值为"19 厘米"；设置"对齐方式"为"居中(C)"，如图 3-196 所示。

（3）设置行高。

步骤 1：设置第 1 行行高。在"表格属性"对话框中，选择"行(R)"选项卡，选中"指定高度(S):"复选框，设置其值为"0.48 厘米"，如图 3-197 所示。

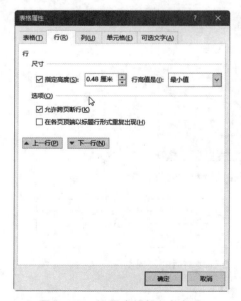

图 3-197　设置表格第 1 行行高　　　　图 3-198　设置表格第 2 行行高

步骤 2：设置第 2 行行高。单击"下一行(N)"按钮，选中"指定高度(S):"复选框，设置其值为"2.54 厘米"，如图 3-198 所示。

步骤 3：设置第 3 行行高。同步骤 2 的操作方法，设置"指定高度"的值为"0.95 厘米"，完成设置后，单击"确定"按钮。完成行高设置后的表格效果如图 3-199 所示。

图 3-199 完成行高设置后的表格效果

说明：第 4 行的高度会随内容的多少自动调整，当内容超过一面时，表格会自动跨页显示，不需要设置。

（4）设置列宽。

步骤 1：设置第 A 列列宽。将插入符定位在第 A 列任意一个单元格中，打开"表格属性"对话框，选择"列(U)"选项卡，选中"指定宽度(W):"复选框，设置其值为"6 厘米"，如图 3-200 所示。

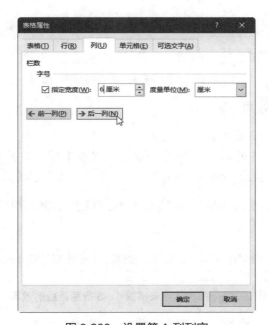

图 3-200 设置第 A 列列宽

步骤 2：设置第 B 列列宽。单击"后一列(N)"按钮，选中"指定宽度(W):"复选框，设置其值为"13 厘米"。完成设置后，单击"确定"按钮。设置表格行高列宽后的效果如图 3-201 所示。

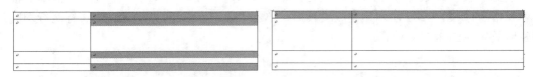

图 3-201 设置表格行高列宽后的效果   图 3-202 选定表格第 1 行的效果

（5）合并单元格。

步骤1：选定表格第1行。将鼠标指针移动到选定区，指向表格的第1行，鼠标指针变为反向指针↗时，单击鼠标，选定表格的第1行，效果如图3-202所示。

步骤2：合并单元格。选择"表格工具"选项卡→"布局"子选项卡→"合并"组→"合并单元格"按钮，如图3-203所示，将两个单元格合并为一个单元格。第1行单元格合并后的效果如图3-204所示。

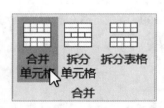

图3-203　　"合并"组的"合并单元格"按钮

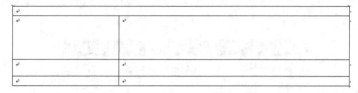

图3-204　　第1行单元格合并后的效果

4.设置单元格填充效果

（1）设置表格第1、3行两行的填充效果。

步骤1：同时选定表格第1、3行两行。选定表格第1行，按下【Ctrl】键，再将鼠标指针指向第3行后单击，同时选定表格的第1、3行两行，选定后的效果如图3-205所示。

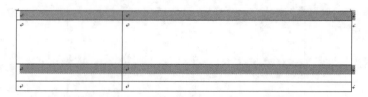

图3-205　　同时选定表格第1、3行两行后的效果

步骤2：打开"边框和底纹"对话框。选择"表格工具"选项卡→"设计"子选项卡→"边框"组→"边框"按钮下方的下拉箭头，在弹出的下拉列表中选择"边框和底纹(O)…"选项，如图3-206所示，打开"边框和底纹"对话框。

步骤3：设置填充效果。在"边框和底纹"对话框中，选择"底纹(S)"选项卡，在"填充"下拉列表框中选择"标准色"中的"深蓝"；设置"应用于(L):"下拉列表框中的值为"单元格"，如图3-207所示，完成设置后，单击"确定"按钮，完成第1、3行两行填充后的表格效果如图3-208所示。

图 3-206 选择"边框和底纹(O)…"选项

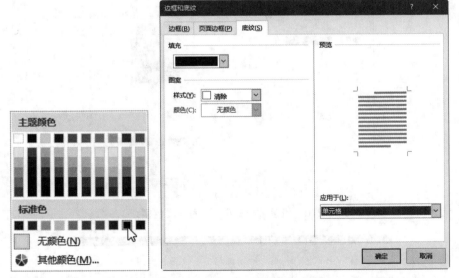

图 3-207 设置填充色为"标准色"中的"深蓝",应用范围为"单元格"

图 3-208 完成第 1、3 行两行填充后的表格效果

（2）设置 A4 单元格的填充效果。

步骤 1：选定 A4 单元格。将鼠标指针移动到 A4 单元格左下角，当鼠标指针变为反向实心指针 ↖ 时，单击鼠标选定该单元格，效果如图 3-209 所示。

图 3-209　选定 A4 单元格的效果

步骤 2：设置填充效果。打开"边框和底纹"对话框，选择"底纹(S)"选项卡，同前述操作方法，设置"填充"下拉列表框中的值为"标准色"中的"蓝色"；在"图案"组中，设置"样式(Y):"右侧下拉列表框中的值为"浅色横线"、"颜色(C):"右侧下拉列表框中的值为"标准色"中的"深蓝"；设置"应用于(L):"下拉列表框中的值为"单元格"，如图 3-210 所示，完成设置后，单击"确定"按钮。完成填充后的效果如图 3-211 所示。

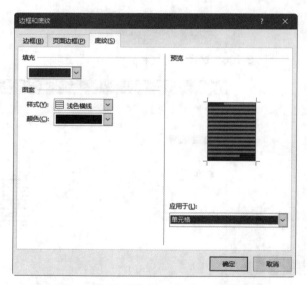

图 3-210　设置"样式(Y):"为"浅色横线"

图 3-211　完成填充后的效果

5.添加文本

（1）输入文本。

步骤 1：在 B2、A3、B3 和 A4 单元格中输入文本。按照新闻快报样稿，将插入符分别

定位在这些单元格中，输入相应内容即可。单元格输入文本后的表格部分效果如图 3-212
所示。

图 3-212　单元格输入文本后的表格部分效果

步骤 2：在 B4 单元格中导入已有文字。将插入符定位在 B4 单元格中，选择"插入"
选项卡→"文本"组→"对象"按钮，在弹出的下拉列表中选择"文件中的文字(<u>F</u>)…"选
项，如图 3-213 所示，打开"插入文件"对话框。在该对话框中选定"华为超高密模块化
UPS 全系新品全球发布.docx"文件，如图 3-214 所示，单击"插入(<u>S</u>)"按钮，文件中的文
字内容插入 B4 单元格中，插入后的效果如图 3-215 所示。

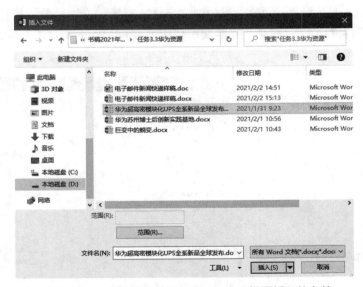

图 3-213　"对象"按钮的下拉列表　　　　图 3-214　在"插入文件"对话框中选择要插入的文件

步骤 3：在 B4 单元格导入其他文字。操作方法同步骤 2，在 B4 单元格分别导入"巨变
中的蜕变.docx"、"华为苏州博士后创新实践基地.docx"两个文件中的文字。

（2）格式化新闻快报标题。

步骤 1：设置主标题字符格式。选定 B1 单元格，其操作方法同前，设置字体为"黑体"、
字号为"一号"、字体颜色为"标准色，蓝色"。

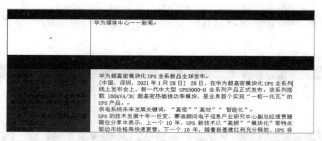

图 3-215　在 B4 单元格里插入文件中文字内容的效果

步骤 2：设置主标题对齐方式。将插入符定位在 B2 单元格中，选择"表格工具"选项卡→"布局"子选项卡→"对齐方式"组→"中部两端对齐"按钮，如图 3-216 所示，标题在单元格上下居中且左对齐。主标题格式化后的效果如图 3-217 所示。

图 3-216　"对齐方式"组"中部两端对齐"按钮

图 3-217　主标题格式化后的效果

（3）格式化日期行。

步骤 1：设置字号和字体颜色。选定表格第 3 行，其操作方法同前，设置字号为"10"、字体颜色为"主题颜色，白色，背景 1"。

步骤 2：同时设置中西文字体。其操作方法同前，打开"字体"对话框，设置"中文字体(T):"为"黑体"、"西文字体(F):"为"Verdana"，如图 3-218 所示，完成设置后，单击"确定"按钮。

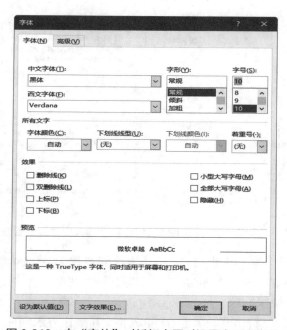

图 3-218　在"字体"对话框中同时设置中西文字体

　　步骤 3：设置对齐方式。其操作方法与设置主标题对齐方式的相同，将插入符定位在 A3 单元格，选择"对齐方式"组中"中部两端对齐"按钮；将插入符定位在 B3 单元格，选择"中部右对齐"按钮目。完成格式化日期行的效果如图 3-219 所示。

图 3-219　完成格式化日期行的效果

（4）格式化新闻内容。

　　步骤 1：设置字符格式。其操作方法同前，选定 B4 单元格，打开"字体"对话框，设置"中文字体(T):"为"黑体"、"西文字体(F):"为"Verdana"；设置"字号(S):"为"10"，完成设置后，单击"确定"按钮。

　　步骤 2：设置段落格式。选定 B4 单元格，选择"开始"选项卡→"段落"组→"对话框"启动按钮，打开"段落"对话框，在"缩进"组，设置"右侧(R):"为"2 字符"、"特殊格式(S):"为"首行缩进"、"缩进值(Y):"为"2 字符"；在"间距"组，设置"段后(F):"为"6 磅"、"行距(N):"为"单倍行距"，如图 3-220 所示，完成设置后，单击"确定"按钮。新闻内容格式化后部分的效果如图 3-221 所示。

图 3-220　在"段落"对话框中设置段落格式

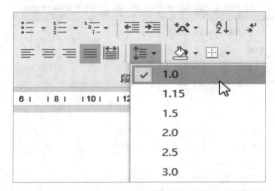

图 3-221　格式化后新闻内容部分的效果

提示：在设置段间距时系统默认单位为"行"，这里将"行"删除，输入"6磅"即可，如图 3-220 所示。

（5）格式化新闻标题。

步骤 1：设置标题字符格式。用拖曳法选定标题"华为超高密模块化 UPS 全系新品全球发布"，其操作方法同前，设置字体为"黑体"、字号为"小二"、颜色为"标准色，蓝色"。

步骤 2：设置标题段落格式。选择"开始"选项卡→"段落"组→"两端对齐"按钮≡；选择"开始"选项卡→"段落"组→"行和段落间距"按钮，在弹出的下拉列表中选择"1.0"选项，设置单倍行距，如图 3-222 所示，格式化标题后的效果如图 3-223 所示。

图 3-222　设置标题两端对齐、单倍行距

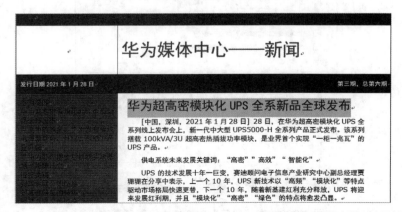

图 3-223　格式化标题"华为超高密模块化 UPS 全系新品全球发布"后的效果

步骤 3：格式化其余两个标题。保持标题“华为超高密模块化 UPS 全系新品全球发布”选定状态不变，同任务 3.2 的操作方法，双击“格式刷”按钮，用拖曳法复制标题格式至其余两个标题，完成复制后，单击格式刷按钮。其余两个标题格式化后的效果如图 3-224 所示。

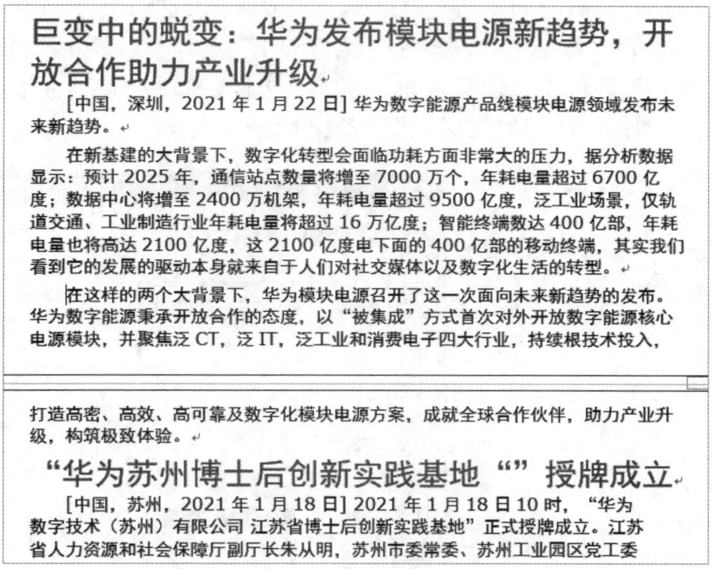

巨变中的蜕变：华为发布模块电源新趋势，开放合作助力产业升级

[中国，深圳，2021 年 1 月 22 日] 华为数字能源产品线模块电源领域发布未来新趋势。

在新基建的大背景下，数字化转型会面临功耗方面非常大的压力，据分析数据显示：预计 2025 年，通信站点数量将增至 7000 万个，年耗电量超过 6700 亿度；数据中心将增至 2400 万机架，年耗电量超过 9500 亿度，泛工业场景，仅轨道交通、工业制造行业年耗电量将超过 16 万亿度；智能终端数达 400 亿部，年耗电量也将高达 2100 亿度，这 2100 亿度电下面的 400 亿部的移动终端，其实我们看到它的发展的驱动本身就来自于人们对社交媒体以及数字化生活的转型。

在这样的两个大背景下，华为模块电源召开了这一次面向未来新趋势的发布。华为数字能源秉承开放合作的态度，以“被集成”方式首次对外开放数字能源核心电源模块，并聚焦泛 CT，泛 IT，泛工业和消费电子四大行业，持续根技术投入，

打造高密、高效、高可靠及数字化模块电源方案，成就全球合作伙伴，助力产业升级，构筑极致体验。

“华为苏州博士后创新实践基地“”授牌成立

[中国，苏州，2021 年 1 月 18 日] 2021 年 1 月 18 日 10 时，“华为数字技术（苏州）有限公司 江苏省博士后创新实践基地”正式授牌成立。江苏省人力资源和社会保障厅副厅长朱从明，苏州市委常委、苏州工业园区党工委

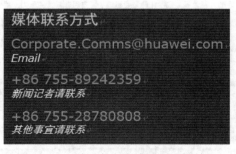

图 3-224　其余两个标题格式化后的效果

（6）格式化导航栏文本。

步骤 1：选定设置相同格式的文本。按下【Ctrl】键，用拖曳法同时选定需设置格式相同的文本。

步骤 2：格式化选定内容。其操作方法同前，按任务要求，完成相应的字符格式化和段落格式化。

步骤 3：设置“媒体联系方式”说明文字字形。同时选定文本“Email”、“新闻记者请联系”、“其他事宜请联系”，选择“开始”选项卡→“字体”组→“倾斜”按钮 *I*，设置选定内容的字形为“倾斜”，完成设置后，效果如图 3-225 所示。

图 3-225　说明文字完成设置后的效果

6.制作新闻栏分隔线

步骤 1：打开“边框与底纹”对话框。按下【Ctrl】键，用拖曳法同时选定新闻栏的两

个标题，选择"开始"选项卡→"段落"组→"边框"按钮右侧的下拉箭头，在弹出的下拉列表中选择"边框与底纹(O)…"选项，如图 3-226 所示，打开"边框与底纹"对话框。

步骤 2：设置标题分隔线效果。选中右栏标题，在"边框与底纹"对话框的"边框(B)"选项卡中，选择"设置:"组中的"自定义"选项，在"样式(Y):"下拉列表框中选择第一项，设置"颜色(C):"为"标准色，深蓝"、"宽度(W):"为"3.0 磅"；设置"应用于(L):"为"段落"；在"预览"区单击上边框按钮，添加上边框，如图 3-227 所示，完成设置后，单击"确定"按钮。添加分隔线的效果如图 3-228 所示。

图 3-226　"边框"按钮右侧的下拉箭头

图 3-227　设置右栏标题上方的分隔线

图 3-228　添加标题上方分隔线的效果

7.添加项目符号

（1）插入项目符号。

步骤1：选定需添加项目符号的所有行。将插入符定位在导航栏第2行行首，按下【Shift】键，在导航栏第8行行末单击鼠标，选定需添加项目符号的所有行。

步骤2：插入项目符号。选择"开始"选项卡→"段落"组→"项目符号"按钮右侧的下拉箭头，在弹出的下拉列表中选择"项目符号库"中的中圆点选项，如图3-229所示。

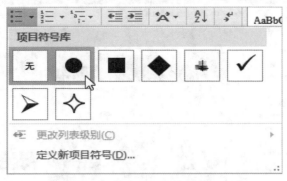

图 3-229　"项目符号库"中的中圆点

（2）设置项目符号与文字内容间距。

步骤：其操作方法同任务3.2的操作方法，打开"定义新多级列表"对话框，单击"更多(M)>>"按钮，在"项目符号位置"组中，设置"文本缩进位置(I):"为"0.3厘米"、"编号之后(W):"为"空格"，如图3-230所示。完成设置后，单击"确定"按钮。添加项目符号后的效果如图3-231所示。

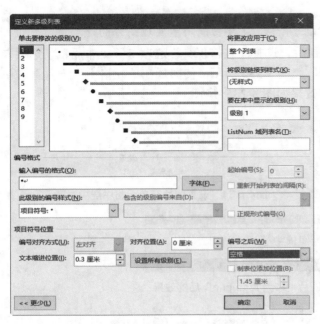

图 3-230　设置项目符号与文字内容间距　　　　图 3-231　添加项目符号后的效果

8.添加图片

（1）添加"华为 logo.png"图片。

步骤 1：插入"华为 logo.png"图片。将插入符定位在 A2 单元格中，选择"插入"选项卡→"插图"组→"图片"按钮，打开"插入图片"对话框，在其中找到"华为 logo.png"文件并选定，单击"插入"按钮，如图 3-232 所示。

图 3-232　插入"华为 logo.png"图片

步骤 2：设置图片大小。选定图片，选择"图片工具"选项卡→"格式"子选项卡→"大小"组→"高度:"数码框，设置"高度:"的值为"0.9 厘米"，系统自动调整"宽度:"的值为"3.99 厘米"，如图 3-233 所示。

说明："图片工具"选项卡为上下文选项卡，主要功能用于实现图片的处理。

步骤 3：设置图片对齐方式。选定图片，选择"表格工具"选项卡→"布局"子选项卡→"对齐方式"组→"水平居中"按钮，如图 3-234 所示，使图片在单元格中水平垂直居中对齐。插入图片"华为 logo.png"后的效果如图 3-235 所示。

图 3-233　设置图片的高度　　　　图 3-234　设置图片在单元格中居中对齐

图 3-235　插入图片"华为 logo.png"后的效果

（2）添加"100kW/3U 超高密功率模块.png"图片。

步骤 1：插入"100kW/3U 超高密功率模块.png"图片。将插入符定位在新闻"华为超高密模块化 UPS 全系新品全球发布"中的任意位置，打开"插入图片"对话框，在该对话框中选定"100kW/3U 超高密功率模块.png"图片，单击"确定"按钮。

步骤 2：设置图片大小。单击选中的图片，同前述操作方法，设置"高度:"的值为"3.25 厘米"。

步骤 3：设置文字环绕图片方式。选定图片，选择"图片工具"选项卡→"格式"子选项卡→"排列"组→"环绕文字"按钮，在弹出的下拉列表中选择"四周型(S)"选项，设置"四周型"环绕方式，如图 3-236 所示。

步骤 4：调整图片位置。将鼠标指针移动到图片上，当鼠标指针变为十字指针时，按下鼠标左键，将图片拖至样稿所示的位置即可。插入图片"100kW/3U 超高密功率模块.png"后的效果如图 3-237 所示。

图 3-236　设置"四周型"环绕方式　图 3-237　插入"100kW/3U 超高密功率模块.png"图片后的效果

说明：重复上述步骤，完成插入"模块电源六大趋势.png"和"华为数字技术（苏州）有限公司　江苏省博士后创新实践基地授牌.jpg"两张图片。

9.隐藏表格边框

步骤：选定表格。选择"表格工具"选项卡→"设计"子选项卡→"边框"组→"边框"按钮右侧的下拉箭头，在弹出的下拉列表中选择"无框线(N)"选项，如图 3-238 所示，隐藏所有表线。

3.3.5　知识小结

制作电子新闻快报，应用了 Word 2016 提供的处理文本、表格、图片三种对象的功能，涉及的主要知识点如下。

（1）表格操作。

①通过"插入表格"对话框完成表格的插入。

②在"表格属性"对话框中设置表格的属性，包括表格的宽度、对齐方式、行高、列宽的设置。

图 3-238　选择"无框线(N)"隐藏表格边框

③合并单元格。

④设置表格的边框与单元格的填充。

（2）图片操作。

①在表格的单元格中插入图片。

②通过图片上下文工具栏设置图片格式，包括图片大小、文字环绕方式的设置。

③调整图片在文档中的位置。

（3）文本操作。

①将已有文档的文字导入当前文档。

②添加段落边框。

③给段落添加项目符号。

3.3.6　实战练习

利用本书提供的素材，独立完成任务 3.3 中电子新闻快报的制作。要求制作过程中思路清晰，操作熟练，完成效果与样稿的一致。

3.3.7　拓展练习

请同学们认真分析并制作一份如图 3-239 所示的个人简历样图。制作过程中，可以互相讨论，也可以在网上查阅相关知识和操作技能。

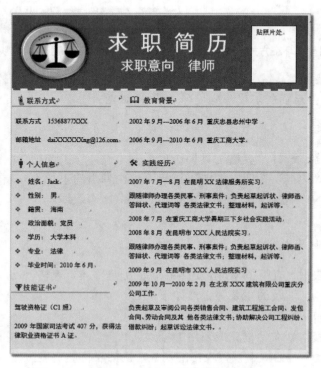

图 3-239　个人简历样图

任务 3.4 应用形状及文本框排版

报纸版面的安排是一项技巧性很强的工作。它既要体现编辑对所刊发文章的理解和所刊载的意图，又要依据一定的美学原则，尽可能地让内容与形式得到完美结合。"版面一张脸"、"标题一双眼"，一个好的版面，会直接激发读者的阅读兴趣，使之在美的形式中浏览到更多的信息。相比应用表格排版，应用 Word 2016 提供的形状和文本框布局页面更具灵活性。

3.4.1 任务能力提升目标

•了解利用 Word 2016 制作报纸的理念，明确利用形状及文本框排版解决实际问题的总体思路。
•熟练掌握并灵活应用页面背景设置功能，制作个性化的文档。
•熟练掌握在文档中插入形状、文本框，并设置其格式，灵活应用二者巧妙排版。
•熟练掌握并灵活应用在文档中添加艺术字，巧妙使用文本框添加文本、使用艺术字制作标题。

3.4.2 任务内容及要求

王涵是小学六年级的学生，今天的作业是制作一份小报。王涵已手工设计好了小报的版面，如图 3-240 所示。现在需要爸爸、妈妈的帮助，在 Word 2016 下完成电子板小报的制作。

图 3-240 小报样图

小报排版的要求如下。

（1）页面。纸张大小设为 A4，纸张方向设为横向，上、下页边距均设为 2 厘米，左、右页边距均设为 2.54 厘米。纸张颜色为自定义黄色，其中，"红色"值设为 253、"绿色"值设为 224、"蓝色"值设为 119，页边框为艺术类松树边框。

（2）异形区域。采用 Word 2016 提供的形状实现，包括"星与旗帜"类中的"波形"

形状、"基本形状"类中的"云形"形状、"标注"类中的"椭圆形标注"形状。

①"波形"形状。高度设为 11.2 厘米，宽度设为 14.6 厘米，逆时针旋转 78 度，填充色为"主题色，深蓝，文字 2，淡色 80%"，无边框，边缘虚化，带投影。

②"云形"形状。高度设为 6.9 厘米，宽度设为 12.5 厘米，顺时针旋转 10 度，用"线性，从左上角到右下角"的白色到粉色的渐变色填充，无边框；阴影用"线性，从左上角到右下角"的"标准色，黄色"到"主题颜色，绿色，个性色 6，深色 25%"的渐变色填充。

③"椭圆形标注"形状。高度设为 5.9 厘米，宽度设为 9.6 厘米，顺时针旋转 10 度，用 Word 2016 中的纹理"粉色面巾纸"填充，无边框，添加"棱台"效果。

（3）艺术字。样例中两个艺术字统一使用 Word 2016 提供的艺术字样式列表中第 3 行第 2 列的样式。

①"学习屋"艺术字。字体为"宋体"，字号为"72"，文本使用系统预设的渐变色"漫漫黄沙"、"线性向下"填充，艺术效果为"圆"。

②"大熊猫"艺术字。字体为"华文行楷"，字号为"60"，文本轮廓颜色为"黄色"，文本使用系统预设的渐变色"彩虹出岫"、"线性对角-右上到左下"填充，逆时针旋转 10 度。

（4）图片。"熊猫"、"小鸟"、"鸭子"三幅图片，适当调整大小，旋转一定角度，以适应排版要求，去除"熊猫"图片的背景。

（5）文本。

①波形区域文本。文字方向横排，字体为"宋体"，字号根据内容多少设置。

②云形区域文本。文字方向竖排，字体为"宋体"，字号根据内容多少设置。

③椭圆形区域文本。文字方向与区域倾斜方向一致，字体为"宋体"，字号根据内容多少设置。标题，颜色为"标准色，红色"，加粗；内容：颜色为"标准色，蓝色"。

3.4.3　任务分析

制作小报，从形式上看，虽然比报纸规模小得多，但版面的编排与设计要以突出主题、版面生动活泼为目的。从小报样图看，排版中使用了异形区域，标题使用了艺术字，还增加了一些图片的点缀，这样使得小报的版面更加生动活泼，更具吸引力。任务中小报的排版借助了 Word 2016 提供的形状、艺术字及文本框。王涵的家长可按如下操作快速完成小报的制作。

（1）新建空白文档并保存。

（2）设置页面格式。设置页面格式包括纸张大小、页边距、纸张方向、页面背景、页面边框等的设置。设置好页面效果，便于排版布局。

（3）添加形状。使用形状排版，包括绘制形状、设置形状边框效果、填充效果、设置艺术效果、进行布局等。

（4）添加艺术字。使用艺术字做标题，包括插入艺术字、格式化艺术字、调整艺术字位置等。添加艺术字可进一步调整版面布局，确定添加文本的位置。

（5）添加图片。添加图片包括插入图片、设置图片格式、调整图片位置等。图片的位置决定添加文本的位置。

（6）添加文本。文本的添加通过文本框实现，在 Word 2016 中，文本框分为横排和竖排两种。添加文本包括插入文本框、设置文本框的填充效果及边框效果、输入文本并格式化。

3.4.4　任务实施

1.新建空白文档并保存

步骤：同前述操作方法，新建空白文档并以"小报.docx"为文件名保存文档。

2.设置页面格式

步骤 1：设置纸张大小、纸张方向、页边距。同前述操作方法，打开"页面设置"对话框，按任务要求进行设置。

步骤 2：设置页面背景。选择"页面布局"选项卡→"页面背景"组→"页面颜色"按钮，在弹出的下拉列表中选择"其他颜色(M)…"选项，打开"颜色"对话框，选择"自定义"选项卡，设置"红色(R):"右侧数码框中的值为"253"、"绿色(G):"右侧数码框中的值为"224"、"蓝色(B)"右侧数码框中的值为"119"，如图 3-241 所示，完成设置后，单击"确定"按钮。

图 3-241　自定义页面背景颜色

步骤 3：设置页面边框。选择"页面布局"选项卡→"页面背景"组→"页面边框"按钮，打开"边框和底纹"对话框，选择"页面边框(P)"选项卡，设置"艺术型(R):"下拉列表框中的值为松树；在"预览"区，依次单击上框线按钮、左框线按钮、右框线按钮，取消上、左、右边框；设置"应用于(L):"下拉列表框中的值为"整篇文档"，如图 3-242 所示。完成设置后，单击"确定"按钮。添加页面边框后，页面的效果如图 3-243 所示。

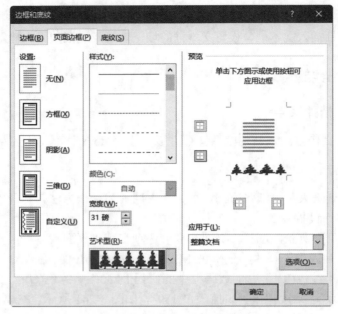

图 3-242　自定义页面艺术型边框

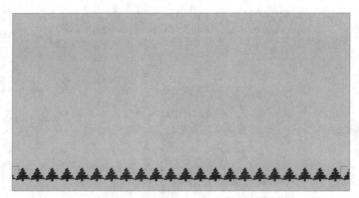

图 3-243　添加边框后的页面效果

3.添加形状

（1）添加"波形"形状。

步骤 1：绘制形状。选择"插入"选项卡→"插图"组→"形状"按钮，在弹出的下拉列表"星与旗帜"组中选择"波形"形状样式，如图 3-244 所示。鼠标指针变为十字指针＋后，按下鼠标左键，从左上角拖至右下角，绘制水平方向的"波形"形状，效果如图 3-245 所示。

图 3-244　选择"星与旗帜"组的"波形"形状样式

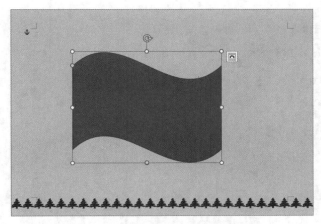

图 3-245 绘制"波形"形状后的效果图

　　步骤 2：设置形状的高度、宽度及旋转角度。单击选定形状，分别选择"绘图工具"选项卡→"格式"子选项卡→"大小"组→"形状高度"、"形状宽度"按钮，设置"高度"的值为"11.2 厘米"、"宽度"的值为"14.6 厘米"，如图 3-246 所示；选择"大小"组右下角的启动按钮，打开"布局"对话框，在"大小"选项卡中，设置"旋转(T):"右侧数码框中的值为"80°"，如图 3-247 所示。完成设置后，单击"确定"按钮，将形状拖至合适的位置，效果如图 3-248 所示。

图 3-246 设置"高度"和"宽度"

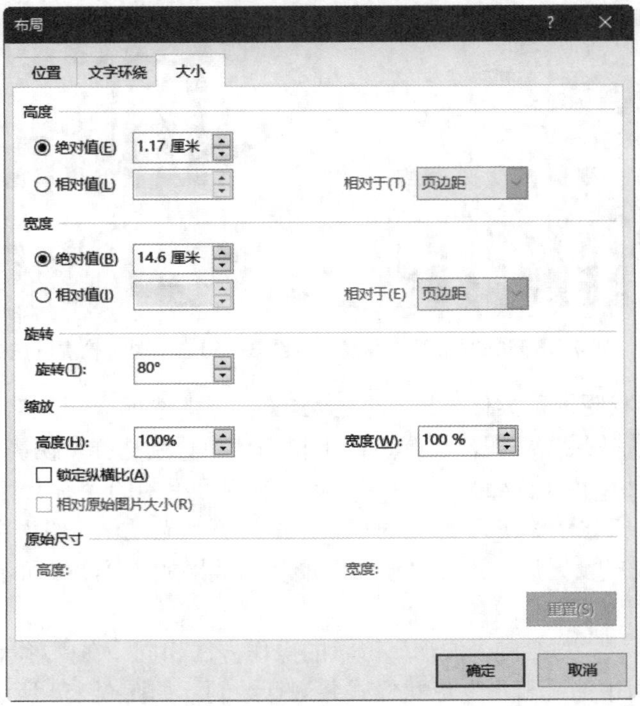

图 3-247 设置旋转角度

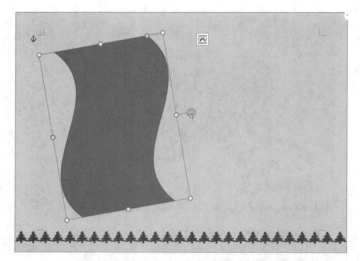

图 3-248　设置形状高度、宽度及旋转角度后的效果图

步骤 3：设置边框，填充效果。分别选择"绘图工具"选项卡→"格式"子选项卡→"形状样式"组→"形状填充"、"形状轮廓"按钮，在"形状填充"按钮的下拉列表中选择"主题颜色"组中"蓝色，个性色 1，淡色 80%"色块，如图 3-249 所示；在"形状轮廓"按钮的下拉列表中选择"无轮廓(N)"选项，如图 3-250 所示。

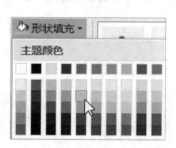

图 3-249　"形状填充"按钮下拉列表

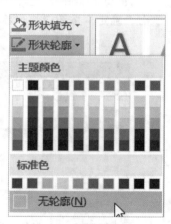

图 3-250　"形状轮廓"按钮下拉列表

步骤 4：设置形状阴影及柔化效果。选择"绘图工具"选项卡→"格式"子选项卡→"形状样式"组→"形状效果"按钮，在弹出的下拉列表中分别选择"阴影(S)"和"柔化边缘(E)"选项；在"阴影(S)"选项的子菜单中选择"透视"组中的"右上对角透视"选项，如图 3-251 所示；在"柔化边缘(E)"选项的子菜单中选择"无柔化边缘"中的"10 磅"选项，如图 3-252 所示。完成设置后，添加"波形"形状的效果如图 3-253 所示。

（2）添加"云形"形状。

步骤 1：绘制形状。与绘制"波形"形状的操作方法相同。在"形状"按钮下拉列表中选择"基本形状"组中的"云形"形状样式并进行绘制，如图 3-254 所示。

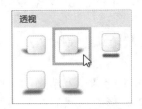

图 3-251　"右上对角透视"选项　　　图 3-252　"柔化边缘"子菜单选项

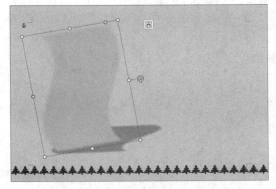

图 3-253　添加"波形"形状的效果图

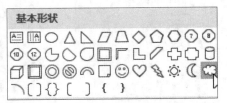

图 3-254　"基本形状"组中的"云形"形状样式

步骤 2：打开"设置形状格式"窗格。与设置"波形"形状填充效果的操作方法相同，选择"形状填充"按钮下拉列表中的"渐变(G)"选项，在其子菜单中选择"其他渐变(M)…"选项，如图 3-255 所示，打开"设置形状格式"窗格，如图 3-256 所示。

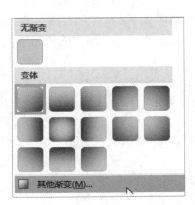

图 3-255　"其他渐变(M)…"选项

图 3-256　"设置形状格式"窗格

步骤 3：设置填充效果。在"设置形状格式"窗格的"填充"区中，选择"渐变填充(G)"选项，设置"类型(Y)"右侧下拉列表框中的值为"线性"、"方向(D)"右侧下拉列表框中的值为"线性对角-左上到右下"；在"渐变光圈"中，单击选中最左侧光圈，设置"颜色(C)"右侧下拉列表框中的值为"标准色，黄色"，删除中间两个光圈，选中最右侧光圈，设置"颜色(C)"右侧下拉列表框中的值为"主题颜色，绿色，个性色 6，深色 25%"。完成设置后，窗格状态如图 3-257 所示。

步骤 4：设置形状轮廓效果。与设置"波形"形状轮廓的操作方法相同，在"形状轮廓"按钮的下拉列表中选择"无轮廓(N)"选项。

步骤 5：设置形状大小。与设置"波形"形状大小的操作方法相同，设置"云形"形状的高度为"6.9 厘米"、宽度为"12.5 厘米"。添加"云形"形状后的效果如图 3-258 所示。

图 3-257　设置渐变填充

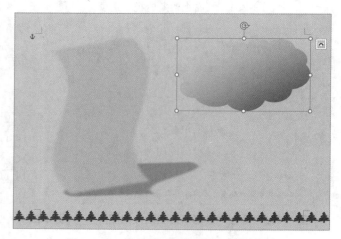

图 3-258　添加"云形"形状后的效果图

步骤 6：复制"云形"形状。单击选定"云形"形状，按下"复制"命令【Ctrl+C】组合键，再按下"粘贴"命令【Ctrl+V】组合键。

步骤 7：设置复制"云形"形状的填充效果。在"设置形状格式"窗格的"填充"区中，修改"渐变光圈"，选中左侧光圈，设置"颜色(C)"右侧下拉列表框的值为"主题颜色，白色，背景 1"，选中右侧光圈，在"颜色(C)"右侧下拉列表框中选择"其他颜色(M)…"，打开"颜色"对话框，在"标准"选项卡中选择"颜色(C)："第 9 行从右往左数第 3 个色块，如图 3-259 所示，完成设置后，单击"确定"按钮。复制"云形"形状的填充效果如图 3-260所示。

步骤 8：制作阴影效果。按键盘上的上（↑）、下（↓）、左（←）、右（→）方向键，移动上层"云形"形状与下层"云形"形状形成阴影效果，按下【Shift】键，单击下层"云形"形状，同时选定上下层形状，选择"绘图工具"选项卡→"格式"子选项卡→"排列"组→"组合"按钮，在弹出的下拉列表中选择"组合(G)"选项，如图 3-261 所示，将两个形状组合；参照小报样图，将组合后的形状移动至合适的位置，拖动旋转柄 沿顺时针方向旋转 10 度左右。完成设置后，添加"云形"形状后的效果如图 3-262 所示。

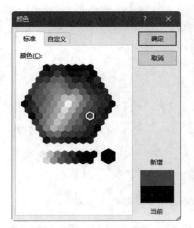

图 3-259　在"颜色"对话框中选择标准色

图 3-260　复制"云形"形状填充的效果图

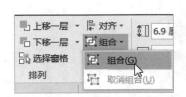

图 3-261　"组合"按钮下拉列表

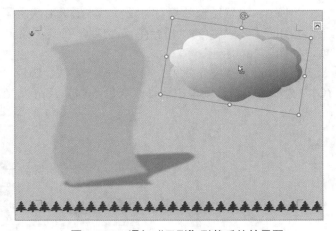

图 3-262　添加"云形"形状后的效果图

（3）添加"椭圆形标注"形状。

步骤 1：绘制形状。与绘制"波形"形状的操作方法相同，在"形状"按钮下拉列表中选择"标注"组中的"椭圆形标注"形状样式并进行绘制，如图 3-263 所示。

图 3-263　"椭圆形标注"形状样式

步骤 2：设置填充及边框效果。与设置"波形"形状填充效果的操作方法相同，选择"形状填充"按钮下拉列表中的"纹理(T)"选项，在其子菜单中选择系统预设的纹理效果"粉色纸巾"选项，如图 3-264 所示；选择"形状轮廓"按钮下拉列表中的"无轮廓"选项。"椭圆形标注"形状填充及隐藏边框后的效果如图 3-265 所示。

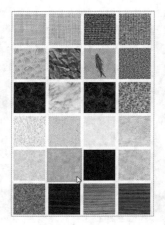

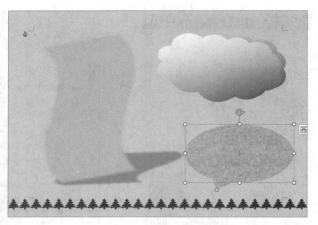

图 3-264 选择"粉色纸巾"选项　　图 3-265 "椭圆形标注"形状填充及隐藏边框后的效果图

步骤 3：设置棱台效果。与设置"波形"形状阴影效果的操作方法相同，选择"形状效果"按钮下拉列表中的"棱台(B)"选项，在其子菜单中选择"棱台"组中的"十字形"选项，如图 3-266 所示。

步骤 4：设置发光效果。同上述操作方法，选择"形状效果"按钮下拉列表中的"发光(G)"选项，在其子菜单中选择"灰色-50%，18pt 发光，个性色 3"选项，如图 3-267 所示。

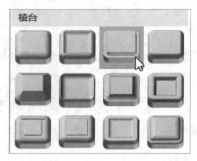

图 3-266 在"棱台"组中选择"十字形"选项

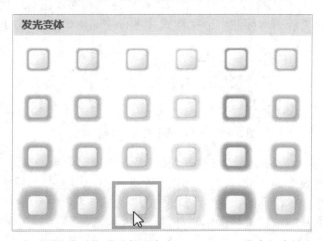

图 3-267 在"发光变体"中选择"灰色-50%，18pt 发光，个性色 3"选项

步骤 5：设置形状的高度、宽度及样式。参照任务样图，同前述操作方法，设置形状的高度为"5.9 厘米"、宽度为"9.6 厘米"；拖动旋转柄 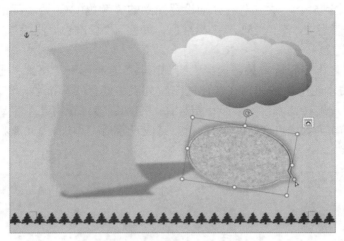 沿顺时针方向旋转 10 度左右；将鼠标指针移动到形状尖角黄色圆形标记处，当指针变为箭头 ▷ 形状时，按下鼠标左键拖动形状圆形标记，将其旋转到形状的右下角；将鼠标指针移动到形状上，鼠标变为十字指针时，按下鼠标左键拖动形状，将其移动至适当位置。完成设置后，添加"椭圆形标注"形状后的效果如图 3-268 所示。

图 3-268 添加"椭圆形标注"形状后的效果图

4.添加艺术字

（1）制作"大熊猫"艺术字。

步骤 1：选择艺术字样式。选择"插入"选项卡→"文本"组→"艺术字"按钮，在弹出的下拉列表框中选择"填充-橙色，着色 2，轮廓-着色 2"样式，如图 3-269 所示。

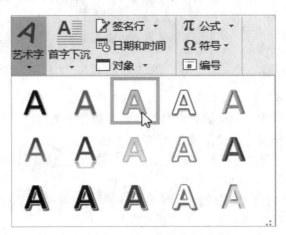

图 3-269 "艺术字"样式

步骤 2：设置艺术字文本格式。将"请在此放置您的文字"修改为"大熊猫"，选定"大熊猫"三个字，设置字体为"华文行楷"，设置字号为"60"（在"开始"选项卡"字体"

组的"字号"下拉列表框中直接输入"60"即可)。

　　步骤3:设置艺术字渐变填充效果。选择"绘图工具"选项卡→"格式"子选项卡→"艺术字样式"组→"文本填充"按钮,在弹出的下拉列表中选择"渐变(G)"选项,在"渐变(G)"选项的子菜单中选择"其他渐变(M)…"选项,打开"设置形状格式"窗格,如图3-270所示。与设置"云形"形状填充效果的操作方法相同,设置"类型(Y)"为"线性"、"方向(D)"为"线性对角-左上到右下";在"渐变光圈"中,选中左侧光圈,单击"添加光圈"按钮▯,使光圈增至5个,从左至右分别设置光圈的"颜色(C)"为"标准色,深红"、"主题颜色,橙色,个性色2,深色25%"、"标准色,黄色"、"标准色,浅绿"、"标准色,蓝色",拖动光圈到适当位置。

　　步骤4:设置艺术字轮廓效果。选择"绘图工具"选项卡→"格式"子选项卡→"艺术字样式"组→"文本轮廓"按钮,在弹出的下拉列表中选择"标准色,红色"。

　　步骤5:移动及旋转艺术字。参照小报样图,拖动旋转标记将艺术字旋转一定角度,用鼠标拖动艺术字将其移动到波形图的左上角。完成设置后,添加 "大熊猫"艺术字后的效果如图3-271所示。

图3-270　设置艺术字渐变填充

图3-271　添加"大熊猫"艺术字后的效果图

　　(2)制作"学习屋"艺术字。

　　步骤1:选择艺术字样式并格式化。与制作"大熊猫"艺术字的操作方法相同,在艺术字样式列表中选择"渐变填充-金色,着色4,轮廓着色4"选项,如图3-272所示,将"请在此放置您的文字"修改为"学习屋";设置字体为"宋体"、字号为"72";在"设置形状格式"窗格中,选择"渐变填充(G)"选项,在"预设颜色(R):"右侧下拉列表框中选择"顶部聚光灯-个性色2"选项,如图3-273所示;设置"类型(Y):"为"线性"、"方向(D):"为"线性对角-右下到左上";设置艺术字轮廓颜色为"标准色,深红"。完成设置后,艺术字"学习屋"的效果如图3-274所示。

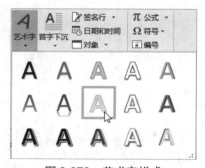

图3-272　艺术字样式

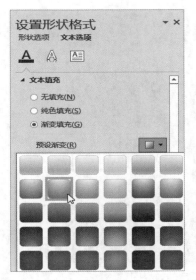

图 3-273　选择"顶部聚光灯-个性色 2"选项　　　　图 3-274　艺术字"学习屋"的效果图

　　步骤 2：设置艺术效果。选定艺术字"学习屋"，选择"绘图工具"选项卡→"格式"子选项卡→"艺术字样式"组→"文本效果"按钮，在弹出的下拉列表中选择"转换(T)"选项，如图 3-275 所示，在"转换"选项子菜单的"弯曲"组中选择"顺时针"选项，如图 3-276 所示。

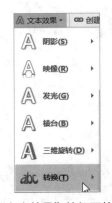

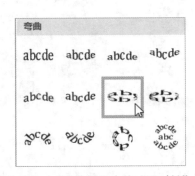

图 3-275　"文本效果"按钮下拉列表　　图 3-276　"弯曲"组中的"顺时针"选项

　　步骤 3：移动艺术字。参照小报样图，拖动艺术字"学习屋"到三个形状中间。完成设置后，添加艺术字"学习屋"后的效果如图 3-277 所示。

5.添加图片

　　（1）添加"雪花.png"图片。

　　步骤 1：插入图片。在文档页面单击鼠标，与任务 3.2 插入图片的操作方法相同，打开"插入图片"对话框，在本书提供的"任务 3.4 资源"文件夹中选中"雪花.png"图片，如图 3-278 所示，单击"插入"按钮。

图 3-277　添加艺术字"学习屋"后的效果图

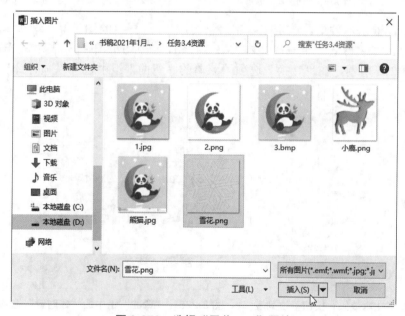

图 3-278　选择"雪花.png"图片

　　步骤 2：调整图片大小并复制。选定雪花图片，选择"图片工具"选项卡→"格式"子选项卡→"排列"组→"环绕文字"按钮，在弹出的下拉列表中选择"浮于文字上方(N)"选项，如图 3-279 所示，使图片浮于艺术字和"云形"形状上层；与任务 3.2 调整图片大小的操作方法相同，设置图片的高度为"2.5 厘米"；右击雪花图片，在弹出的快捷菜单中选择"复制(C)"命令，连续按下 4 次"粘贴"命令【Ctrl+V】组合键，复制四张雪花图片。

　　步骤 3：制作雪花背景效果。将 5 个"雪花"图片拖至相应的位置，分别选定每张"雪花"图片，同上述操作方法，在"环绕文字"按钮下拉列表中选择"衬于文字下方(D)"选项，如图 3-280 所示。

图 3-279　"浮于文字上方(N)"选项　　图 3-280　"衬于文字下方(D)"选项

（2）添加"熊猫.jpg"图片。

步骤 1：插入图片并使图片浮于文字上方。与插入"雪花.png"图片的操作方法相同，插入由本书提供的"任务 3.4 资源"文件夹中的"熊猫.jpg"图片；设置图片浮于文字上方。

步骤 2：调整图片大小、取消图片背景。参照小报样图，选定图片，拖动熊猫图片右下角控制柄调整图片至适当大小，选择"绘图工具"选项卡→"格式"子选项卡→"调整"组→"删除背景"按钮，删除熊猫图片背景，将图片做适当的旋转并移动至"波形"形状的左下角。完成设置后，添加"雪花"图片和"熊猫"图片后的效果如图 3-281 所示。

图 3-281　添加"雪花"和"熊猫"图片后的效果图

（3）添加"小鸟"与"鸭子"图片。

步骤 1：复制"小鸟"图片。在本书提供的"任务 3.4 资源"文件夹中选择"任务 3.4 效果图及素材.docx"文档，双击打开，单击选中"小鸟"图片，如图 3-282 所示，按【Ctrl+C】快捷键复制图片，将窗口切换至"小报.docx"文档窗口，按下【Ctrl+V】快捷键将"小鸟"图片粘贴到文档"小报.docx"中。

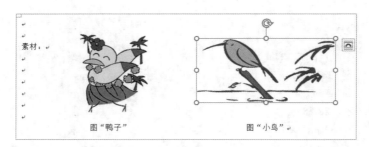

图 3-282   选中文档中的"小鸟"图片

步骤 2：调整"小鸟"图片大小及位置。选定图片，参照小报样图，同前述操作方法，设置"小鸟"图片浮于文字上方，拖动图片右下角控制柄调整大小，进行适当旋转，移动至"云形"形状右上角。添加小鸟图片后的效果如图 3-283 所示。

图 3-283   添加小鸟图片后的效果图

步骤 3：添加"鸭子"图片。将窗口切换至"任务 3.4 效果及素材.docx"文档窗口，单击选定"鸭子"图片，如图 3-284 所示，与复制"小鸟"图片的操作方法相同，将"鸭子"图片复制到"小报.docx"文档中，调整大小，并将其移动至"椭圆形标注"形状的右下角。参照小报样图，调整各个对象位置以达到最佳效果，添加"小鸟"、"鸭子"图片后的效果如图 3-285 所示。

图 3-284   选中文档中的"鸭子"图片

图 3-285　添加"小鸟"、"鸭子"图片后的效果图

6.添加文本

在形状中添加的文本，方向会随着形状的旋转而旋转，应用"文本框"可解决文本方向问题。

（1）在"波形"形状上添加文本。

步骤 1：在"形波"形状上绘制文本框。选择"插入"选项卡→"文本"组→"文本框"按钮，在弹出的下拉列表中选择"绘制文本框(D)"选项，如图 3-286 所示，当鼠标指针变为十字指针时，按下鼠标左键，从"波形"形状左上角拖至右下角，在形状上绘制一个横排文本框。

步骤 2：设置文本框填充效果。单击文本框边框，选定文本框，选择"绘图工具"选项卡→"格式"子选项卡→"形状样式"组→"形状填充"按钮，在弹出的下拉列表中选择"无填充颜色(N)"选项，文本框呈透明状，完成设置后的效果如图 3-287 所示。

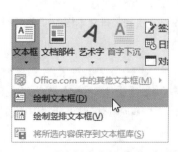

图 3-286　"绘制文本框(D)"选项

图 3-287　在"波形"形状上添加文本框后的效果图

步骤 3：在文本框中输入文本并格式化。同任务 3.2 复制文本的操作方法，将"任务 3.4 效果图及素材.docx"文档中与大熊猫相关的文本复制到文本框中；选定文本框，设置文本字体为"楷体"、字号为"17"、行距为"多倍行距"、设置值为"1.2"。

步骤 4：调整文本缩进与换行。为使文本宽度与下面的形状相吻合，将文本左边缩进用空格填充，右边缩进通过手动换行实现。

步骤 5：删除"文本框"边框。选定文本框，选择"绘图工具"选项卡→"格式"子选项卡→"形状样式"组→"形状轮廓"按钮，在弹出的下拉列表中选择"无轮廓(N)"选项。在"波形"形状上添加文本后的效果如图 3-288 所示。

（2）在"云形"形状上添加文本。

步骤：选择"插入"选项卡→"文本"组→"文本框"按钮，在弹出的下拉列表中选择"绘制竖排文本框(V)"选项，如图 3-289 所示。在"云形"形状上绘制竖排文本框的操作方法与在"波形"形状上绘制文本框的操作方法相同，重复在"波形"形状中添加文本的步骤 2 至步骤 5。设置文本框的填充效果，将"任务 3.4 效果图及素材.docx"文档中有关"小鸟"的文本复制到文本框中并格式化，隐藏文本框边框。完成设置后，在"云形"形状上添加文本后的效果如图 3-290 所示。

说明：在竖排文本框中，文本上面的缩进用空格填充，下面的缩进通过手动换行实现。

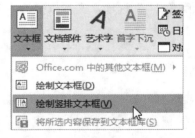

图 3-288　在"波形"形状上添加文本后的效果图　　　图 3-289　"绘制竖排文本框(V)"选项

（3）在"椭圆形标注"形状中添加文本。

步骤：单击"椭圆形标注"形状，插入符定位在形状中，输入"任务 3.4 效果图及素材.docx"文档中有关"直接在形状中添加文本:"的内容，选定文本，设置文本对齐方式为"左对齐"；按任务要求，分别选定标题和内容并格式化。完成设置后，"椭圆形标注"形状中添加文本后的效果如图 3-291 所示。

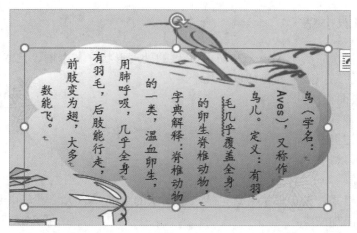

图 3-290 在"云形"形状上添加文本后的效果图

图 3-291 "椭圆形标注"形状添加文本后的效果图

说明：输入文本时，"椭圆形标注"形状呈水平状态，添加文本后，在形状外单击鼠标，文字随形状旋转，直至恢复到形状原始设置状。完成制作后的小报效果如图 3-292 所示。

图 3-292 完成制作后的小报效果图

3.4.5 知识小结

制作电子小报，应用了 Word 2016 中提供的处理形状、文本框、艺术字、图片四种对象的功能，涉及的知识点主要包括以下几个。

（1）设置页面格式。
①设置页面背景。
②设置页面边框。
（2）添加形状。
①绘制形状。
②设置形状格式。设置形状格式包括设置形状的边框、形状的填充和形状的艺术效果。
③在形状中添加文本。
④多个形状的组合。
（3）添加文本框。
①插入文本框。插入文本框包括插入横排文本框和竖排文本框。
②设置文本框格式。设置广西框格式包括设置文本框的边框和文本框的填充。
（4）添加艺术字。
①插入艺术字。
②设置艺术字格式。包括：艺术字的字体、字号、文本的填充、文本的边框、艺术效果。
（5）添加图片。
①插入图片。
②设置图片格式。设置图片格式包括设置图片大小、上下层位置和去除图片背景。

3.4.6 实战练习

应用本书提供的素材，独立完成任务 3.4 中电子小报的制作。要求制作过程中思路清晰、操作熟练，完成效果与样稿的效果一致。

3.4.7 拓展练习

自己在网上搜索一些电子小报样例，认真分析，综合所学知识完成样例的制作。制作过程中，可以互相讨论，也可以上网查阅相关知识和操作技能。

任务 3.5 信函制作

3.5.1 任务能力提升目标

·深入理解 Word 2016 提供的页面布局功能，熟练掌握并灵活应用自定义纸张大小、添加页面边框、添加页面背景等功能。

· 熟练掌握并灵活应用在文本框中插入图片、表格，设置图片、表格属性等功能。

· 熟练掌握并灵活应用文字双行合一、调整文字宽度等功能。

· 熟练掌握并灵活应用插入日期、插入文档对象、插入横线、插入符号等功能。

· 熟练掌握使用通配符和特殊字符进行查找和替换的操作方法。

· 理解数据源、主文档、邮件合并等概念，熟练掌握并灵活应用选择数据源、将数据源与主文档关联、根据规则插入域、修改域代码、邮件合并等功能，并灵活应用邮件合并功能制作标签。

3.5.2 任务内容及要求

王丽是一所学校二年级（1）班的班主任，新年到了，王老师想给班里每个学生的家长发一封贺卡，贺卡的内容包括两部分，一部分内容表示对家长的新年祝贺以及感谢家长对自己一年来工作的支持，一部分内容向家长汇报孩子一年的学习情况，贺卡样图如图 3-293 所示；因为有些学生是外地的，贺卡需邮寄给家长，王老师还需制作信封标签，信封标签样图如图 3-294 所示。

图 3-293 贺卡样图

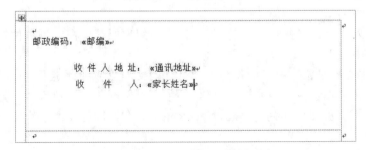

图 3-294 信封标签样图

制作贺卡及标签的要求如下。

（1）页面。纸张大小：设置纸张的高度为 18 厘米，宽度为 26 厘米，方向为横向，上、下、左、右页边距均为 2.5 厘米。

（2）页面背景。页面背景为本书"邮件合并素材"文件夹中文件名为"背景图片 2.jpg"的图片，以及带阴影的边框，边框的粗细为"1 磅"，颜色为"橙色，强调文字颜色 6，深色 25%"；纸张中间的分隔线将纸张分为左右等宽的两部分，线的长度为"16.2 厘米"，颜色与页面边框同色。

（3）贺卡左半区域。

①插入名称为"good luck"的剪贴画，参考样图，适当调整大小及位置，使其在左半区域上部居中对齐，将图片颜色设置为"橙色，强调文字颜色 6，浅色"。

②插入艺术字"恭贺新禧"，艺术字的色彩风格与图片匹配，字体为"华文行楷"，字号大小与图片大小匹配，位置在图片中部。

③在图片下方插入文本框，输入文字内容，字体为"微软雅黑"，颜色为"标准色，深蓝"，适当调整字号大小、对齐方式，调整文本框的大小和位置，以达到样例效果。

④隐藏文本框。

（4）贺卡右半区域。

①插入文本框，设置文本框的高度为"12.6 厘米"、宽度为"9.6 厘米"，页面上下"居中"对齐、水平方向"右"对齐；参考样图，以下操作均在文本框中完成。

②插入本书"邮件合并素材"文件夹中名称为"logo1.jpeg"的图片，适当调整图片大小及颜色，与贺卡主色调搭配。

③输入文本"学生综合考核成绩 2020 年"，设置字体为"微软雅黑"，颜色为"红色，文字强调颜色 2"，应用"加粗"效果，在"学生综合考核"后面插入竖线"｜"符号，将文字"成绩 2020 年"双行显示，"成绩"显示在上方，"2020 年"显示在下方。

④插入一个 8 行 4 列的表格，设置表格宽度为文本框宽度的 100%；表格可选文字的标题属性为"学生综合考核成绩单"；边框颜色为"橙色，强调文字颜色 6，50%"；参照样图设置表格样式。

⑤按照样图，在单元格中输入文本，字体为"微软雅黑"，颜色为"标准色，深蓝"，所有单元格的内容都设置为水平居中对齐，适当调整表格中文字的大小、段落格式以及表格行高，使表格能够显示在文本框中。

⑥在 D8 单元格中插入文档对象，文件为本书"邮件合并素材"文件夹中名称为"成绩评定册.docx"的文件。

⑦为贺卡插入"空白（三栏）"式页脚，删除中间占位符，在左侧占位符中输入电话号码，右侧占位符中插入可以自动更新的日期。

（5）格式化文档对象，以下操作全部在打开的文档"成绩评定册.docx"中进行。

①设置标题文字"学生成绩考核文件"，颜色为"标准色，红色"，字号为"32"，中文字体为"微软雅黑"，英文字体为"Times New Roma"，在标题行中"分散对齐"，并应用"加粗"效果。

②在标题文字下方插入水平横线（注意不要使用形状中的直线），将横线的颜色设置为"标准色，红色"，粗细为"2 磅"；将标题文字和下方水平横线都设置为左侧和右侧各缩进"－1.5 字符"。

③设置标题文字"学生成绩考核管理办法"为"标题"样式。

④设置所有蓝色的文本为"标题 1"样式，将手工输入的编号（如"第一章"）替换为自动编号（如"第 1 章"）；设置所有的绿色文本为"标题 2"样式，并修改样式字号为"小四号"，将手工输入的编号（如"第一条"）修改为自动编号（如"第 1 条"），在每一章中重新编号；各级标题自动编号后以空格代替制表符与编号后的文本隔开。

⑤删除文档中的所有空行，保存此文件，并为此文件保存副本，文件名为"成绩评定册已格式化"（扩展名为.docx），然后关闭此文档。

⑥修改插入的文件对象"成绩评定册.docx"下方的题注文字为"评分标准.docx"

（6）将"邮件合并素材"文件夹下"学生考核成绩.xlsx"文件中的数据自动添加到贺卡中，要求如下。

①贺卡左侧区域，家长姓名根据"学生考核成绩.xlsx"中家长姓名自动添加，姓名后的"先生/女士"根据家长的性别自动添加。

②贺卡右侧区域，空单元格中的内容根据"学生考核成绩.xlsx"中与左侧单元格对应的数据项自动添加，添加后"综合成绩"保留一位小数，"是否达标"右侧单元格根据"综合成绩"大于或等于 70 分，则显示"合格"，否则显示"不合格"自动添加。

③将每张贺卡保存在一个 Word 2016 文档中，以"合并文档.docx"为文件名保存。

（7）学生来自全国各地，需制作包含邮寄地址的标签，标签要求如下。

①在 A4 纸上制作名称为"地址的"标签，标签宽为 13 厘米、高为 4.6 厘米，标签距纸张上边距为 0.7 厘米、左边距为 2 厘米，标签之间的间隔为 1.2 厘米，每页 A4 纸上打印 5 个标签，以"标签主文档.docx"为名进行保存。

②按照"标签样例.jpg"图片要求，在标签主文档中输入相关内容，其中"收件人地址"和"收件人"两组文字均占 7 个字符宽度，"收件人地址"和"收件人"内容根据"学生考核成绩.xlsx"文件为相应数据自动添加，并进行适当的排版。

③仅为上海和北京的学生制作标签，这些标签保存在一个 Word 2016 文档中，以"标签.docx"为文件名进行保存。

3.5.3　任务分析

贺卡、公函、邀请函等文档有一个共同的特性，除发送的对象不同，内容完全相同。以前我们只能将相同的内容打印多份，手工填写收件人，人数越多，工作量越大。应用 Word 2016 提供的邮件合并功能，可以解决我们手工填写的问题，不仅节省了大量的人力，还节省了大量的时间。

应用邮件合并功能，需要创建数据源及主文档。数据源类似通信录，是一个 Excel 工作表或具有一定格式的 Word 2016 文档，是邮件合并时提供数据的文档，独立于主文档；主文档是没有填写收件人信息的贺卡、公函或邀请函等的 Word 2016 文档，完成邮件合并前需制作主文档。Word 2016 为邮件合并各个环节提供了相应的功能。

数据源"学生考核成绩.xlsx"文件已保存在本书提供的"邮件合并素材"文件夹中，王丽老师按照如下操作可顺利完成此项任务。

1.创建主文档

主文档是邮件合并必备的文档，其内容是贺卡主体，主要包括以下操作。

（1）新建 Word 2016 文档，以"贺卡主文档.docx"为名保存文档。

（2）页面设置。设置纸张大小，添加边框及背景，添加竖分隔线。

（3）制作左半区域的内容。插入图片、艺术字，设置其格式及布局效果；插入文本框，输入文本并格式化，调整文本框的位置，隐藏文本框。

（4）制作右半区域的内容。插入文本框，设置文本框大小及位置；在文本框中插入图片，设置图片大小、颜色效果；在文本框中输入文本并格式化；在文本框中插入表格，对表格进行设置；在单元格中输入文本并格式化，设置单元格对齐方式。

（5）在单元格中插入文档对象"成绩评定册.docx"，设置文档属性，隐藏文本框。

（6）为贺卡插入"空白（三栏）"式页脚，并编辑页脚。

2.格式化文档对象"成绩评定册.docx"

可以通过主文档的链接打开文档对象并格式化，包括以下操作。

（1）打开文档对象"成绩评定册.docx"，按任务要求设置标题格式，插入横线并设置其格式，设置标题及横线的左右缩进。

（2）设置章、条标题格式，删除手工输入的编号，添加自动编号，修改编号与标题之间的分隔符。

（3）修改 D8 单元格中文档对象"成绩评定册.docx"下方的题注文字。

3.邮件合并

应用 Word 2016 提供的邮件合并功能，给每个学生的家长制作一张贺卡，其操作如下。

（1）为主文档关联数据源。

（2）在主文档相应位置插入合并域。

（3）编辑域，完成邮件合并。

4.制作标签

应用 Word 2016 提供的邮件合并功能制作信函标签，其操作如下。

（1）根据任务要求，创建标签主文档。

（2）为标签主文档关联数据源。

（3）在标签主文档相应位置插入合并域。

（4）编辑收件人列表。

（5）完成邮件合并。

3.5.4　任务实施

1.创建贺卡主文档

（1）新建文档。

步骤：同前述操作方法，新建空白文档，以"贺卡主文档.docx"为名保存在"D:\贺卡"

文件夹中，主文档在此文件中完成。

（2）页面设置。

步骤 1：设置页边距及纸张大小。同前述操作方法，打开"页面设置"对话框，在"页边距"选项卡中，设置"纸张方向"为"横向(S)"，在"页边距"组中，设置"上(T):"、"下(B):"、"左(L):"、"右(R):"页边距的值均为"2.5 厘米"；选择"纸张"选项卡，在"纸张大小(R):"下拉列表框中选择"自定义大小"选项，设置"高度(E):"的值为"18 厘米"，"宽度(W):"的值为"26 厘米"，如图 3-295 所示，完成设置后单击"确定"按钮。

步骤 2：添加页面边框。选择"设计"选项卡→"页面背景"组→"页面边框"按钮，打开"边框和底纹"对话框，在"页面边框(P)"选项卡"设置:"组中选择"阴影(A)"选项，设置"颜色(C):"的值为"主题颜色，橙色，个性色 2，深色 25%"、"宽度(W):"的值为"1.0 磅"，如图 3-296 所示，完成设置后单击"确定"按钮。

图 3-295 自定义纸张大小

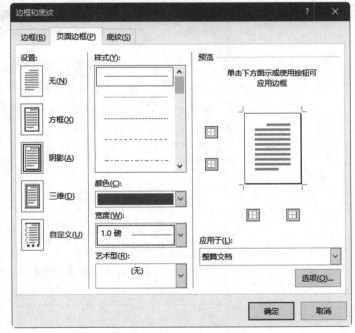

图 3-296 设置页面边框的效果

步骤 3：绘制页面分隔线。选择"插入"选项卡→"插图"组→"形状"按钮，在弹出的下拉列表中选择"线条"组中的"直线"形状，按下【Shift】键，同时按下鼠标左键从上往下拖动，绘制一条垂直直线；选择"绘图工具"选项卡→"格式"子选项卡→"大小"组，设置形状高度数码框的值为"16.2 厘米"，如图 3-297 所示；选择"绘图工具"选项卡→"格式"子选项卡→"形状样式"组→"形状轮廓"按钮，在弹出的下拉列表中选择"主题颜色，橙色，个性色 2，深色 25%"设置线条颜色。

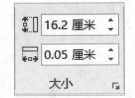

图 3-297 设置直线高度

步骤 4：设置直线居中对齐。选定直线，选择"绘图工具"选项卡→"格式"子选项卡→"排列"组→"位置"按钮，在弹出的下拉列表中选择"其他布局(L)..."选项，打开"布局"对话框，选择"位置"选项卡，在"水平"组中，设置"对齐方式(A)"的值为"居中"、"相对于(R)"的值为"页边距"；在"垂直"组中，设置"对齐方式(G)"的值为"居中"、"相对于(E)"的值为"页边距"，如图 3-298 所示，完成设置后，单击"确定"按钮，效果如图 3-299 所示。

图 3-298　设置直线在页面中居中对齐

图 3-299　直线分隔页面效果图

步骤5：添加页面背景。选择"设计"选项卡→"页面背景"组→"页面颜色"按钮，在弹出的下拉列表中选择"填充效果(F)…"选项，打开"填充效果"对话框，如图 3-300 所示，选择"纹理"选项卡，单击"其他纹理(O)…"按钮，打开"插入图片"对话框，在该对话中选择"从文件"选项，如图 3-301 所示，在打开的"选择纹理"对话框中选择"背景图片 2.jpg"文件，如图 3-302 所示，单击"插入(S)"按钮，返回"填充效果"对话框，对话框状态如图 3-303 所示，单击"确定"按钮，完成页面背景的填充，效果如图 3-304 所示。

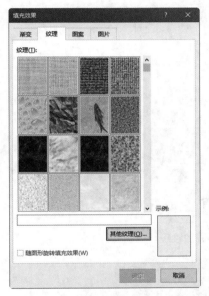

图 3-300 "填充效果"对话框

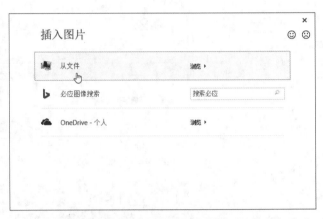

图 3-301 在"插入图片"对话框中选择"从文件"选项

图 3-302 选择纹理图片

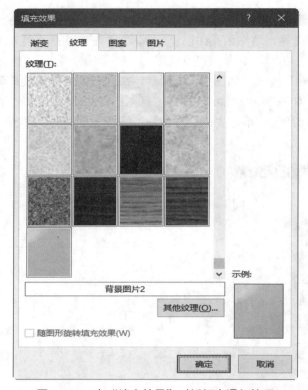

图 3-303　在"填充效果"对话框中添加纹理

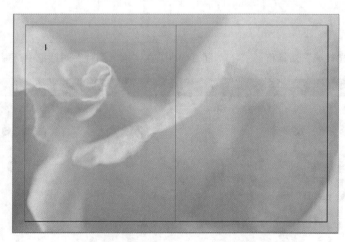

图 3-304　填充背景后的页面效果图

（3）编辑页面左半区域。

步骤 1：插入图片。同前述操作方法，在本书提供的素材中找到图片文件"花.bmp"，将图片插入左半区域。

步骤 2：调整图片大小及位置。选中图片，选择"图片工具"选项卡→"格式"子选项卡→"排列"组→"环绕文字"按钮，在弹出的下拉列表中选择"浮于文字上方(N)"选项，如图 3-305 所示；参考样图，拖动图片右下角的控制柄调整大小，拖动图片将其移动到适当的位置，效果如图 3-306 所示。

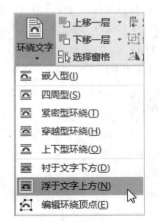

图 3-305 "浮于文字上方(N)"选项　　　　图 3-306 调整图片大小及位置后的效果图

　　步骤 3：图片重新着色。选择"图片工具"选项卡→"格式"子选项卡→"调整"组→"颜色"按钮，在弹出的下拉列表中选择"重新着色"组中的"橙色，个性色 2，浅色"，使图片颜色变为一种发红的颜色，如图 3-307 所示。添加图片后的效果如图 3-308 所示。

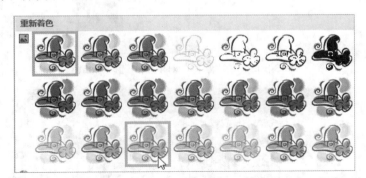

图 3-307 选择"重新着色"组中的"橙色，个性色 2，浅色"选项

图 3-308 添加图片后的效果图

步骤 4：插入艺术字。参考样图，同前述操作方法，选择"插入"选项卡→"文本"组→"艺术字"按钮，在弹出的下拉列表中选择"填充-金色，着色 4，轮廓-着色 4"样式，插入内容为"恭贺新喜"的艺术字；选中艺术字，设置艺术字的字体为"华文行楷"、字号为"48"，在"颜色"对话框中设置艺术字文本轮廓颜色为"橙色"，如图 3-309 所示；将艺术字拖到图片上合适的位置，添加艺术字后的页面效果如图 3-310 所示。

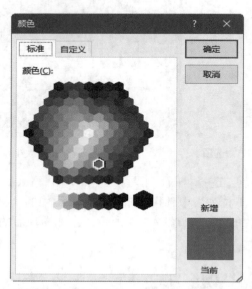

图 3-309　在"颜色"对话框中选择标准色

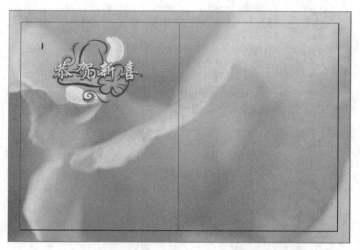

图 3-310　添加艺术字后的页面效果图

　　步骤 5：添加贺词。同前述操作方法，选择"插入"选项卡→"文本"组→"文本框"按钮，在弹出的下拉列表中选择"绘制文本框(D)"选项，在左半区域下方绘制文本框，参考在文本框中输入文本样例。

　　步骤 6：格式化贺词。选定所有文字，同前述操作方法，设置字体为"微软雅黑"、字号为"13"、颜色为"标准色，深蓝"；选定文字"新年快乐，万事如意！"，设置字号为"三号"、字形为"加粗",选择"开始"选项卡→"字体"组→"文本效果"按钮,在弹出的下拉列表中选择"填充-橙色,强调文字颜色 6,渐变轮廓-强调文字颜色 6",为文字添加艺术效果;使用空格调整所有文本的对齐方式,完成文字的添加,效果如图 3-311 所示。

图 3-311　添加贺词后的效果图

步骤 7:隐藏文本框边框。选定文本框,选择"绘图工具"选项卡→"格式"子选项卡→"形状样式"组→"形状轮廓"按钮,在弹出的下拉列表中选择"无轮廓(N)"选项,如图 3-312 所示。隐藏文本框边框,完成左半区域的制作,效果如图 3-313 所示。

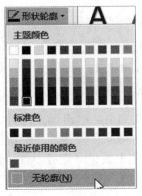

图 3-312　"无轮廓(N)"选项　　　图 3-313　页面左半区域制作完成后的效果图

（4）编辑页面右半区域。

步骤 1：设置编辑区。同前述操作方法，在右半区域绘制一个文本框。选定文本框，选择"绘图工具"选项卡→"格式"子选项卡→"大小"组，设置文本框的高度为"12.6 厘米"、宽度为"9.8 厘米"，如图 3-314 所示；选择"绘图工具"选项卡→"格式"子选项卡→"形状样式"组→"形状填充"按钮，在弹出的下拉列表中选择"无填充颜色(N)"选项；选择"绘图工具"选项卡→"格式"子选项卡→"排列"组→"位置"按钮，在弹出的下拉列表中选择"其他布局选项(L)..."选项，打开"布局"对话框，选择"位置"选项卡，在"水平"组，设置"对齐方式(A)"的值为"右对齐"、"相对于(R)"的值为"页边距"，在"垂直"组，设置"对齐方式(G)"的值为"居中"、"相对于(E)"的值为"页边距"，如图 3-315所示，完成设置后单击"确定"按钮，添加文本框后的效果如图 3-316 所示。

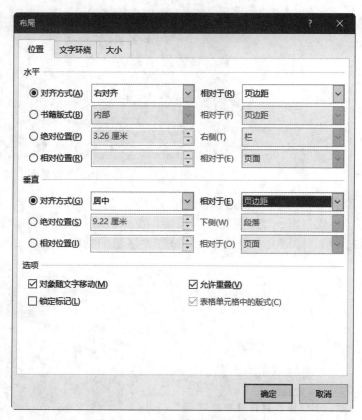

图 3-314　设置文本框大小　　　　图 3-315　设置文本框对齐方式

步骤 2：插入 logo 图片。同前述操作方法，在文本框起始位置插入文件名为"logo1.jpeg"的图片；参考样例，拖动图片右下角的控制柄，调整图片大小；单击选定图片，选择"图片工具"选项卡→"格式"子选项卡→"调整"组→"艺术效果"按钮，在弹出的下拉列表中选择"影印"选项，效果如图 3-317 所示，设置图片的艺术效果。完成设置后，图片应用"影印"后的效果如图 3-318 所示。

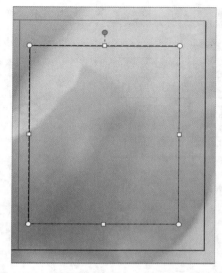

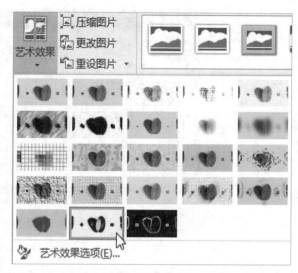

图 3-316 右半区域应用文本框后的布局效果图　　图 3-317 "艺术效果"按钮下拉列表中的"影印"选项

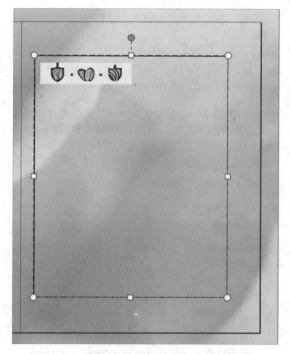

图 3-318 图片应用"影印"后的效果图

步骤 3：输入成绩表说明文字并插入字符"｜"。在图片下方输入表格说明文字"学生综合考核成绩 2020 年"；将插入符定位在文字"考核"后面，选择"插入"选项卡→"符号"组→"符号"按钮，在弹出的下拉列表中选择"其他符号(M)…"选项，打开"符号"对话框，在"符号(S)"选项卡中，设置"字体(F):"为"(普通文本)"、"子集(U):"为"制表符"，在下面的字符集中选择竖线字符"｜"，如图 3-319 所示，单击"插入(I)"按钮，插入字符"｜"，单击"关闭"按钮关闭"符号"对话框。

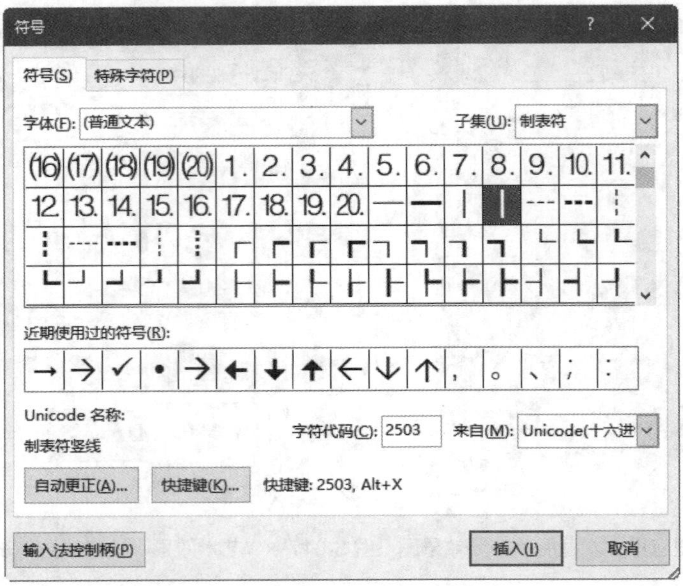

图 3-319　在"符号"对话框中选择插入"｜"符号

步骤 4：制作双行文字。选中文字"成绩 2020 年"，选择"开始"选项卡→"段落"组→
"中文板式"按钮，在弹出的下拉列表中选择"双行合一(W)…"选项，打开"双行合一"
对话框，如图 3-320 所示，在"预览"框中查看效果，符合要求，单击"确定"按钮。

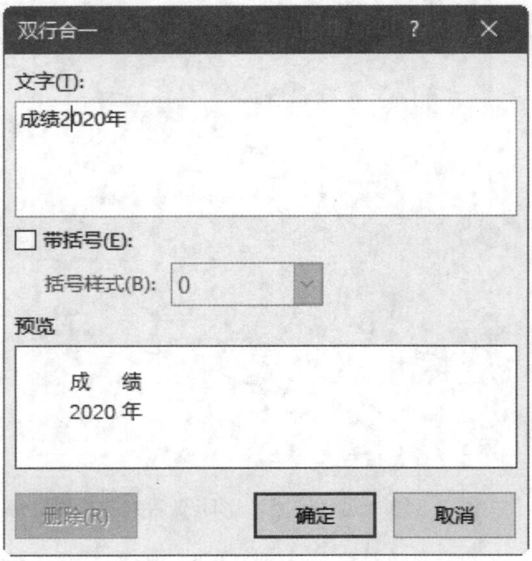

图 3-320　"双行合一"对话框

步骤 5：格式化成绩表说明文字。选定成绩表说明文字，设置字体为"微软雅黑"，字
形为"加粗"，文本颜色为"主题颜色，红色，强调文字颜色 2"；选定"学生综合考核"，
设置字号为"18"；选定字符"｜"，设置字号为"20"，选定双行合一文字"成绩 2020 年"，
设置字号为"16"。完成设置后，成绩表说明文字的效果如图 3-321 所示。

图 3-321　说明文字设置完成后的效果图

步骤 6：插入考核成绩表。同前述操作方法，选择"插入"选项卡→"表格"组→"表格"按钮，在弹出的下拉列表中选择一种插入表格的方法，在文本框中插入一个 8 行 4 列的表格；选定表格，打开"表格属性"对话框，在"表格(T)"选项卡"尺寸"组中选定"指定宽度(W)："复选框，在其右侧数码框中输入"100%"，"度量单位(M)："右侧下拉列表框的值自动变为"百分比"，如图 3-322 所示，单击"确定"按钮。完成设置后，插入表格后的效果如图 3-323 所示。

图 3-322　设置表格相对于文本框的宽度

步骤 7：设置表格样式。同前述操作方法，选定表格，打开"边框和底纹"对话框，选择"边框(B)"选项卡，设置"颜色(C)："为"主题颜色，橙色，个性色 6，深色 50%"，如图 3-324 所示；选定表格第 3 行，选择"表格工具"选项卡→"布局"子选项卡→"合并"组→"合并单元格"按钮，将单元格区域"A3:D3"合并为一个单元格，采用同样的操作方法，分别将单元格区域"A7:D7"、"C3:C6"、"D3:D6"均合并为一个单元格；选定第 3 行，选择"表格工具"选项卡→"设计"子选项卡→"边框"组→"边框"按钮，在弹出的下拉列表中分别选择"左框线(L)"、"右框线(R)"选项，如图 3-325 所示，取消第 3 行的左、右边框，采用同样的方法，取消第 7 行的左、右边框，完成设置后的表格效果如图 3-326 所示。

图 3-323　完成设置后的表格效果图

图 3-324　设置表格边框的颜色

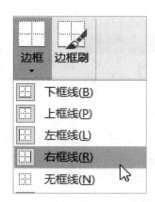

图 3-325 "左框线"、"右框线"选项

图 3-326 设置表格样式后的效果图

步骤 8：输入文本并格式化。参考样例，在单元格中输入相应的内容并选中，同前述操作方法，设置文本的字体为"微软雅黑"，字号为"五号"，颜色为"标准色，深蓝"；选定表格，选择"表格工具"选项卡→"布局"子选项卡→"对齐方式"组→"水平对齐"按钮，如图 3-327 所示，使单元格中的文本居中对齐，完成设置后的效果如图 3-328 所示。

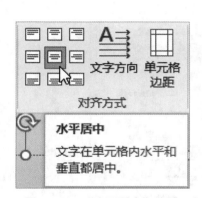

图 3-327 "水平居中"按钮

图 3-328 在表格中添加文本并格式化后的效果图

206 计算机应用实务

步骤 9：在单元格中插入文档对象。将插入符定位在"D8"单元格中，选择"插入"选项卡→"文本"组→"对象"按钮，在弹出的下拉列表中选择"对象(J)…"选项，打开"对象"对话框，在该对话框中选择"由文件创建(F)"选项卡，如图 3-329 所示，单击"浏览(B)…"按钮，打开"浏览"对话框，在该对话框中打开"邮件合并素材"文件夹，选择要插入的对象"成绩评定册.docx"文件，单击"插入"按钮，返回"对象"对话框，选中"显示为图标(A)"复选框，如图 3-330 所示，单击"确定"按钮，完成文档对象的插入，插入后的效果如图 3-331 所示。

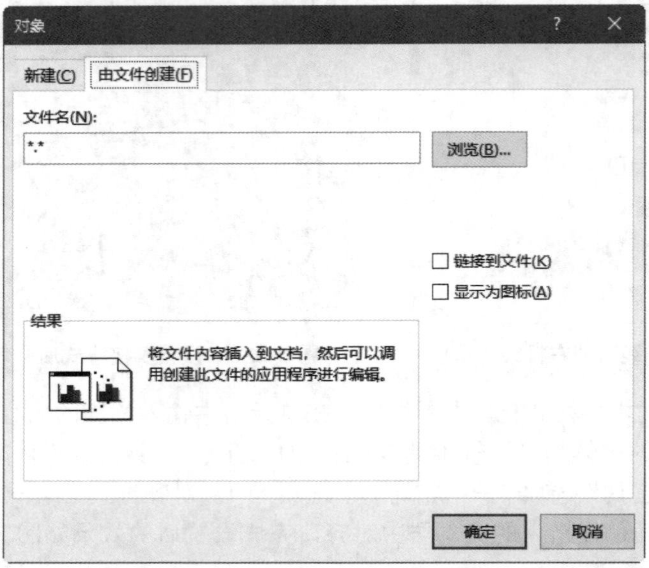

图 3-329 "由文件创建(F)"选项卡

图 3-330 选中"显示为图标(A)"复选框

步骤 10：完善右半区域。拖动表格右下角的控制柄，适当调整表格大小，使表格完全显示在文本框中；选中文本框，隐藏文本框边框，完成后右半区域的效果如图 3-332 所示。

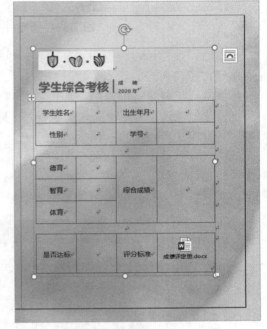

图 3-331　在 D8 单元格中插入文档对象的效果图　　　　图 3-332　右半区域制作完成后的效果图

（5）插入三栏式空白页脚。

步骤 1：选择页脚模板。选择"插入"选项卡→"页眉和页脚"组→"页脚"按钮，在弹出的下拉列表中选择"内置-空白（三栏）"页脚模板，如图 3-333 所示，单击选中中间"[在此键入]"占位符，按【Delete】键将其删除，删除后的页脚效果如图 3-334 所示。

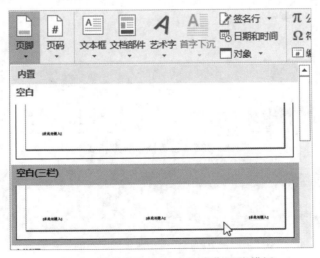

图 3-333　"内置-空白（三栏）"页脚模板

图 3-334　删除中间占位符后的效果图

　　步骤 2：在左侧占位符中添加内容。单击左侧占位符，输入"电话：010-12345678"，完成左侧占位符内容的输入。

　　步骤 3：在右侧占位符中添加内容。单击右侧占位符，选择"页眉和页脚工具"选项卡→"设计"子选项卡→"插入"组→"日期和时间"按钮，打开"日期和时间"对话框，在该对话框中设置"语言（国家/地区）(L)："为"英语（美国）"，在"可用格式(A)："下方列表框中选择用连字符连接的日期格式，选定"自动更新(U)"复选框，如图 3-335 所示，单击"确定"按钮，在右侧占位符插入可自动更新的日期，编辑页脚后的效果如图 3-336 所示。完成主控文档（贺卡）制作后的效果如图 3-337 所示。

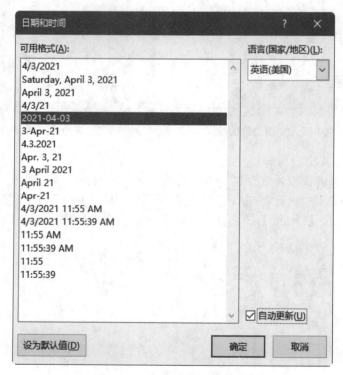

图 3-335　设置插入日期格式

图 3-336　在页脚占位符中添加内容后的效果图

图 3-337　完成主控文档（贺卡）制作后的效果图

2. 格式化文档对象

（1）制作文件头。

步骤 1：设置文件抬头的文字格式。在 D8 单元格中选中文档对象，双击打开"成绩评定册.docx"文件，选定文件抬头文字"学生成绩考核文件"，打开"字体"对话框，设置"中文字体(T)："为"微软雅黑"、"西文字体(F)："为"Times New Roman"、"字体颜色(C)："为"标准色，红色"、"字号(S)："为"32"、"字形(T)："为"加粗"，如图 3-338 所示，单击"确定"按钮；选择"开始"选项卡→"段落"组→"分散对齐"按钮，设置标题对齐方式为"分散对齐"，完成设置后的效果如图 3-339 所示。

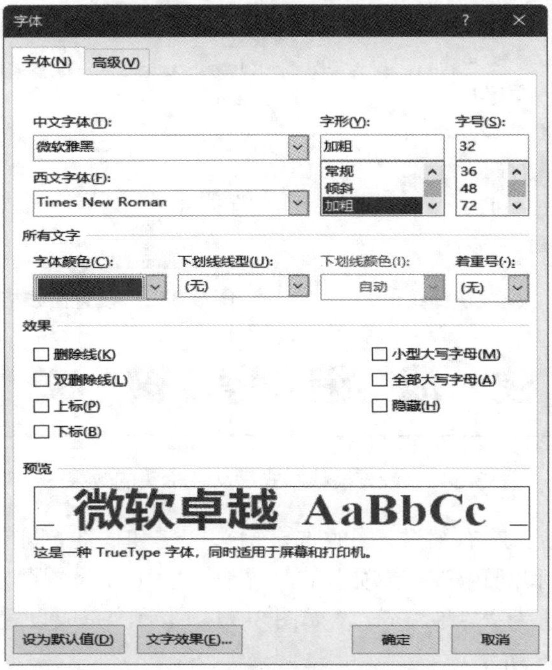

图 3-338　设置文件抬头的文字格式

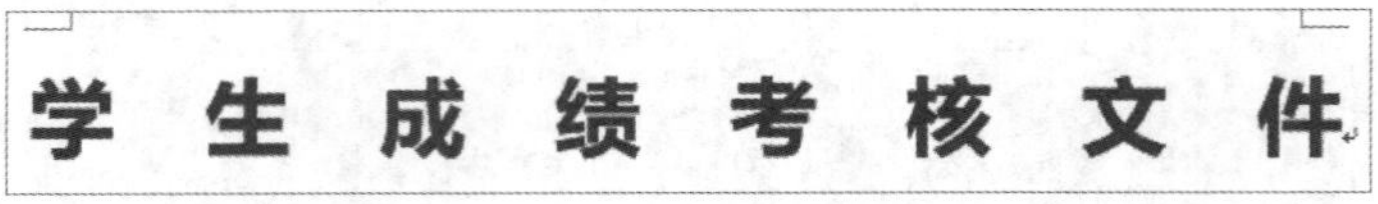

学 生 成 绩 考 核 文 件

图 3-339　格式化后文件抬头的文字效果图

步骤 2：制作文件抬头横线。将插入符定位在文件抬头文字下方的空行中，选择"开始"选项卡→"段落"组→"边框"按钮右侧的下拉箭头，在弹出的下拉列表中选择"横线(Z)"选项，在标题下方插入一条横线，如图 3-340 所示。

学 生 成 绩 考 核 文 件

图 3-340　插入横线的效果图

步骤 3：设置横线格式。右击横线，在弹出的快捷菜单中选择"图片(I)…"命令，如图 3-341 所示，打开"设置横线格式"对话框，在该对话框中设置"高度(H)"为"2 磅"，在"颜色(C)"组，选中"使用纯色（无底纹）(U)"复选框，设置右侧下拉列表框的值为"标准色，红色"，如图 3-342 所示，单击"确定"按钮，完成设置的效果如图 3-343 所示。

图 3-341　横线快捷菜单　　　　图 3-342　设置横线格式

学 生 成 绩 考 核 文 件

图 3-343　设置横线格式后文件抬头的效果图

步骤 4：设置文件抬头左右缩进。同时选定抬头文字和横线，同前述操作方法，打开"段落"对话框，在"缩进和间距(I)"选项卡的"缩进"组中，设置"左侧(L):"的值为"-1.5字符"、"右侧(R):"的值为"-1.5 字符"，如图 3-344 所示，完成设置后单击"确定"按钮，完成后的效果如图 3-345 所示。

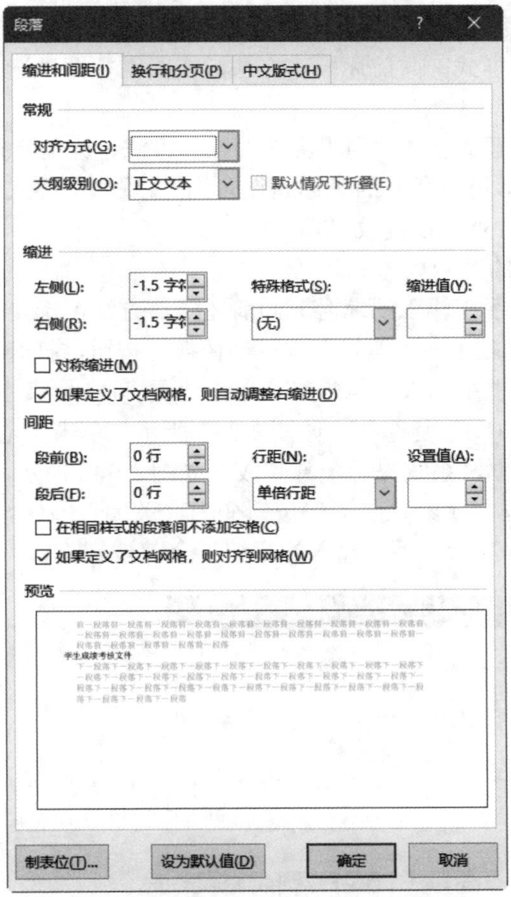

图 3-344 设置文件抬头左右缩进

图 3-345 文件抬头设置缩进后的效果图

（2）设置标题格式。

步骤 1：设置标题"学生成绩考核管理办法"的格式。同前述操作方法，将插入符定位在"学生成绩考核管理办法"中，选择"开始"选项卡→"样式"组→样式列表中的"标题"样式，如图 3-346 所示。

图 3-346 样式列表"标题"样式

步骤 2：设置蓝色标题的格式。选中蓝色标题"第一章　总则"，同前述操作方法，选中所有蓝色标题；同步骤 1 的操作方法，在样式列表中选择"标题 1"样式，即可将所有的章标题设置为"标题 1"样式；同前述操作方法，在大纲视图中选择"显示级别(S):，1 级"可查看设置效果。

步骤 3：设置绿色标题的格式。同步骤 2 的操作方法，选定所有绿色标题，在样式列表中选择"标题 2"样式，即可将所有的条标题设置为"标题 2"样式；在大纲视图中选择"显示级别(S):"→"2 级"可查看设置效果。

（3）删除手工输入的编号。

步骤 1：删除章标题手工输入的编号。同前述操作方法，选定应用"标题 1"样式的所有标题，选择"开始"选项卡→"编辑"组→"替换"按钮，打开"查找和替换"对话框，在"查找内容(N):"文本框中输入"第*章"，单击"更多(M)>>"按钮，展开对话框的下半部分，选中"使用通配符(U)"复选框，如图 3-347 所示，单击"全部替换(A)"按钮，弹出"Microsoft Word"对话框，系统提示全部完成，如图 3-348 所示，单击"确定"按钮，返回"查找和替换"对话框，此刻"取消"按钮变为"关闭"按钮，单击"关闭"按钮，关闭"查找和替换"对话框，所有手工输入的章编号全部被删除。

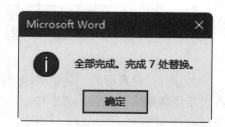

图 3-347　使用通配符查找替换　　　图 3-348　"Microsoft Word"提示对话框

步骤 2：删除条标题手工输入的编号。同步骤 1 的操作方法，选定应用"样式 2"的所有标题，打开"查找和替换"对话框，在"查找内容(N):"文本框中输入"第*条"，单击"全部替换(A)"按钮，即可删除所有手工输入的条编号。

说明：将文档视图切换至"大纲视图"，选择"显示级别(S):"→"2 级"，右击查看删除手工输入编号后的效果。

（4）添加自动编号。

步骤 1：给章标题添加自动编号。右击样式列表中"标题 1"样式，在弹出的快捷菜单中选择"修改(M)···"命令，打开"修改样式"对话框，单击"格式(O)"按钮，在弹出的列表中选择"编号(N)···"选项，如图 3-349 所示，打开"编号和项目符号"对话框，如图 3-350 所示，在"编号"选项卡中，单击"定义新编号格式···"按钮，打开"定义新编号格式"对话框，在"编号格式(O):"文本框中，在编号"1."前面输入"第"、后面输入"章"，删除"1."后面的"."，如图 3-351 所示，单击"确定"按钮，逐次返回上一级对话框，最后在"修改样式"对话框中单击"确定"按钮，所有章标题前添加自动编号。

图 3-349 "格式(O)"按钮列表

步骤 2：修改条标题字号、添加自动编号。右击样式列表中"标题 2"样式，同步骤 1 的操作方法，打开"修改样式"对话框，在"格式"组中，设置字号为"小四号"，如图 3-352 所示；打开"编号和项目符号"对话框，单击"定义新编号格式···"按钮，打开"定义新编号格式"对话框，在"编号格式(O):"文本框中编号"1."的前面输入"第"、后面输入"条"，删除"1."后面的"."，如图 3-353 所示，单击"确定"按钮，逐次返回上一级对话框，最后在"修改样式"对话框中单击"确定"按钮，所有条标题前添加自动编号。

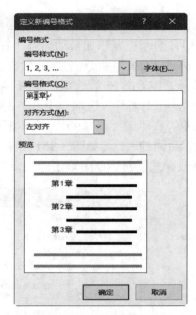

图 3-350 "项目和项目符号"对话框　　　图 3-351　设置章编号格式

图 3-352　在"修改样式"对话框中修改字号

说明：切换至大纲视图，选择“显示级别(S):”→“2 级”，可查看效果。

步骤 3：调整每章条编号起始值。此处以第 2 章为例，选中“视图”选项卡→“显示”组→“导航窗格”复选框，打开“导航”窗格，如图 3-354 所示，在“导航”窗格中，单击第 2 章标题下的第一个标题编号为“第 5 条”的标题，文档跳转到第 2 章第 5 条标题位置，如图 3-355 所示；在文档编辑区，右击编号“第 5 条”，在弹出的快捷菜单中选择“重新开始于 1(R)”命令，如图 3-356 所示，“第 5 条”编号修改为“第 1 条”，第 2 章中的所有条编号顺序修改，如图 3-357 所示。

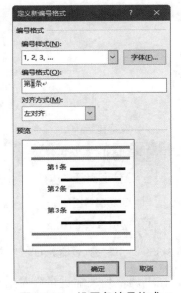

定义新编号格式
编号格式
编号样式(N):
1, 2, 3, ...
字体(F)...
编号格式(O):
第1条
对齐方式(M):
左对齐
预览
第1条
第2条
第3条
确定
取消

图 3-353 设置条编号格式

导航
搜索文档
标题
页面
结果
第1章 总则
第1条 目的
第2条 原则
第3条 指导思想
第4条 适用范围
第2章 考核体系
第5条 考核对象
第6条 ：考核内容
第7条 考核方式

图 3-354 “导航”窗格

第2章 考核体系
第5条 考核对象
Ⅰ类员工：工作内容的计划性和目标性较强的员工。
Ⅱ类员工：每月工作性质属重复性、日常性工作的员工。
第6条 ：考核内容

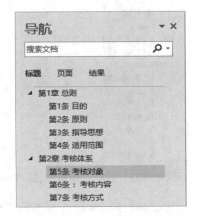

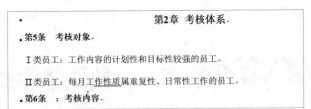

图 355 文档中第 2 章第 5 条标题的位置

剪切(T)
复制(C)
粘贴选项:
汉字重选(V)
调整列表缩进(U)...
重新开始于 1(R)
继续编号(C)

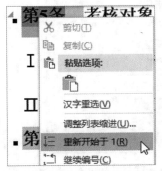

图 3-356 “重新开始于 1(R)”命令

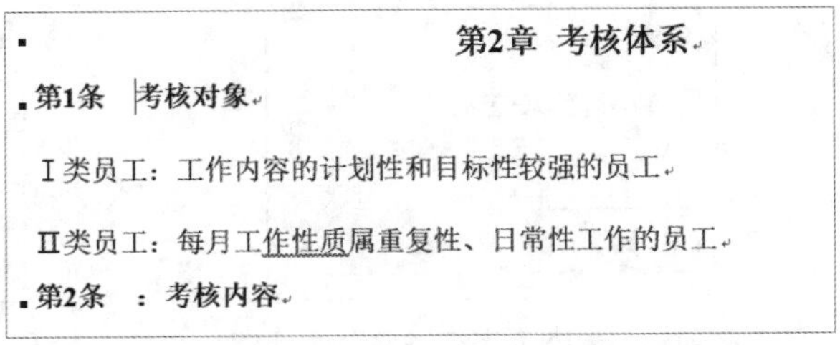

第2章 考核体系
第1条 考核对象
Ⅰ类员工：工作内容的计划性和目标性较强的员工。
Ⅱ类员工：每月工作性质属重复性、日常性工作的员工。
第2条 ：考核内容

图 3-357 更新条编号后的效果图

说明：分别单击每章章标题下的第一个条标题，重复上面操作，可使每章的条编号都从"第1条"开始编号，最终标题编号在"导航"窗格中的显示效果如图3-358所示。

（5）调整编号与标题间的间隔。

步骤1：打开"调整列表缩进量"对话框。在任意一个章编号上右击鼠标，在弹出的快捷菜单中选择"调整列表缩进(U)..."命令，如图3-359所示，打开"调整列表缩进量"对话框，如图3-360所示。

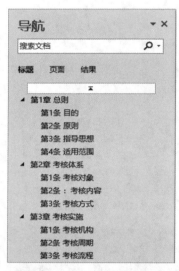

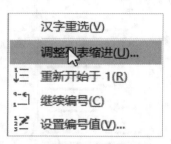

图 3-358　标题编号在"导航"窗格中显示效果图　　图 3-359　"调整列表缩进(U)..."命令

步骤2：修改章编号与标题内容之间的分隔符。在"调整列表缩进量"对话框中，设置"编号之后(W):"为"空格"，如图3-361所示，单击"确定"按钮，系统弹出"Microsoft Word"对话框，如图3-362所示，单击"是"按钮，将章编号之后的"制表符"（系统默认值）替换为"空格"。

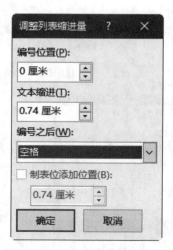

图 3-360　"调整列表缩进量"对话框　　　　图 3-361　设置分隔符为"空格"

图 3-362　系统提示更新样式"标题 1"

步骤 3：修改条编号与标题内容之间的分隔符。选定任意一个条编号，右击鼠标，同步骤 2 的操作方法，将条编号之后的"制表符"（系统默认值）替换为"空格"。系统提示如图 3-363 所示，单击"是"按钮。

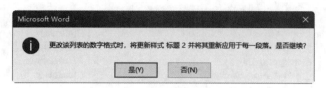

图 3-363　系统提示更新样式"标题 2"

（6）删除文档中的空行并保存文档副本。

步骤 1：删除文档中的空行。打开"查找和替换"对话框，将插入符定位在"查找内容(N):"文本框中，单击"特殊格式(E)"下拉列表按钮，在其列表中选择"段落标记(P)"选项，如图 3-364 所示，连续操作两次，在"查找内容(N):"文本框中输入两个"段落标记"符，再将插入符定位在"替换为(I):"文本框中，使用同样的方法输入一个"段落标记"符，如图 3-365 所示，单击"全部替换(A)"按钮，完成删除所有空行；如果文档末尾空行删除不掉，手动删除即可。

图 3-364　"查找和替换"对话框

图 3-365 输入"段落标记"符

步骤 2：保存文档及文档副本。单击快速访问工具栏中的"保存"按钮，保存文档；在后台视图中选择"另存为"选项，在窗口中间区域选择"浏览"按钮，打开"另存为"对话框，选择本书提供的"邮件合并"文件夹，将文件名修改为"成绩评定册副本.docx"，单击"保存(S)"按钮，完成保存文档副本。单击文档窗口的"关闭"按钮，关闭文档。

（7）修改文档对象下方题注。

步骤 1：打开"转换"对话框。右击 D8 单元格中的文档对象，在弹出的快捷菜单中选择"'文档'对象(O)"子菜单中的"转换(V)…"命令，如图 3-366 所示，打开"转换"对话框，如图 3-367 所示。

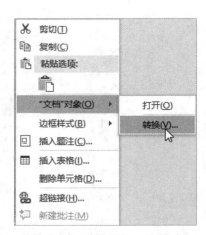

图 3-366 "转换(V)…"命令

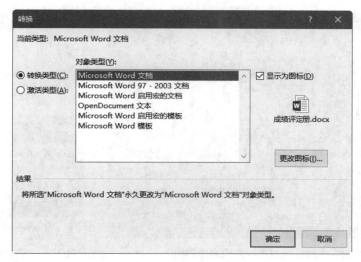

图 3-367 "转换"对话框

步骤 2：修改文档对象题注。在"转换"对话框中，单击"更改图标(<u>I</u>)…"按钮，打开"更改图标"对话框，将"题注(<u>C</u>):"文本框中的文件名修改为"评分标准.docx"，如图 3-368 所示，单击"确定"按钮。返回"转换"对话框，单击"确定"按钮，完成文档对象题注的修改，修改后的效果如图 3-369 所示。

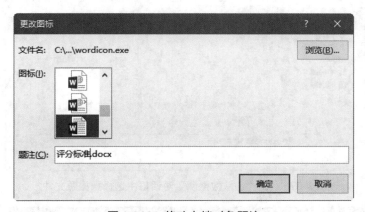

图 3-368 修改文档对象题注

3. 邮件合并

（1）主文档关联数据源。

步骤 1：选择数据源。在主文档窗口中，选择"邮件"选项卡→"开始邮件合并"组→"选择收件人"按钮，在弹出的下拉列表中选择"使用现有列表(<u>E</u>)…"选项，如图 3-370 所示，打开"选取数据源"对话框，在该对话框中选择"学生考核成绩.xlsx"文件，如图 3-371 所示，单击"打开(<u>O</u>)"按钮，弹出"选择表格"对话框，选择数据所在的工作表"学生成绩$"，如图 3-372 所示，单击"确定"按钮，完成确认邮件合并所需关联的数据源，即主文档中所需要的数据。

图 3-369　修改文档对象题注后的效果图

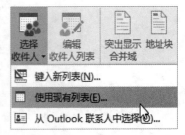

图 3-370　"选择收件人"下拉列表

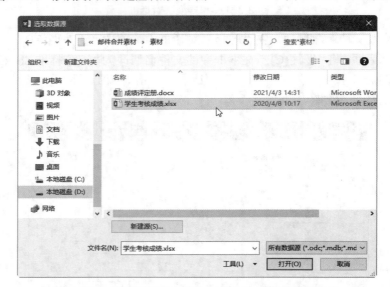

图 3-371　在"选取数据源"对话框中选择数据源文件

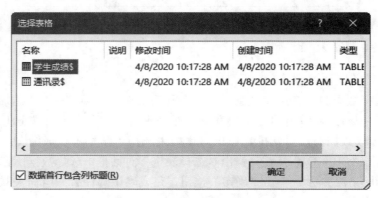

图 3-372　选择数据所在的工作表

步骤 2：主文档与数据源关联。将插入符定位在"尊敬的:"后面，选择"邮件"选项卡→"编写和插入域"组→"插入合并域"按钮，在弹出的下拉列表中选择"家长姓名"选项，如图 3-373 所示，在插入符位置插入"《家长姓名》"域，如图 3-374 所示；使用同样的方法插入学生考核成绩表中的其他域，完成后的效果如图 3-375 所示。

图 3-373　插入合并域列表

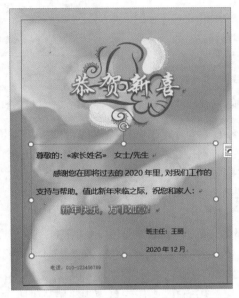

图 3-374　插入"《家长姓名》"域效果图

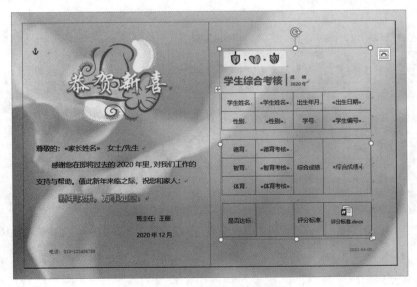

图 3-375　插入域后的效果图

（2）设置综合成绩小数位数。

步骤 1：显示域代码。右击"综合成绩"域，在弹出的快捷菜单中选择"切换域代码(T)"命令，如图 3-376 所示，"综合成绩"域显示为代码形式，如图 3-377 所示。

图 3-376 "切换域代码(T)"命令

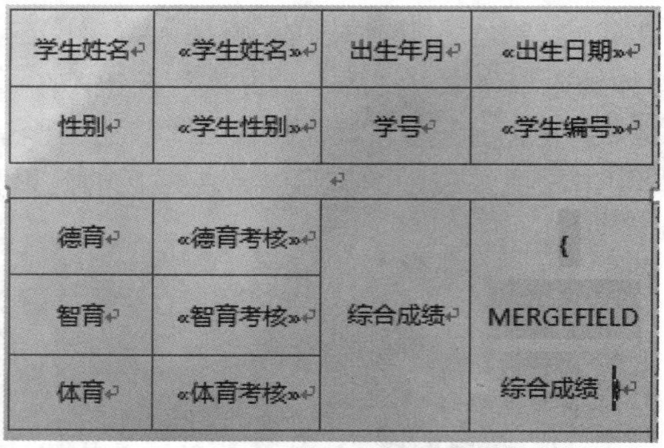

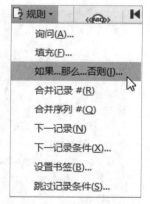

图 3-377 "综合成绩"域显示域代码后的效果图

步骤 2：修改域代码。在域代码"综合成绩"后面输入"\#0.0"，如图 3-378 所示，右击域代码，在弹出的快捷菜单中选择"切换域代码(T)"命令，返回域名状态，完成设置。

（3）按规则插入域。

步骤 1：插入"女士/先生"域。删除"女士/先生"字样，插入符定位在"《家长姓名》"域后面，选择"邮件"选项卡→"编写和插入域"组→"规则"按钮，在弹出的下拉列表中选择"如果...那么...否则(I) ..."选项，如图 3-379 所示，打开"插入 Word 域:IF"对话框，在该对话框中，设置"域名(F)："的值为"性别"、"比较条件(C)："的值为"等于"，在"比较对象(T)："文本框中输入"女"、"则插入此文字(I)："文本框中输入"女士"、"否则插入此文字(O)："文本框中输入"先生"，如图 3-380 所示，完成设置后，单击"确定"按钮，插入域后的效果如图 3-381 所示。

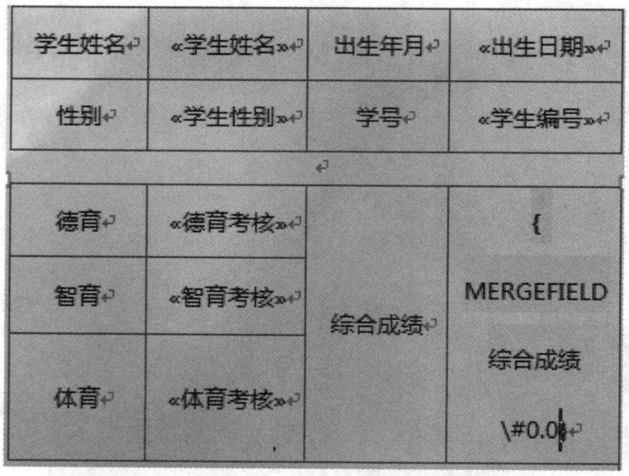

图 3-378 修改域代码后的效果图

图 3-379 "规则"下拉列表

步骤 2：插入"是否达标"域。将插入符定位在 B8 单元格中，同步骤 1 的操作方法，打开"插入 Word 域:IF"对话框，在该对话框中，设置"域名(F)："为"综合成绩"、"比较条件(C)："为"大于等于"，在"比较对象(T)"文本框中输入"60"、"则插入此文字(I)："文本框中输入"合格"、"否则插入此文字(O)："文本框中输入"不合格"，如图 3-382 所示，单击"确定"按钮，插入域后的效果如图 3-383 所示。

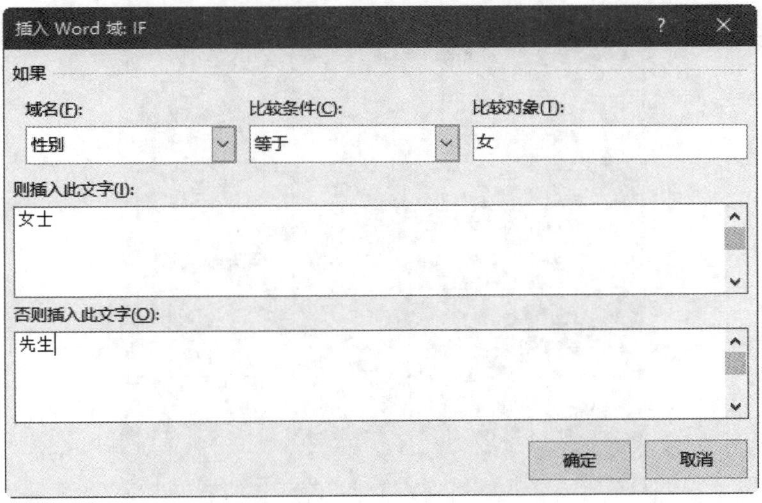

插入 Word 域: IF　　　　　　　　　　　？　✕

如果

域名(F):	比较条件(C):	比较对象(T):
性别	等于	女

则插入此文字(I):

女士

否则插入此文字(O):

先生

确定　　取消

图 3-380　设置插入"女士/先生"域规则

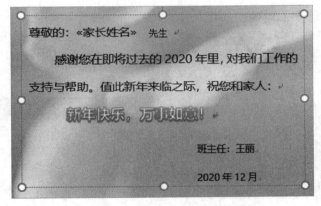

尊敬的：《家长姓名》　先生

感谢您在即将过去的 2020 年里，对我们工作的

支持与帮助。值此新年来临之际，祝您和家人：

新年快乐，万事如意！

班主任：王丽

2020 年 12 月

图 3-381　按规则插入域后的效果图

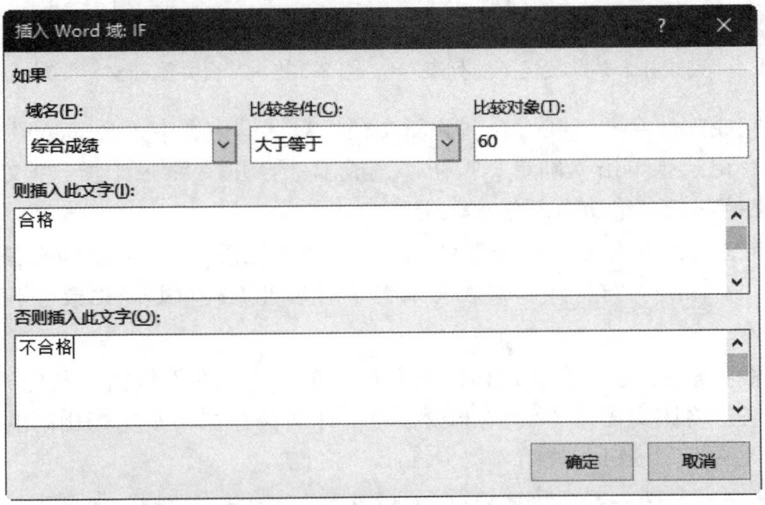

插入 Word 域: IF　　　　　　　　　　　？　✕

如果

域名(F):	比较条件(C):	比较对象(T):
综合成绩	大于等于	60

则插入此文字(I):

合格

否则插入此文字(O):

不合格

确定　　取消

图 3-382　设置插入"是否达标"域规则

图 3-383　插入"是否达标"域后的效果图

（4）编辑单个文档完成邮件合并。

步骤 1：打开"合并到新文档"对话框。选择"邮件"选项卡→"完成"组→"完成并合并"按钮，在弹出的下拉列表中选择"编辑单个文档(E)..."选项，如图 3-384 所示，打开"合并到新文档"对话框，如图 3-385 所示。

图 3-384　"完成并合并"按钮下拉列表

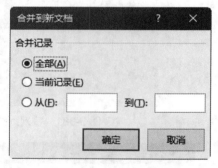

图 3-385　"合并到新文档"对话框

步骤 2：完成邮件合并。在"合并到新文档"对话框中选中"全部(A)"单选钮，添加数据表中的所有记录；单击"确定"按钮，完成邮件合并，系统创建一个文件名为"信函1.docx"的新文档，包含给所有学生家长的贺卡。

说明：在"合并到新文档"对话框中，选择"当前记录(E)"，只添加数据表中当前选定的记录；选择"从(F):"、"到(T):"需在文本框中输入数据表中起始记录号和结束记录号，记录号是连续的。

步骤 3：保存信函文档。在快速访问工具栏中单击"保存"按钮，同任务 3.1 保存新建文档的操作方法，将该文档以"贺卡.docx"为文件名保存在与主文档相同的位置；单击窗口标题栏中的"关闭"按钮，关闭"贺卡.docx"文档。

步骤 4：保存主文档。单击快速访问工具栏中的"保存"按钮，保存主文档；单击标题栏中的"关闭"按钮，关闭主文档，完成贺卡的制作。

4．制作信封标签

（1）创建标签主文档。

步骤 1：新建文档并保存。新建一个 Word 2016 空白文档，纸张大小默认为 A4 纸，以
"标签主文档.docx"为名与贺卡主文档保存在同一位置。

步骤 2：打开"标签选项"对话框。选择"邮件"选项卡→"开始邮件合并"组→"开
始邮件合并"按钮，在弹出的下拉列表中选择"标签(A)..."选项，如图 3-386 所示，打开
"标签选项"对话框，如图 3-387 所示。

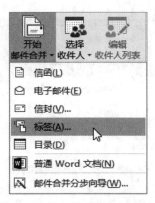

图 3-386　"开始邮件合并"按钮下拉列表

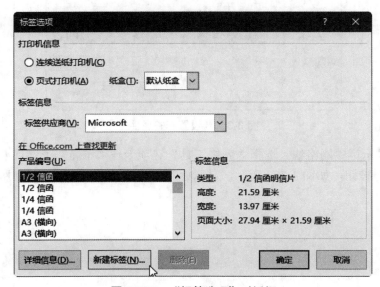

图 3-387　"标签选项"对话框

步骤 3：设置标签属性。在"标签选项"对话框中，单击"新建标签(N)..."按钮，打
开"标签详情"对话框，在该对话框中，设置"上边距(T):"的值为"0.7 厘米"、"侧边距(S):"
的值为"2 厘米"；设置"标签高度(E):"的值为"4.6 厘米"、"标签宽度(W):"的值为"13
厘米"；设置"标签列数(A):"的值为"1"、"标签行数(D):"的值为"5"；将插入符定位在
"标签列数(A):"中，激活"纵向跨度(V):"属性，设置"纵向跨度(V):"的值为"5.8 厘米"；

设置"页面大小:"的值为"A4";在"标签名称(L):"文本框中输入"地址",如图 3-388 所示,完成设置后单击"确定"按钮。完成创建标签,一张 A4 纸上有五个标签,用表格区分。

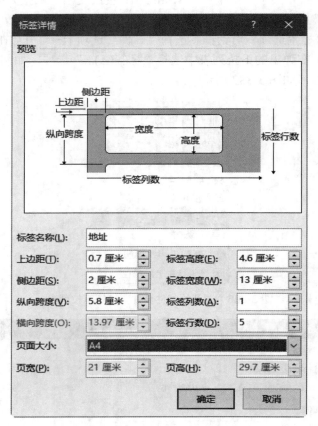

图 3-388　设置标签属性

步骤 4:显示标签网格线。选择"表格工具"选项卡→"布局"子选项卡→"表"组→"查看网格线"按钮,如图 3-389 所示,显示标签网格线,效果如图 3-390 所示。

图 3-389　"表"组中的"查看网格线"按钮

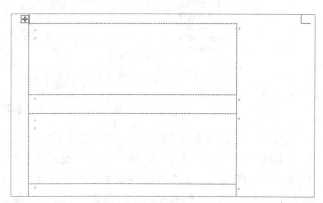

图 3-390　显示标签网格线的效果图

步骤 5：添加文本。参考样图，将插入符定位在第 1 个标签第 2 个段落标记前，输入"邮政编码："，换行输入"收件人地址:"、"收件人:"，设置"收件人地址"段前为"1.5 行"、"收件人"段前为"0.5 行"，效果如图 3-391 所示。

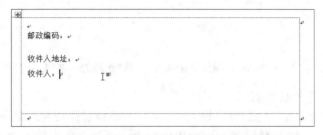

图 3-391　在标签中添加文本并设置段间距的效果图

步骤 6：设置文字"收件人地址"占 7 个字符宽度。选定文字"收件人地址"，选择"开始"选项卡→"段落"组→"中文版式"按钮，在弹出的下拉列表中选择"调整宽度(I)…"选项，如图 3-392 所示，打开"调整宽度"对话框，设置"新文字宽度(T):"的值为"7 字符"，如图 3-393 所示，完成设置后单击"确定"按钮。使用同样的操作方法，设置文字"收件人"占 7 个字符宽度。

图 3-392　"中文版式"按钮下拉列表

图 3-393　设置"新文字宽度(T):"的属性值

步骤 7：调整"收件人地址:"的段落缩进量。选择"视图"选项卡→"显示"组→"标尺"复选框，如图 3-394 所示，在 Word 2016 窗口显示标尺（如果窗口显示标尺，此操作可省略）。参考样例，将插入符定位在"收件人地址:"段落中，拖动水平标尺栏"首行缩进"滑块，如图 3-395 所示，适当调整缩进量；

图 3-394　"显示"组"标尺"复选框

使用同样的操作方法，调整"收件人:"的缩进量与"收件人地址:"的相同，调整完成后的效果如图 3-396 所示。

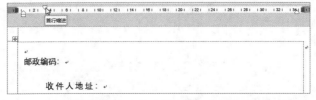

图 3-395　拖动标尺栏"首行缩进"滑块调整缩进量

图 3-396　调整字符宽度和缩进量后的效果图

（2）标签主文档关联数据源。

步骤 1：选择数据源。选择"邮件"选项卡→"开始邮件合并"组→"选择收件人"按钮，同前述操作方法，选择数据源为"学生成绩表.xlsx"文件中的"学生成绩$"工作表，如图 3-397 所示。

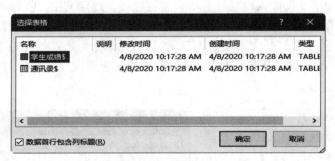

图 3-397　选择数据源

步骤 2：标签主文档与数据源关联。将插入符定位在"邮政编码:"后，在"插入合并域"按钮下拉列表中选择"邮编"选项，插入"《邮编》"域；使用同样的操作方法，在"收件人地址:"后面插入"《通信地址》"域，在"收件人:"后面插入"《家长姓名》"域；在"《家长姓名》"域后空一格，同前述操作方法，在"规则"按钮的下拉列表中选择"如果…那么…否则(I)…"选项，打开"插入 Word 域:IF"对话框，如图 3-398 所示，在该对话框中插入"女士/先生"域；插入域的同时，系统在下面 4 个标签中自动添加"《下一记录》"。完成后的标签效果如图 3-399 所示。

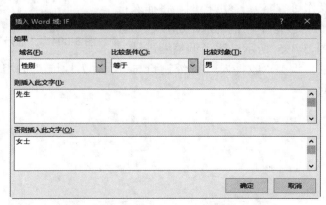

图 3-398　设置插入女士/先生域规则

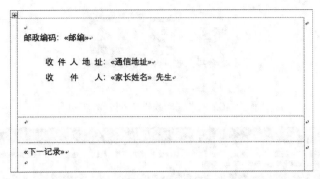

图 3-399　在第一个标签中插入域后的效果图

步骤 3：更新标签。选择"邮件"选项卡→"编写和插入域"组→"更新标签"按钮，如图 3-400 所示，第一个标签的内容填充到其余 4 个标签中。更新标签后，标签主文档的效果如图 3-401 所示。

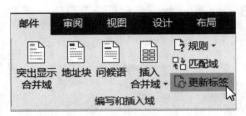

图 3-400　"编写和插入域"组中的"更新标签"按钮

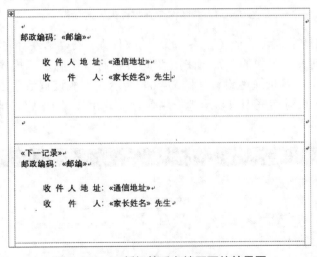

图 3-401　更新标签后文档页面的效果图

（3）编辑收件人列表。

步骤 1：打开"邮件合并收件人"对话框。选择"邮件"选项卡→"开始邮件合并"组→"编辑收件人列表"按钮，如图 3-402 所示，打开"邮件合并收件人"对话框，如图 3-403 所示。

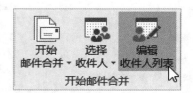

图 3-402 "编辑收件人列表"按钮

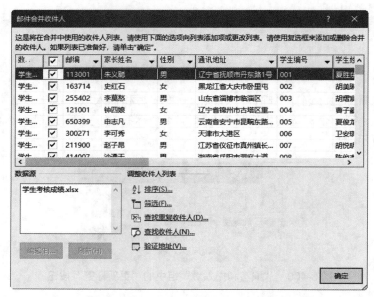

图 3-403 "邮件合并收件人"对话框

步骤 2：筛选地址中包含"北京"、"上海"的收件人。在"邮件合并收件人"对话框中，选择"调整收件人列表"组中的"筛选(F)…"选项，打开"筛选和排序"对话框，在"筛选记录(F)"选项卡中，各项属性设置如图 3-404 所示，完成设置后单击"确定"按钮；此时"邮件合并收件人"对话框中只显示地址中包含"北京"、"上海"的收件人，如图 3-405 所示。

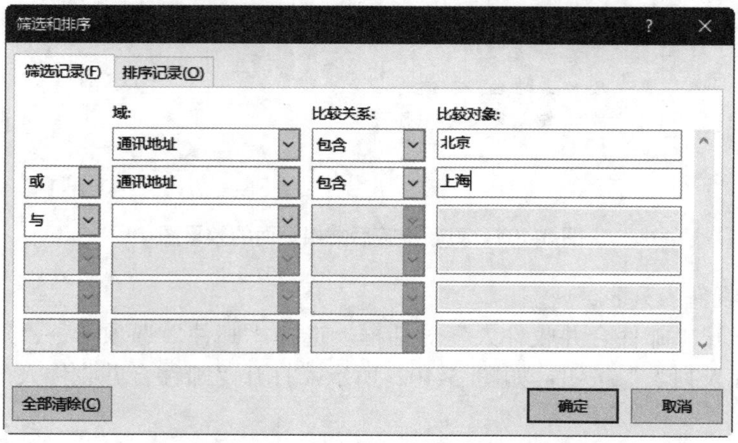

图 3-404 设置筛选收件人的条件

图 3-405 筛选后"邮件合并收件人"对话框中的显示状态

（4）编辑单个标签完成邮件合并。

步骤 1：打开"合并到新文档"对话框。选择"邮件"选项卡→"完成"组→"完成并合并"按钮，在弹出的下拉列表中选择"编辑单个文档(E)..."选项，打开"合并到新文档"对话框，如图 3-406 所示。

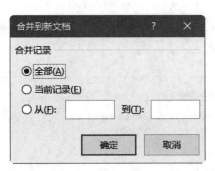

图 3-406 "合并到新文档"对话框

步骤 2：生成所有标签。在"合并到新文档"对话框中，单击"确定"按钮，完成邮件合并。生成一个每页纸上有 5 个标签，地址中只包含"北京"、"上海"，文件名为"标签 1.docx"的新文档。"标签 1.docx"文档中每页的效果如图 3-407 所示。选择"表格工具"选项卡→"布局"子选项卡→"表"组→"查看网格线"按钮，隐藏网格线。

步骤 3：保存"标签 1.docx"文档。在快速访问工具栏中单击"保存"按钮，同任务 3.1 保存新建文档的操作方法，将该文档以"标签.docx"为名与标签主文档保存在同一位置；单击窗口标题栏中的"关闭"按钮，关闭"标签.docx"文档。

步骤 4：保存标签主文档。单击快速访问工具栏中的"保存"按钮，保存标签主文档；单击标题栏中的"关闭"按钮，关闭标签主文档，完成标签的制作。

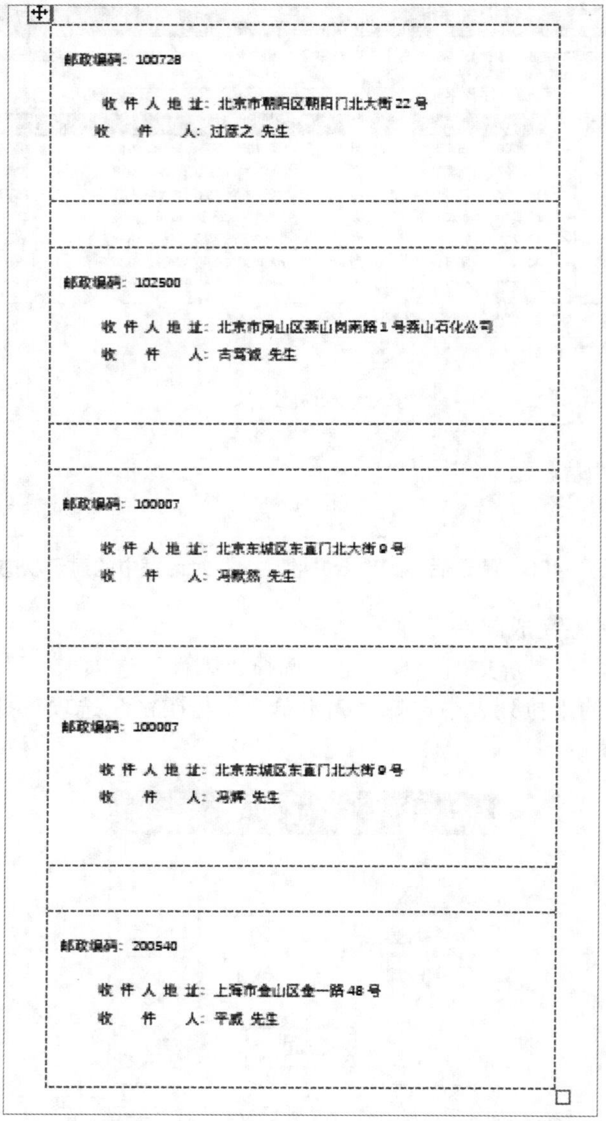

邮政编码：100728

收 件 人 地 址：北京市朝阳区朝阳门北大街 22 号

收　　件　　人：过彦之 先生

邮政编码：102500

收 件 人 地 址：北京市房山区燕山岗南路 1 号燕山石化公司

收　　件　　人：吉笃诚 先生

邮政编码：100007

收 件 人 地 址：北京东城区东直门北大街 9 号

收　　件　　人：冯歆然 先生

邮政编码：100007

收 件 人 地 址：北京东城区东直门北大街 9 号

收　　件　　人：冯辉 先生

邮政编码：200540

收 件 人 地 址：上海市金山区金一路 48 号

收　　件　　人：平威 先生

图 3-407　“标签 1.docx”文档中每页的效果图

3.5.5　知识小结

在完成信函制作任务中，应用了 Word 2016 提供处理文本框、文本、艺术字、图片、表格等多种对象的功能，应用了 Word 2016 提供的邮件合并功能，涉及的主要知识点如下。

（1）设置页面格式。

①自定义纸张大小。

②添加页面背景及边框，主要包括使用纹理填充、自定义纹理、添加带阴影的边框。

③形状与页面边框结合可以实现页面布局，主要包括插入垂线、设置线的长度、在页面中设置对齐方式。

④应用 Word 2016 提供的页脚模板，添加页脚。

（2）添加文本。

①在文本框中添加文本，插入 Word 2016 提供的字符集中的字符。

②设置文本格式，主要包括调整文字宽度、双行合一、应用文本效果、应用标题样式。

③修改标题样式。给标题样式添加编号，实现添加多级列表。

（3）添加文本框。

①插入文本框。

②设置文本框格式，主要包括设置文本框的边框、填充、大小以及文本框在页面中的对齐方式，实现应用文本框排版。

（4）添加艺术字。

①在文本框中插入艺术字。

②设置艺术字格式，包括艺术字的字体、字号、文本的填充、文本的边框颜色、将艺术字置于图片上方。

（5）添加图片。

①在文本框中插入图片。

②设置图片格式，包括图片大小、图片重新着色、图片艺术效果。

（6）添加表格。

①在文本框中插入表格。

②设置表格格式。设置表格格式包括设置相对文本框的宽度和对齐方式、合并单元格、隐藏表格边框，实现应用表格排版。

（7）添加其他对象。

①添加日期。添加日期包括插入可自动更新的日期、设置日期格式。

②添加文档对象。添加文档对象包括以链接的方式插入文档对象、使用不同的方式显示文档对象和修改对象题注。

③添加横线。添加横线包括插入横线和设置横线格式。

（8）查找替换。

①使用通配符查找和替换。快速删除或替换一些文字内容不同、但有一定规律的文本。

②查找特殊格式字符。

（9）邮件合并。

①邮件合并的过程：创建主文档、选择数据源、插入合并域（将主文档与数据源关联）、根据规则插入域、修改域代码、编辑收件人列表、编辑单个文档。

②创建标签。应用 Word 2016 提供的创建标签功能，快速创建标签主文档，应用邮件合并功能快速制作标签。

3.5.6 实战练习

应用本书提供的素材，按照任务要求，独立完成信函的制作。要求在制作过程中思路清晰，操作熟练，并能灵活应用所学知识和技能解决制作过程中遇到的问题。

3.5.7　拓展练习

假期到了，请同学们以自己本班的同学为例，使用 Excel 2016 创建一个数据源，数据源包括学生姓名、学生性别、家长姓名、家长性别、家庭住址、大学英语、体育、政策形势。再自拟一封致家长的感谢信，信中包括学习成绩的汇报。家长姓名后要根据家长性别添加"先生/女士"，添加可以自动更新的日期，感谢信格式自己设计。外地的同学，感谢信要寄回居住地。请综合应用前面所学的知识和技能独立完成这些任务。

第三篇　拓展知识

第四篇
电子表格处理工具 Excel 2016

➢ 深刻领会每个任务的精神内涵，明确数据处理在当今社会中的意义及其作用，培养学生坚持原则、照章办事的个人素养，树立正确的人生观和价值观。

➢ 熟悉 Excel 的数据处理功能，培养学生运用不同数据处理的能力，培养学生从多角度分析问题并对综合处理的结果做出正确决策的能力。

➢ 从计算机工作原理及应用 Excel 2016 解决问题的方式出发，培养学生的计算思维。

➢ 熟练掌握并灵活应用 Excel 2016 中关于工作簿、工作表、行、列和单元格的相关操作。

➢ 熟练掌握并灵活应用 Excel 2016 中关于数据的输入、编辑等功能，包括数据类型的认识、数据输入和数据编辑、数据填充和序列填充等。

➢ 熟练掌握并灵活应用 Excel 2016 中格式化工作表的相关操作，包括单元格格式的设置、单元格条件格式的设置、套用表格格式等。

➢ 熟练掌握并灵活应用 Excel 2016 中公式和函数的使用，包括公式的输入、编辑和删除，单元格的引用，函数的结构、功能、输入、编辑、填充等。

➢ 熟练掌握并灵活应用 Excel 2016 中关于图表的相关操作，包括创建图表、编辑图表和修饰图表。

➢ 熟练掌握并灵活应用 Excel 2016 的数据分析功能，包括排序、筛选、分类汇总、数据透视表和数据透视图等。

➢ 熟练掌握并灵活应用 Excel 2016 的页面设置和打印的相关操作。

任务 4.1　Excel 2016 入门

4.1.1　任务能力提升目标

• 了解 Excel 2016 的主要功能、操作界面及相关术语。

• 熟练掌握新建、保存、打开、关闭 Excel 2016 工作簿的相关操作。

- 熟练掌握新建、移动、复制、重命名和删除 Excel 2016 工作表的相关操作。
- 熟练掌握单元格的常用操作。
- 熟悉常用的数据类型。
- 熟练掌握 Excel 2016 的启动与退出。

4.1.2　任务内容及要求

小张是某学校的专职辅导员，他需要统计和保存学生的基本信息，通过咨询同事得知 Excel 2016 处理数据简单、方便、快捷。小张决定从熟悉 Excel 2016 的界面、掌握 Excel 2016 的基本知识和基本技能开始，逐步掌握电子表格的制作方法。

4.1.3　任务分析

Excel 是微软公司推出的 Office 套件中的一个重要组件。自 Excel 诞生以来，经历了 Excel 97、Excel 2000、Excel 2007、Excel 2010、Excel 2016 等版本。Excel 作为数据处理的工具，拥有强大的计算、分析、传递和共享功能，可以帮助我们将繁杂的数据转化为信息。

Excel 2016 与之前的版本相比，在表格空间、数据可视化、协同能力、数据分析和数据访问能力等方面都有了很大的提高。

初次使用 Excel 2016 的用户，按照以下过程学习。

（1）了解 Excel 2016 的功能，充分发挥其作用，使其最大限度地满足人们处理数据的需求。

（2）明确 Excel 2016 相关概念及术语。

（3）明确如何启动 Excel 2016。

（4）熟悉 Excel 2016 的操作界面。

（5）熟练掌握 Excel 2016 工作簿、工作表、单元格的相关操作。

（6）熟悉 Excel 2016 中常用的数据类型。

（7）明确如何退出 Excel 2016。退出当前不使用的应用程序，可以节省系统资源。

4.1.4　任务实施

1.Excel 2016 的功能

Excel 2016 在科学研究、医疗教育、商业活动及家庭生活等领域都能满足大部分人的数据处理要求。其主要具备数据记录与整理、数据计算、数据分析、图表制作等功能。

1）数据记录与整理

Excel 2016 提供的每张工作表有 1048576 行和 16384 列，行和列交叉形成 170 多亿个单元格，每个单元格可容纳 32767 个字符。Excel 2016 可以提供 64 个关键字的排序条件，可以容纳 8192 个字符的公式。无论是设置一个单元格的格式，还是精确控制多表视图，无论是利用条件格式筛选指定数据，还是利用数据有效性控制数据输入，Excel 2016 都能完美、快速地实现。

2）数据计算

Excel 2016 主要有公式和函数两种计算方式。简单的四则运算开方及幂运算等使用公式可轻松完成。如果需要更复杂的运算，如成绩排名、按条件统计、按指定条件查找等，则可以使用函数来完成。Excel 2016 内置了 12 类、400 多个函数帮你轻松解决常规的计算任务。

3）数据分析

要从大量的数据中获取有效的信息，就要对数据进行科学分析。Excel 2016 提供了排序、筛选、分类汇总、数据透视表、数据透视图等功能，可以快速地对数据进行必要的分析。

4）图表制作

Excel 2016 提供了 14 类、100 多种基本的图表，同时具有丰富的图表样式和格式，能实时更新，让原本复杂、枯燥的数据变得生动起来。

2.Excel 2016 相关术语

1）工作簿

工作簿是 Excel 中存储并处理数据的文件，一个工作簿就是一个 Excel 文件，其扩展名为 ".xlsx"。工作表是工作簿的组成单位，也是存储和处理数据的主要单位。

2）工作表

工作表是显示在工作簿窗口中由行和列构成的表格。它主要由单元格、行号、列号和工作表标签等组成。行号显示在工作表的左侧，依次用数字 1，2，…，1048576 表示；列号显示在工作表的上方，依次用字母 A，B，…，XFD 表示。默认情况下，一个工作簿包含一张工作表，用户可以根据需要添加或删除工作表。各工作表以工作表标签相互区别，默认情况下，工作表标签以 "Sheet＋数字序号" 命名。

3）单元格

工作表中由横线和竖线所构成的矩形区域称为单元格。单元格是工作簿的最小组成单位，所有的数据都存储在单元格中。每个单元格用其所在的列号加行号标识，如 A1 单元格表示位于第 A 列第 1 行的单元格。

3.Excel 2016 的启动

Excel 2016 的启动，常用方法有以下四种。

方法 1：打开 "开始" 菜单，在 "应用列表" 中选择 "Excel" 命令。

方法 2：在 Windows 桌面上，双击 Excel 2016 的快捷方式图标。

方法 3：在 Windows 任务栏的快速启动区域中，单击 Excel 2016 快速启动按钮 。

方法 4：在安装有 Excel 2016 的 Windows 系统中，双击扩展名是.xls 或.xlsx 的文件。

说明：如果 Excel 2016 出现问题，无法正常启动，可以按住【Ctrl】键双击快捷方式图标启动。进入 Excel 2016 安全模式，此时部分功能被禁用。

4.Excel 2016 操作界面

启动 Excel 2016，选择新建空白工作簿后，屏幕显示 Excel 2016 窗口，如图 4-1 所示。

Excel 2016 窗口由标题栏（包括快速访问工具栏、标题、窗口控制按钮）、功能区、名称框、编辑栏、工作区、状态栏等组成。

图 4-1　Excel 2016 窗口

（1）快速访问工具栏。该工具栏位于标题栏的左侧，包含一组用户使用频率较高的按钮，默认状态下只有"保存"、"撤销"和"恢复"三个按钮。用户可单击"快速访问工具栏"右侧的下拉箭头，在展开的列表中选择要显示或隐藏的按钮。

（2）功能区。功能区位于标题栏的下方，是由 9 个选项卡组成的区域。Excel 2016 将用于处理数据的所有命令组织在不同的选项卡中，单击不同的选项卡标签，可切换功能区中显示的工具命令。在每个选项卡中，命令又被分类放置在不同的组中；有些组的右下角有一个对话框启动器按钮，用于打开与该组命令相关的对话框，以便用户对需要的操作进行更进一步的设置。

（3）编辑栏。编辑栏主要用于输入和修改活动单元格中的数据。在某个单元格输入数据时，编辑栏会同步显示输入的内容。

（4）工作表标签。位于工作簿窗口的左下角，默认名称为 Sheet1、Sheet2、Sheet3……单击不同的工作表标签，可在工作表间进行切换。

5.工作簿的常用操作

1）新建空白工作簿

启动 Excel 2016，在"开始"界面中选择"空白工作簿"选项，新建一个名为"工作簿1"的空白工作簿。

Excel 2016 可以同时编辑多个工作簿，选择"文件"→"新建"，在打开的窗口中单击"空白工作簿"选项，如图 4-2 所示，新建一个名为"工作簿*"的空白工作簿。

说明：这里的"*"表示在 Excel 2016 中新建工作簿时，系统自动命名的序号"1、2……"。

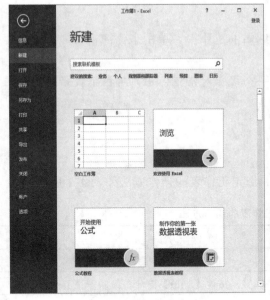

图 4-2　新建空白工作簿

图 4-3　保存工作簿

2）保存新工作簿

为防止数据丢失，需将新建的工作簿保存到外部存储器。

单击"快速访问工具栏"中的"保存"按钮，或者按下【Ctrl+S】组合键，或者选择"文件"→"保存"选项，打开如图 4-3 所示的窗口，选择"浏览"按钮，在打开的"另存为"对话框中选择工作簿的保存位置，输入工作簿名称，选择保存类型，单击"保存"按钮，如图 4-4 所示。

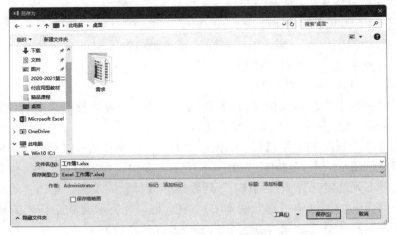

图 4-4　"另存为"对话框

说明：对保存过的工作簿再次执行"保存"操作时，不用再打开"另存为"对话框。若要保存工作簿副本，可选择"文件"→"另存为"选项，在打开的"另存为"对话框中重新设置工作簿的保存路径、工作簿名称、保存类型等，然后单击"保存"按钮即可。

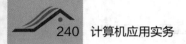

3）关闭工作簿

为保证数据的安全，应及时关闭当前不编辑的工作簿。单击工作簿窗口右上角的"关闭"按钮或选择"文件"→"关闭"选项。

说明：若工作簿尚未保存，此时会打开一个提示对话框，用户可根据提示进行相应操作。

6.工作表的常用操作

1）选定工作表

对工作表进行操作，必须先选定工作表。选定工作表的操作方法如表 4-1 所示。

表 4-1　选定工作表的操作方法

选定内容	操作方法
单张工作表	单击工作表标签
两张及以上相邻的工作表	单击第一张工作表标签，按住【Shift】键单击最后一张工作表标签
两张及以上不相邻的工作表	单击第一张工作表标签，按住【Ctrl】键单击其他工作表标签
所有工作表	右击任一工作表标签，在弹出的快捷菜单中选择"选定全部工作表(S)"命令

2）插入、删除工作表

用户根据需要可以增加或删除工作表。

在工作簿中相应的工作表标签上右击，在弹出的快捷菜单中选择"插入(I)..."或"删除(D)"命令，如图 4-5 所示，即可插入或删除一张工作表。

3）移动、复制工作表

（1）在同一工作簿中移动工作表。

选择所要移动的工作表，拖动工作表标签到需要的位置即可。拖动时，工作表标签上方出现一个黑三角标记，表示移动的位置。

（2）在同一工作簿中复制工作表。

选择所要复制的工作表，按住【Ctrl】键同时拖动工作表标签到需要的位置即可。

（3）在不同的工作簿之间移动或复制工作表。

右击所要移动或复制的工作表标签，在弹出的快捷菜单中选择"移动或复制(M)"命令，打开"移动或复制工作表"对话框，如图 4-6 所示，在"工作簿(T):"下拉列表框中选择目标工作簿，在"下列选定工作表之前(B):"列表框中选择新的位置，单击"确定"按钮完成移动工作表的操作；如果选中"建立副本(C)"复选框，则完成复制工作表的操作。

说明：在不同的工作簿之间移动或复制工作表时，应同时打开两个工作簿。

4）隐藏工作表及取消隐藏的工作表

右击需要隐藏的工作表标签，在打开的快捷菜单中选择"隐藏(H)"命令。取消隐藏的工作表时，右击任一可视的工作表标签，在快捷菜单中选择"取消隐藏(U)..."命令，打开"取消隐藏"对话框，如图 4-7 所示，选择需要取消隐藏的工作表名称，单击"确定"按钮。

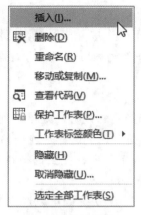

图 4-5　快捷菜单

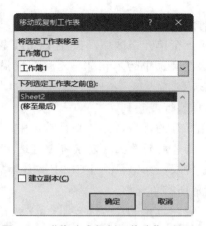

图 4-6　"移动或复制工作表"对话框

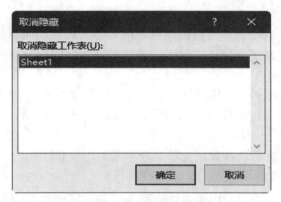

图 4-7　"取消隐藏"对话框

5）重命名工作表

双击需重命名的工作表标签，输入工作表新名称后按【Enter】键。

7.单元格的常用操作

单元格的常用操作有选定、移动、复制、重命名、合并等。

1）选定单元格

（1）选定一个单元格。

单元格被选定，选定的单元格称为活动单元格，四周有绿色边框，其地址在名称框中显示。

（2）选定单元格区域。

单击需选定区域左上角的单元格，拖动鼠标到右下角的单元格，松开鼠标，该区域被选中。如果选择的区域过大，不方便拖动鼠标时，可单击区域左上角单元格，按住【Shift】键再单击右下角单元格。

说明：一个单元格用列号加行号来表示地址，一个相邻单元格区域表示地址的方式为左上角单元格地址加冒号加右下角单元格地址，若为跨工作表引用，则需要加上工作表的名称，如"B4:D7"、"Sheet3!B4:D7"。单元格区域表示中的冒号和感叹号应为英文半角字符。

（3）选择不相邻的若干单元格区域。

先选中第一个单元格区域，按住【Ctrl】键再选择下一个单元格区域，直至选择结束。

说明：这些被选中的不相邻单元格地址描述为各个单元格地址用逗号连接在一起，如"A1:B2,B6,E7"。

（4）选择整行或整列。

单击需选择行的行号，则该整行被选中；单击需选择列的列号，则该整列被选中。

说明：在行号或列号上拖动鼠标，可选中若干行或若干列。选择不连续的多行或多列，可以先选择一行或一列，按住【Ctrl】键再选择下一行或下一列，直至选择结束。

（5）选择所有单元格。

单击工作表左上角的"全选按钮" ▨ 或者按【Ctrl＋A】快捷键可以选定当前工作表的全部单元格。

2）移动、复制单元格

单元格的移动或复制是以单元格的内容、格式等为对象，而不是单元格本身。单元格本身并不会被移动或被复制。默认情况下，被移动或复制的单元格内容将覆盖目标单元格中的内容。

选定需要移动或复制的单元格区域，选择"开始"选项卡→"剪贴板"组→"剪切"或"复制"按钮，切换到目标工作表，选定目标区域左上角单元格，选择"开始"选项卡→"剪贴板"组→"粘贴"按钮。

说明：移动选择"剪切"按钮，复制选择"复制"按钮。

3）重命名单元格

为方便记忆和计算引用，可以为单元格或者单元格区域定义一个见名知意的名称。

选择需要定义名称的数据区域，选择"公式"选项卡→"定义的名称"组→"定义名称"按钮右侧下拉箭头，在其下拉列表中选择"定义名称(D)..."选项，打开"新建名称"对话框，在"名称(N):"文本框中输入需要定义的名称，单击"确定"按钮，如图4-8所示。

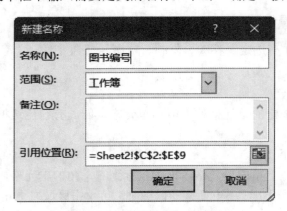

图4-8 "新建名称"对话框

8.常用数据类型

单元格中可以输入和保存的数据主要有 4 种基本类型：数值型、日期型和时间型、文本型以及逻辑型。

（1）数值型数据。在 Excel 2016 中，数值型数据包括 0~9 的数字，以及含有正号、负号、货币符号、百分号等符号的数据。默认情况下，数值型数据在单元格中右对齐。大多数数值型数据直接输入即可。

（2）文本型数据。在 Excel 2016 中，文本型数据包括汉字、英文字母、空格等。默认情况下，文本型数据在单元格中左对齐。如果要输入的字符串全部由数字组成，如学号、电话号码、编号等，为了避免 Excel 2016 按数值型数据处理，在输入时可以先输入一个英文单撇号"'"，再输入具体的数字。例如，在单元格中输入学号"202200101"，需输入"'202200101"，然后按【Enter】键。

（3）日期型和时间型数据。在数据处理中，经常要录入一些日期型或时间型数据。日期型或时间型数据在单元格中右对齐。输入日期时，年、月、日之间要用符号"/"或符号"-"隔开，如"2021-4-21"、"2021/4/21"；输入时间时，时、分、秒之间要用冒号隔开，如"14:25:15"。若需在单元格中同时输入日期和时间，则需用空格隔开。

（4）逻辑型数据。逻辑型是比较特殊的一种类型，只有 True 和 False 两种值。逻辑型数据直接输入即可，逻辑型数据在单元格中默认居中对齐。

9.Excel 2016 的退出

在 Excel 2016 窗口中，可以同时打开多个工作簿。如果窗口中只有一个工作簿，则使用以下 5 种方法之一均可先关闭工作簿，然后退出 Excel 2016。

方法 1：选择"文件"→"关闭"选项。

方法 2：单击窗口右上角的"关闭"按钮。

方法 3：双击标题栏最左侧空白处。

方法 4：按【Alt+F4】快捷键。

方法 5：右击任务栏上对应任务的按钮，在弹出的快捷菜单中选择"关闭窗口"命令，若同时编辑多个工作簿，则可在快捷菜单中选择"关闭所有窗口"命令。

说明：当 Excel 2016 窗口中打开多个工作簿时，执行方法 5 的操作，先顺序关闭每个工作簿，最后退出 Excel 2016 应用程序。如果执行方法 1、方法 2、方法 3、方法 4 的操作，只能关闭当前工作簿。

4.1.5　知识小结

在任务 4.1 的学习中，主要涉及 Excel 2016 的基本功能、工作界面及基本操作，知识点主要包括以下几个。

（1）Excel 2016 的启动与退出。

（2）工作簿的操作。

①新建工作簿。

②打开工作簿。

③保存工作簿。

④关闭工作簿。

（3）工作表的操作。

①插入工作表。

②删除工作表。

③重命名工作表。

④移动或复制工作表。

（4）单元格的操作。

①选定单元格。

②移动或复制单元格。

③定义单元格区域的名称。

（5）常用数据类型。

①数值型数据。

②文本型数据。

③日期型和时间型数据。

④逻辑型数据。

4.1.6　实战练习

（1）熟悉 Excel 2016 窗口各部分的组成。

（2）新建一个名为"数据分析.xlsx"的工作簿，在其中插入 3 张工作表，分别命名为"数据 1"、"数据 2"和"数据 3"。

（3）将"数据分析.xlsx"工作簿保存名称为"数据集.xlsx"的副本，并将"数据 1"、"数据 2"工作表删除。

（4）在"数据分析.xlsx"和"数据集.xlsx"工作簿中练习行、列及单元格的相关操作。

4.1.7　拓展练习

（1）在网上查找与 Office 2016 相关的插件及功能。

（2）在 Excel 2016 中体验与他人共享文档。

（3）在 Excel 2016 的"操作说明搜索"中任意输入一个信息，体验快速搜索命令。

📿 任务 4.2　个人收支流水账

4.2.1　任务能力提升目标

· 掌握 Excel 2016 工作表、行、列的相关操作。

· 掌握在 Excel 2016 中输入和填充数据的各类方法。

· 掌握 Excel 2016 中单元格格式的设置。

· 掌握 Excel 2016 中数据及表格结构的格式化方法。

- 掌握公式和函数的简单应用。
- 掌握打印输出表格的常用设置。

4.2.2　任务内容与要求

经过任务 4.1 的学习，小张已经掌握了 Excel 2016 的一些基本知识，于是她决定先从每个月的个人收支记账开始练习 Excel 2016 的基本操作。每月账单（即工作表）完成设置后的效果如图 4-9 所示。

序号	日期	摘要	收入	支出	支出明细	余额
01	2022年1月1日	基本工资	¥3,000.0			¥3,000.0
02	2022年1月2日	房租		¥1,000.0		¥2,000.0
03	2022年1月3日	看望老人		¥300.0		¥1,700.0
04	2022年1月4日	学习用品		¥86.0		¥1,614.0
05	2022年1月5日	绩效工资	¥2,000.0			¥3,614.0
06	2022年1月6日	物业费		¥150.0		¥3,464.0
07	2022年1月7日	日常生活费		¥200.0		¥3,264.0
08	2022年1月8日	服装费		¥500.0		¥2,764.0
09	2022年1月9日	水电费		¥300.0		¥2,464.0
10	2022年1月10日	电话费		¥150.0		¥2,314.0
11	2022年1月11日	奖金	¥1,000.0			¥3,314.0
12	2022年1月12日	日常生活费		¥300.0		¥3,014.0
13	2022年1月13日	保险费		¥300.0		¥2,714.0
14	2022年1月14日	汽车油费		¥300.0		¥2,414.0
15	2022年1月15日	人情来往		¥300.0		¥2,114.0
16	2022年1月16日	日常生活费		¥200.0		¥1,914.0
17	2022年1月17日	医药费		¥150.0		¥1,764.0
18	2022年1月18日	化妆品		¥200.0		¥1,564.0
19	2022年1月19日	娱乐		¥200.0		¥1,364.0
20	2022年1月20日	日常生活费		¥200.0		¥1,164.0
21	2022年1月21日	日常生活费		¥50.0		¥1,114.0
22	2022年1月22日	日常生活费		¥30.0		¥1,084.0
23	2022年1月23日	日常生活费		¥20.0		¥1,064.0
		月收入	¥6,000.0			
		月支出		¥4,936.0		
		月结余				¥1,064.0

图 4-9　个人收支流水账

每月账单的具体要求如下。

（1）创建一个账簿，将其保存在自己的生活文件夹中，账簿的名称为"2022 年个人收支流水账.xlsx"。

（2）账簿记录 2022 年前三个月的流水帐，每个月的流水账单独用一张工作表存放。工作表名称分别为"2022 年 1 月"、"2022 年 2 月"、"2022 年 3 月"，工作表标签分别为"红色"、"绿色"和"紫色"。每张工作表的表头与标题行的内容、格式均一致。

（3）表头：位于工作表首行，内容为"个人收支流水账"，字体为"楷体"，字号为"20"，字形为"加粗"，对齐方式为"居中"，行高为"30"。

（4）标题行：包括"序号"、"日期"、"摘要"、"收入"、"支出"、"余额"等项目，字体为"宋体"，字号为"14"，字形为"加粗"，行高为"20"，列宽为"自动调整列宽"，标题行设置为浅粉色底纹。

（5）数据："序号"、"日期"、"摘要"、"收入"、"支出"按实际数据输入，"余额"根据收入和支出情况计算后填入，每月计算"月收入"、"月支出"和"月结余"；"序号"和"摘要"列数据类型为字符型、"日期"列数据类型为日期型、其余列为货币型，数据保留 1 位小数；数据区字体为"宋体"，字号为"12"，水平垂直均居中对齐；数据区行高为"20"。

（6）账单中"支出明细"列，通过插入列添加，月底账单中有多余的空行要删除。

（7）边框：除表头外，数据区加边框，外边框为蓝色实线边框，内边框为浅蓝色虚线边框。

（8）打印：设置表头及数据区域为打印区域，纸张为 A4 纸，页面上下边距均为"2.5厘米"，左右边距均为"3 厘米"。

4.2.3　任务分析

根据任务的内容和要求，从新建一个空白工作簿到完成流水账的记录，均可以使用Excel 2016 提供的相应功能完成。Excel 2016 对完成一个任务的操作要求比较严格，小张需要按以下操作顺序进行。

（1）新建空白工作簿并以"2022 年个人收支流水账.xlsx"为名保存在合适的位置。

（2）制作流水账表表头。

（3）输入数据。

（4）进行月汇总。

（5）设置表格格式。

（6）设置文本格式。

（7）设置对齐方式。

（8）设置数值型数据格式。

（9）设置边框和底纹。

（10）插入删除行或列。

（11）页面设置及打印。

（12）制作"2022 年 2 月"流水账表单。

（13）制作"2022 年 3 月"流水账表单。

（14）保存工作簿。

4.2.4　任务实施

1.新建空白工作簿并保存

步骤 1：新建空白工作簿。启动 Excel 2016，在"开始"界面选择"空白工作簿"选项，如图 4-10 所示，新建一个名为"工作簿 1"的空白工作簿。

步骤 2：保存工作簿。单击"快速访问工具栏"中的"保存"按钮，在窗口右侧选择"浏览"按钮，在弹出的"另存为"对话框中选择文件的保存位置，输入文件名"2022 年个人收支流水账"，单击"保存"按钮。

图 4-10 新建空白工作簿

说明：如果要保存其他类型的文件，则可在保存类型的下拉列表中选择相应的文件类型。详见本任务的"拓展知识"。

2.制作流水账表表头

流水账表表头包括表格标题和列标题两行数据。

步骤 1：插入工作表。单击两次工作表标签右侧的插入"新工作表"按钮⊕，依次插入两张新的工作表"Sheet2"和"Sheet3"。

步骤 2：修改工作表名称。双击"Sheet1"工作表标签，输入"2022 年 1 月"，按【Enter】键；右击"Sheet2"工作表标签，弹出如图 4-11 所示的快捷菜单，选择"重命名(R)"命令，输入"2022 年 2 月"，按【Enter】键；将"Sheet3"工作表重命名为"2022 年 3 月"。

步骤 3：设置工作表标签颜色。右击"2022 年 2 月"工作表标签，在弹出的快捷菜单中选择"工作表标签颜色(T)"命令，弹出如图 4-12 所示的列表，选择"标准色"中的"绿色"；采用同样的方法，将"2022 年 1 月"工作表标签颜色设置为"标准色"→"红色"、"2022 年 3 月"工作表标签颜色设置为"标准色"→"紫色"。

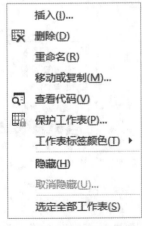

图 4-11 工作表标签快捷菜单

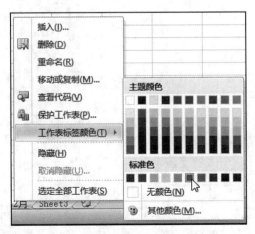

图 4-12 "工作表标签颜色(T)"命令

步骤 4：输入表格标题数据。单击"2022 年 1 月"工作表标签，单击或双击 A1 单元格，输入"个人收支流水账"。

步骤 5：输入列标题数据。在"A2:F2"单元格区域内依次输入"序号"、"日期"、"摘要"、"收入"、"支出"、"余额"。完成输入后的效果如图 4-13 所示。

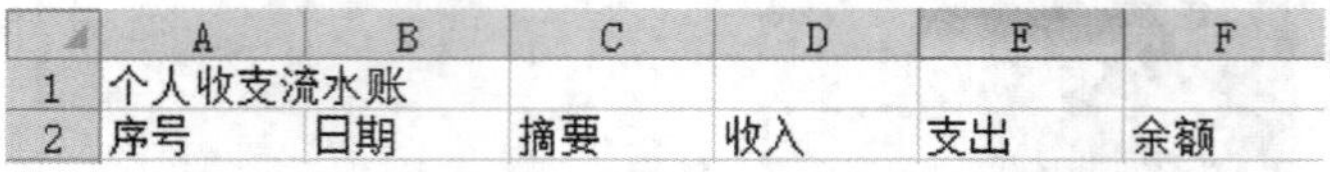

	A	B	C	D	E	F
1	个人收支流水账					
2	序号	日期	摘要	收入	支出	余额

图 4-13　输入数据后表头的效果图

3.输入数据

1）输入"序号"列数据

"序号"列数据用两位数字按自然数序列排序，利用 Excel 2016 提供的填充功能填充该列数据。

步骤：单击 A3 单元格，输入英文字符"'"，再输入数字"01"，按【Enter】键，拖动 A3 单元格右下角的数据填充柄至 A22 单元格，如图 4-14 所示。完成"序号"列数据填充后的效果如图 4-15 所示。

2）输入"日期"列数据

步骤 1：输入日期型数据。单击 B3 单元格，输入"2022/1/1"，按【Enter】键。

步骤 2：设置日期型数据格式。右击 B3 单元格，弹出如图 4-16 所示的快捷菜单，选择"设置单元格格式(F)…"命令，打开如图 4-17 所示的"设置单元格格式"对话框，单击"数字"选项卡下的"分类(C):"列表框中的"日期"选项，在"类型(T):"列表框中选择如图 4-17 所示的日期类型，单击"确定"按钮。

步骤 3：填充"日期"列数据。双击 B3 单元格的数据填充柄，完成日期的批量填充。

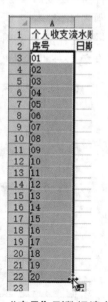

图 4-14　数据填充柄　　　图 4-15　"序号"列数据填充后的效果 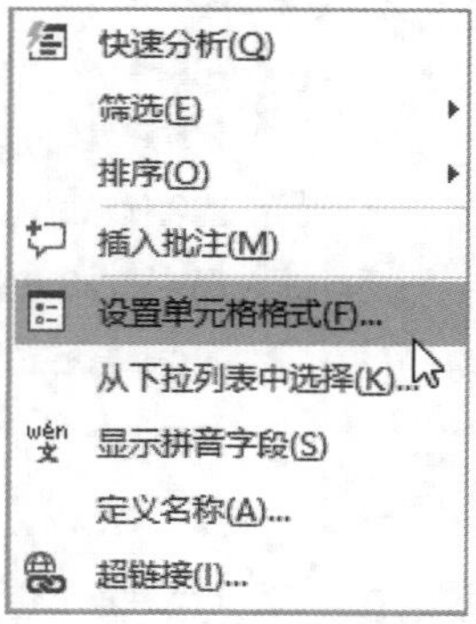　　　图 4-16　快捷菜单

图 4-17　"设置单元格格式"对话框

说明：填充时可能有的单元格会显示"#########"，并不是输入错误，是单元格宽度不够造成的。

3）输入"摘要"、"收入"与"支出"列数据

三列数据均无规律，参照样图手工输入即可。"摘要"列为字符型数据，"支出"与"收入"列为数值型数据。完成上述输入后，"2022 年 1 月"工作表的效果如图 4-18 所示。

说明：输入数据若有误，则可选中相应单元格按【Delete】键删除。

	A	B	C	D	E
1	个人收入流水账				
2	序号	日期	摘要	收入	支出
3	01	2022年1月1日	基本工资	3000	
4	02	2022年1月2日	房租		1000
5	03	2022年1月3日	看望老人		300
6	04	2022年1月4日	学习用品		86
7	05	2022年1月5日	绩效工资	2000	
8	06	2022年1月6日	物业费		150
9	07	2022年1月7日	日常生活费		200
10	08	2022年1月8日	服装费		500
11	09	2022年1月9日	水电费		300
12	10	2022年1月10日	电话费		150
13	11	2022年1月11日	奖金	1000	
14	12	2022年1月12日	日常生活费		300
15	13	2022年1月13日	保险费		300
16	14	2022年1月14日	汽车油费		300
17	15	2022年1月15日	人情来往		300
18	16	2022年1月16日	日常生活费		200
19	17	2022年1月17日	医药费		150
20	18	2022年1月18日	化妆品		200
21	19	2022年1月19日	娱乐		200
22	20	2022年1月20日	日常生活费		200

图 4-18　"2022 年 1 月"工作表的效果

4）输入"余额"列数据

余额=本次收入+上次余额－本次支出。Excel 2016 提供了公式计算功能，使用公式来完成"余额"列的输入。

步骤 1：输入 1 月第一笔余额。单击 F3 单元格，输入"="后单击 D3 单元格，然后输入"－"再单击 E3 单元格，如图 4-19 所示。完成输入后按【Enter】键，输入后的效果如图 4-20 所示。

说明：余额的输入需要用到公式。公式的应用详见"拓展知识"。

F
余额
3000
2000
1700
1614
3614
3464
3264
2764
2464
2314
3314

摘要	收入	支出	余额
基本工资	3000		=D3-E3

图 4-19　公式的输入

摘要	收入	支出	余额
基本工资	3000		3000

图 4-20　余额输入后的效果　　图 4-21　"余额"列数据填充后的效果

步骤 2：输入"余额"列其余数据。单击 F4 单元格，输入"=F3+D4－E4"，按【Enter】键，双击 F4 单元格填充柄完成整列数据的填充。"余额"列数据填充后的效果如图 4-21 所示。

4.进行月汇总

Excel 2016 有大量内置函数，预先定义了一定的功能，使用这些功能时，只需要调用相关函数即可。

步骤 1：计算月收入。在 B24 单元格中输入"月收入"，选中 D24 单元格，单击"开始"选项卡→"编辑"组→"自动求和"右侧的下拉箭头，在其下拉列表中选择"求和(S)"命令，如图 4-22 所示。D24 单元格出现如图 4-23 所示的函数，检查数据区域是否正确，若不正确，则更改为"D3:D23"，按【Enter】键。

步骤 2：计算月支出。在 B25 单元格中输入"月支出"，单击 E25 单元格并输入"=sum()"，将光标放置在括号内，用鼠标选中"E3:E23"单元格区域，如图 4-24 所示，按【Enter】键。

Σ	求和(S)
	平均值(A)
	计数(C)
	最大值(M)
	最小值(I)
	其他函数(F)…

图 4-22　求和函数

月收入	=SUM(D3:D23)
月支出	SUM(**number1**, [number2], …)
月结余	

图 4-23　计算月收入

步骤 3：计算月结余。在 B26 单元格中输入"月结余"，单击 F26 单元格并输入"=D24－E25"，如图 4-25 所示，按【Enter】键。输入完成后的效果如图 4-26 所示。

说明：如果函数中的单元格区域引用不正确，可手工修改。

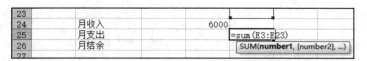

23
24
月收入
6000
25
月支出
=sum(E3:E23)
26
月结余
SUM(number1, [number2], ...)

图 4-24　计算月支出

24
月收入
6000
25
月支出
4836
26
月结余
=D24-E25

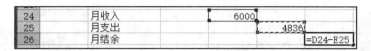

图 4-25　计算月余额

24
月收入
6000
25
月支出
4836
26
月结余
1164

图 4-26　计算结果

5.设置表格格式

1）调整行高

步骤 1：设置表格标题行行高。右击第 1 行行号，在弹出的快捷菜单中选择“行高(R)...”命令，在弹出的“行高”对话框中输入“30”，单击“确定”按钮，如图 4-27 所示。

步骤 2：设置表格其余行行高。在行号上拖动鼠标选中第 2~26 行，选择“开始”选项卡→“单元格”组→“格式”按钮下拉列表中的“行高(H)...”，打开“行高”对话框，在其中输入“20”，单击“确定”按钮，如图 4-28 所示。

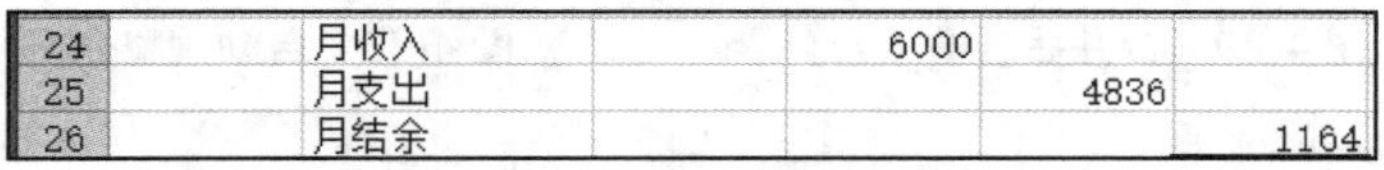

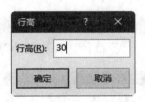

行高
?
行高(R):
30
确定
取消

图 4-27　“行高”对话框

单元格大小
行高(H)...
自动调整行高(A)
列宽(W)...
自动调整列宽(I)
默认列宽(D)...

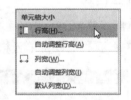

图 4-28　行高设置

2）调整列宽

步骤 1：合并表格标题单元格。选中“A1:F1”单元格区域，选择“开始”选项卡→“对齐方式”组→“合并后居中”按钮，如图 4-29 所示。

步骤 2：设置列宽。在列号上拖动鼠标选中 A 列至 F 列，选择“开始”选项卡→“单元格”组→“格式”按钮下拉列表中的“自动调整列宽(I)”选项，如图 4-30 所示。

6.设置文本格式

步骤 1：设置表格标题文本格式。选中表格标题，在“开始”选项卡→“字体”组中依次选择“楷体”、“20”、“加粗”，如图 4-31 所示。

步骤 2：设置列标题文本格式。选中“A2:F2”单元格，在“开始”选项卡→“字体”组中依次选择“宋体”、“14”、“加粗”。

步骤 3：设置数据区域文本格式。选中“A3:F26”单元格，在“开始”选项卡→“字体”组中依次选择“宋体”、“12”。

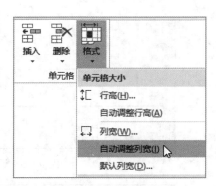

图 4-29　合并后居中　　　　　　　图 4-30　自动调整列宽

7.设置对齐方式

选中"A2:F26"单元格区域，在"开始"选项卡→"对齐方式"组中依次选择"居中"和"垂直居中"选项，如图 4-32 所示。

图 4-31　字体设置　　　　　　　图 4-32　对齐方式

8.设置数值型数据格式

选中"D3:F26"单元格区域，右击，在弹出的快捷菜单中选择"设置单元格格式(F)…"命令，打开如图 4-33 所示的"设置单元格格式"对话框，选择"数字"选项卡"分类(C):"

图 4-33　"设置单元格格式"对话框

列表框中的"货币"选项，将"小数位数(D):"设置为"1"，"货币符号（国家/地区）(S):"设置为"￥"，单击"确定"按钮，如图 4-34 所示。

个人收入流水账					
序号	日期	摘要	收入	支出	余额
01	2022年1月1日	基本工资	￥3,000.0		￥3,000.0
02	2022年1月2日	房租		￥1,000.0	￥2,000.0
03	2022年1月3日	看望老人		￥300.0	￥1,700.0
04	2022年1月4日	学习用品		￥86.0	￥1,614.0
05	2022年1月5日	绩效工资	￥2,000.0		￥3,614.0
06	2022年1月6日	物业费		￥150.0	￥3,464.0
07	2022年1月7日	日常生活费		￥200.0	￥3,264.0
08	2022年1月8日	服装费		￥500.0	￥2,764.0
09	2022年1月9日	水电费		￥300.0	￥2,464.0
10	2022年1月10日	电话费		￥150.0	￥2,314.0
11	2022年1月11日	奖金	￥1,000.0		￥3,314.0
12	2022年1月12日	日常生活费		￥300.0	￥3,014.0
13	2022年1月13日	保险费		￥300.0	￥2,714.0
14	2022年1月14日	汽车油费		￥300.0	￥2,414.0
15	2022年1月15日	人情来往		￥300.0	￥2,114.0
16	2022年1月16日	日常生活费		￥200.0	￥1,914.0
17	2022年1月17日	医药费		￥150.0	￥1,764.0
18	2022年1月18日	化妆品		￥200.0	￥1,564.0
19	2022年1月19日	娱乐		￥200.0	￥1,364.0
20	2022年1月20日	日常生活费		￥200.0	￥1,164.0
		月收入	￥6,000.0		
		月支出		￥4,836.0	
		月结余			￥1,164.0

图 4-34　设置数据格式

说明：如果某个单元格中显示一串"#######"，这通常表示单元格宽度不够，无法显示全部的数据，只需加大列宽即可正常显示。

9.设置边框和底纹

步骤 1：设置数据表边框。选中"A2:F26"数据区域，选择"开始"选项卡→"字体"组→"下框线" 🔲˙下拉列表中的"其他边框(M)"，打开如图 4-35 所示的对话框，在"样

图 4-35　外边框设置

式(S):"列表框中选择右侧一列第 5 条线 ▭▭▭，在"颜色(C):"下拉列表框中选择"标准色"中的"蓝色"，在"预置"组中单击"外边框(O)"按钮；在"样式(S):"列表框中选择左侧一列第 3 条线 - - - - - -，在"颜色(C):"下拉列表框中选择"标准色"中的"浅蓝"，在"预置"组中单击"内部(I)"按钮，单击"确定"按钮完成边框的设置。设置边框后的效果如图 4-36 所示。

	序号	日期	摘要	收入	支出	余额
1			个人收支流水账			
3	01	2022年1月1日	基本工资	¥3,000.0		¥3,000.0
4	02	2022年1月2日	房租		¥1,000.0	¥2,000.0
5	03	2022年1月3日	看望老人		¥300.0	¥1,700.0
6	04	2022年1月4日	学习用品		¥86.0	¥1,614.0
7	05	2022年1月5日	绩效工资	¥2,000.0		¥3,614.0
8	06	2022年1月6日	物业费		¥150.0	¥3,464.0
9	07	2022年1月7日	日常生活费		¥200.0	¥3,264.0
10	08	2022年1月8日	服装费		¥500.0	¥2,764.0
11	09	2022年1月9日	水电费		¥300.0	¥2,464.0
12	10	2022年1月10日	电话费		¥150.0	¥2,314.0
13	11	2022年1月11日	奖金	¥1,000.0		¥3,314.0
14	12	2022年1月12日	日常生活费		¥300.0	¥3,014.0
15	13	2022年1月13日	保险费		¥300.0	¥2,714.0
16	14	2022年1月14日	汽车油费		¥300.0	¥2,414.0
17	15	2022年1月15日	人情来往		¥300.0	¥2,114.0
18	16	2022年1月16日	日常生活费		¥200.0	¥1,914.0
19	17	2022年1月17日	医药费		¥150.0	¥1,764.0
20	18	2022年1月18日	化妆品		¥200.0	¥1,564.0
21	19	2022年1月19日	娱乐		¥200.0	¥1,364.0
22	20	2022年1月20日	日常生活费		¥200.0	¥1,164.0
23						
24			月收入	¥6,000.0		
25			月支出		¥4,836.0	
26			月结余			¥1,164.0

图 4-36 设置边框后的效果图

步骤 2：设置列标题行填充色。选中"A2:F2"单元格区域，打开"设置单元格格式"对话框，选择"填充"选项卡，选择背景色中的"浅粉色"，单击"确定"按钮，如图 4-37 所示。设置完成后的效果如图 4-38 所示。

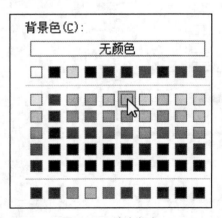

图 4-37 填充颜色

序号	日期	摘要	收入	支出	余额

图 4-38　填充效果

10.插入删除行或列

步骤 1：删除空行。右击第 23 行行号，在弹出的快捷菜单中选择"删除(D)"命令。

步骤 2：插入空列。右击 A 列列号，在弹出的快捷菜单中选择"插入(I)"命令。

步骤 3：插入多行。选中第 23~25 行，右击，在弹出的快捷菜单中选择"插入(I)"命令，此时一次插入三个新行。在插入的行中输入如图 4-39 所示的数据。输入"序号"、"日期"、"摘要"、"余额"列数据时，均可选中相应的第 22 行单元格后，直接拖动填充柄完成输入。

修改 E26 和 F27 单元格中 SUM 函数的参数为"E3:E25"，修改 H28 单元格的公式为"E26－F27"。

步骤 4：插入"支出明细"列。右击 G 列列号，在弹出的快捷菜单中选择"插入(I)"命令。在 G2 单元格输入"支出明细"，将光标移动至 G 列右侧，待光标变成➕形状后拖动鼠标，将列宽设置为需要的宽度。

21	19	2022年1月19日	娱乐	¥200.0	¥1,364.0
22	20	2022年1月20日	日常生活费	¥200.0	¥1,164.0
23	21	2022年1月21日	日常生活费	¥50.0	¥1,114.0
24	22	2022年1月22日	日常生活费	¥30.0	¥1,084.0
25	23	2022年1月23日	日常生活费	¥20.0	¥1,064.0

图 4-39　插入多行输入数据后的效果图

11.页面设置及打印

步骤 1：设置打印区域。选中"B2:H28"数据区域，选择"页面布局"菜单→"页面设置"组→"打印区域"下拉列表中的"设置打印区域(S)"选项，如图 4-40 所示。

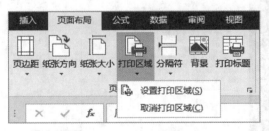

图 4-40　设置打印区域

步骤 2：设置页面格式。选择"页面布局"菜单→"页面设置"组→"页边距"下拉列表中的"自定义边距(A)…"选项，打开"页面设置"对话框，如图 4-41 所示，设置上、下边距均为 2.5，左、右边距均为 3，"居中方式"设置为"水平"，单击"确定"按钮。

步骤 3：打印流水账单。选择"文件"→"打印"，在"打印"窗口预览打印效果，如无其他设置，直接单击"打印"按钮，如图 4-42 所示。

说明：正确连接打印机且打印机设置一切正常才能正常打印。

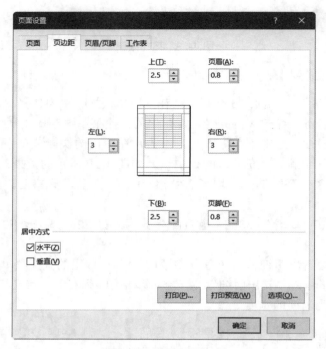

图 4-41　设置页面格式

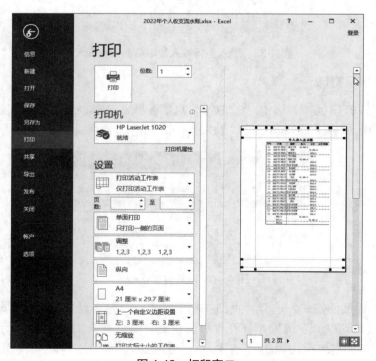

图 4-42　打印窗口

12.制作"2022 年 2 月"流水账表单

步骤 1：复制表格区域。单击"文件"窗口中的返回按钮 返回编辑状态，选中"B1:H28"

数据区域，右击，在弹出的快捷菜单中选择"复制(C)"命令，单击"2022 年 2 月"工作表标签打开此工作表，右击"A1"单元格，在弹出的快捷菜单中选择"粘贴选项:"组的"粘贴"命令 ，如图 4-43 所示。

图 4-43　粘贴选项

步骤 2：清除原始内容。选中"C3:G28"数据区域，右击，在弹出的快捷菜单中选择"清除内容(N)"命令。

步骤 3：调整行高和列宽。根据实际情况设置合适的行高和列宽。选中 B 至 G 的 6 列数据，将光标放在任意两个列号的分隔线处，当光标变为左右双向箭头 ✛ 时，拖动鼠标至合适的列宽。使用同样的方法设置合适的行高。

步骤 4：输入日期型数据。双击选中 B3 单元格，修改内容为"2022 年 2 月 1 日"，拖动填充柄至 B25 单元格。

步骤 5：清除原始格式。右击第 3 行行号，在弹出的快捷菜单中选择"插入(I)"命令，插入一个新行，选中此行在"开始"菜单→"编辑"组→"清除"下拉列表中的"清除格式(F)"。

步骤 6：输入上月结余。在 C3 单元格中输入"上月结余"，在 G3 单元格中输入"="后单击"2022 年 1 月"工作表的"H28"单元格，按【Enter】键。将 G3 单元格的格式设置为"货币，保留 1 位小数"。输入上月结余后的效果如图 4-44 所示。

步骤 7：在"C4:E26"单元格区域根据实际情况输入数据。

步骤 8：余额公式填充。在 G4 单元格中输入公式"=G3+D4−E4"，然后拖动填充柄至 G26。

个人收支流水账

序号	日期	摘要	收入	支出	支出明细	余额
		上月结余				¥1,064.

图 4-44　输入上月结余后的效果

步骤 9：在单元格中输入公式。选中 D27 单元格，单击编辑栏的插入函数按钮 f_x，打开"插入函数"对话框，在"或选择类别(C):"下拉列表框中选择"常用函数"，在"选择函数(N):"下拉列表框中选择"SUM"函数，如图 4-45 所示，单击"确定"按钮；在打开的"函数参数"对话框中单击"Number1"文本框右侧的按钮 ⬆，如图 4-46 所示。在如图 4-47 所示的"函数参数"对话框中，在光标置于文本框后，拖动选中"D3:D26"单元格区域，单击右侧的按钮 ⬇，返回到如图 4-46 所示的对话框，单击"确定"按钮。

使用相同的方法，在 E28 单元格计算出"月支出"总和。

步骤 10：单击选中 G29 单元格，在该单元格中输入"=G3+D27−E28"，再按【Enter】键结束。

说明：在单元格中插入公式或函数，在参与运算的单元格中输入数据后，运算结果就会直接显示在参与运算的单元格中，无需输入数据后再进行计算。在实际应用中，可以根据需要增减行和列。

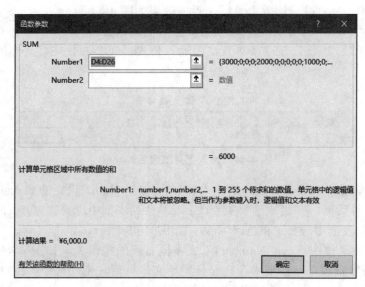

图 4-45 "插入函数"对话框

图 4-46 "函数参数"对话框 1

图 4-47 "函数参数"对话框 2

13.制作"2022 年 3 月"流水账表单

步骤 1：删除工作表。右击"2022 年 3 月"工作表标签，在弹出的快捷菜单中选择"删除(D)"命令。

步骤 2：复制工作表。右击"2022 年 2 月"工作表标签，在弹出的快捷菜单中选择"移动或复制(M)…"命令，将打开"移动或复制工作表"对话框，选择"移至最后"，勾选"建立副本(C)"复选框，单击"确定"按钮，更改工作表名称为"2022 年 3 月"。

步骤 3：制作"2022 年 3 月"流水账表单。修改 G3 单元格公式为"='2022 年 2 月'!G29"，其余操作方法同制作"2022 年 2 月"流水账表单的操作方法。

14.保存工作簿

单击"文件"→"保存"进行存盘，单击右上角的 ☒ 按钮关闭工作簿，退出 Excel 2016 环境。

注意：在实际操作中，要随时注意保存。

4.2.5　知识小结

个人收支流水账的制作应用了 Excel 2016 提供的处理工作簿、工作表、数据、公式和函数等功能，涉及的主要知识点包括以下几个。

（1）工作簿的操作。

①新建工作簿。

②保存工作簿。

③关闭工作簿。

（2）工作表的操作。

①工作表的插入。

②工作表的删除。

③工作表的复制。

④工作表的重命名及设置标签颜色。

⑤设置工作表打印区域。

⑥页面布局。

⑦打印工作表。

（3）数据的输入。

①数值型、文本型、日期型数据的输入。

②数据序列、公式的填充。

③公式和函数的使用。

（4）行、列、单元格的操作。

①行和列的选定、插入和删除。

②设置行高和列宽。

③单元格的选定和复制。

④单元格格式的设置，包括数字格式、对齐方式、字体、字号、表格边框及填充等的设置。

4.2.6 实战练习

小王是某中学的教务处管理人员，主要负责学生的学籍管理工作。她利用 Excel 2016 来存储和管理学生的信息，要求输入学生基本信息按照如图 4-48 所示的格式存盘并打印。具体要求如下。

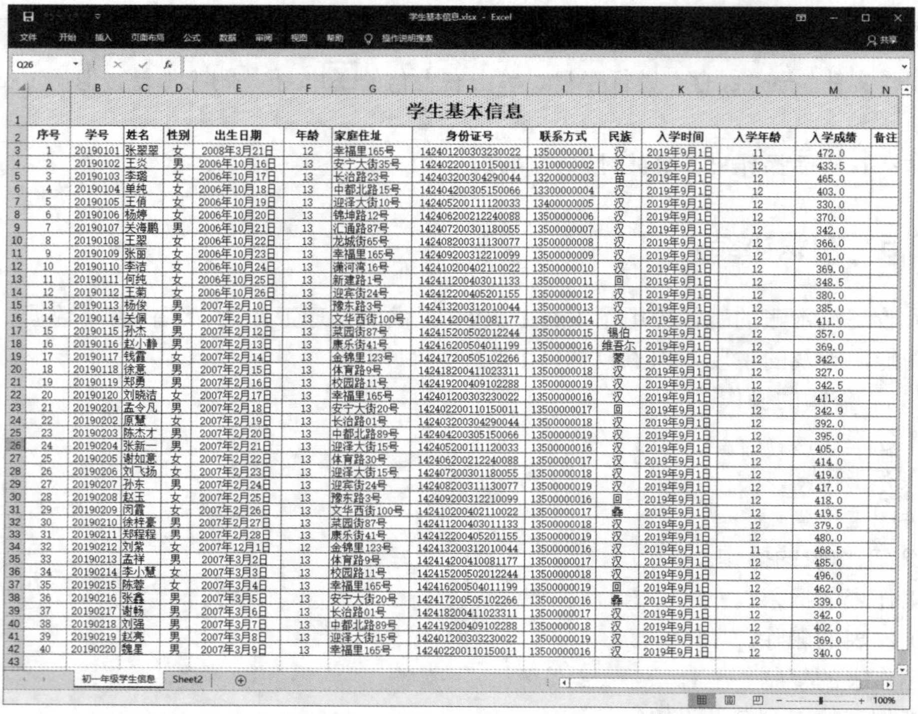

学生基本信息

序号	学号	姓名	性别	出生日期	年龄	家庭住址	身份证号	联系方式	民族	入学时间	入学年龄	入学成绩	备注
1	20190101	张翠翠	女	2008年3月21日	12	幸福里165号	142401200303230022	13500000001	汉	2019年9月1日	11	472.0	
2	20190102	王炎	男	2006年10月16日	13	安宁大街35号	142402200110150011	13100000002	汉	2019年9月1日	12	433.5	
3	20190103	李璐	女	2006年10月17日	13	长治路23号	142403200304290044	13200000003	苗	2019年9月1日	12	465.0	
4	20190104	单纯	女	2006年10月18日	13	中都北路15号	142404200305150066	13300000004	汉	2019年9月1日	12	403.0	
5	20190105	王俏	女	2006年10月19日	13	迎泽大街10号	142405200111120033	13400000005	汉	2019年9月1日	12	330.0	
6	20190106	杨婷	女	2006年10月20日	13	锦坤路12号	142406200212240088	13500000006	汉	2019年9月1日	12	370.0	
7	20190107	关海鹏	男	2006年10月21日	13	汇通路87号	142407200301180055	13500000007	汉	2019年9月1日	12	342.0	
8	20190108	王翠	女	2006年10月22日	13	龙城街65号	142408200311130077	13500000008	汉	2019年9月1日	12	366.0	
9	20190109	张丽	女	2006年10月23日	13	幸福里165号	142409200312210099	13500000009	汉	2019年9月1日	12	301.0	
10	20190110	李洁	女	2006年10月24日	13	潇河湾16号	142410200402110022	13500000010	汉	2019年9月1日	12	369.0	
11	20190111	何纯	女	2006年10月25日	13	新建路1号	142411200403011133	13500000011	回	2019年9月1日	12	348.5	
12	20190112	王菊	女	2006年10月26日	13	迎宾街24号	142412200405201155	13500000012	汉	2019年9月1日	12	380.0	
13	20190113	杨俊	男	2007年2月10日	13	豫东路3号	142413200312010044	13500000013	汉	2019年9月1日	12	385.0	
14	20190114	关佩	男	2007年2月11日	13	文华西街100号	142414200410081177	13500000014	汉	2019年9月1日	12	411.0	
15	20190115	孙杰	男	2007年2月12日	13	菜园街87号	142415200502012244	13500000015	锡伯	2019年9月1日	12	357.0	
16	20190116	赵小静	男	2007年2月13日	13	康乐街41号	142416200504011199	13500000016	维吾尔	2019年9月1日	12	369.0	
17	20190117	钱霞	女	2007年2月14日	13	金锦里123号	142417200505102266	13500000017	蒙	2019年9月1日	12	342.0	
18	20190118	徐意	男	2007年2月15日	13	体育路9号	142418200411023311	13500000018	汉	2019年9月1日	12	327.0	
19	20190119	郑勇	男	2007年2月16日	13	校园路11号	142419200409102288	13500000019	汉	2019年9月1日	12	342.5	
20	20190120	刘晓洁	女	2007年2月17日	13	幸福里165号	142401200303230022	13500000016	汉	2019年9月1日	12	411.8	
21	20190201	孟令凡	男	2007年2月18日	13	安宁大街20号	142402200110150011	13500000017	回	2019年9月1日	12	342.9	
22	20190202	原慧	女	2007年2月19日	13	长治路01号	142403200304290044	13500000018	汉	2019年9月1日	12	392.0	
23	20190203	陈杰才	男	2007年2月20日	13	中都北路89号	142404200305150066	13500000019	汉	2019年9月1日	12	395.0	
24	20190204	张新一	男	2007年2月21日	13	迎泽大街15号	142405200111120033	13500000016	汉	2019年9月1日	12	405.0	
25	20190205	谢如意	女	2007年2月22日	13	体育路30号	142406200212240088	13500000017	汉	2019年9月1日	12	414.0	
26	20190206	刘飞扬	女	2007年2月23日	13	迎泽大街15号	142407200301180055	13500000018	汉	2019年9月1日	12	419.0	
27	20190207	孙东	男	2007年2月24日	13	迎宾街24号	142408200311130077	13500000019	汉	2019年9月1日	12	417.0	
28	20190208	赵玉	女	2007年2月25日	13	豫东路3号	142409200312210099	13500000016	回	2019年9月1日	12	418.0	
29	20190209	闵霞	女	2007年2月26日	13	文华西街100号	142410200402110022	13500000017	彝	2019年9月1日	12	419.5	
30	20190210	徐梓豪	男	2007年2月27日	13	菜园街87号	142411200403011133	13500000018	汉	2019年9月1日	12	379.0	
31	20190211	郑程程	男	2007年2月28日	13	康乐街41号	142412200405201155	13500000019	汉	2019年9月1日	12	480.0	
32	20190212	刘紫	女	2007年12月1日	12	金锦里123号	142413200312010044	13500000016	汉	2019年9月1日	11	468.5	
33	20190213	孟祥	男	2007年3月2日	13	体育路9号	142414200410081177	13500000017	汉	2019年9月1日	12	485.0	
34	20190214	李小慧	女	2007年3月3日	13	校园路11号	142415200502012244	13500000018	汉	2019年9月1日	12	496.0	
35	20190215	陈蓉	女	2007年3月4日	13	幸福里165号	142416200504011199	13500000019	回	2019年9月1日	12	462.0	
36	20190216	张鑫	男	2007年3月5日	13	安宁大街20号	142417200505102266	13500000016	彝	2019年9月1日	12	339.0	
37	20190217	谢畅	男	2007年3月6日	13	长治路01号	142418200411023311	13500000017	汉	2019年9月1日	12	342.0	
38	20190218	刘强	男	2007年3月7日	13	中都北路89号	142419200409102288	13500000018	汉	2019年9月1日	12	402.0	
39	20190219	赵亮	男	2007年3月8日	13	迎泽大街15号	142401200303230022	13500000019	汉	2019年9月1日	12	369.0	
40	20190220	魏星	男	2007年3月9日	13	幸福里165号	142402200110150011	13500000016	汉	2019年9月1日	12	340.0	

图 4-48　学生基本信息

（1）使用 Excel 2016 创建一个名为“学生基本信息.xlsx”的新工作簿。

（2）将“Sheet1”工作表更名为“初一年级学生信息”。

（3）输入学生的基本信息，输入时将序号、学号、身份证号、联系方式等列数据设置为文本型数据，出生日期和入学日期设置为如图 4-48 所示的显示格式。

（4）序号、性别、民族等列的列宽设置为“7”，其他列设置为“自动调整列宽”。

（5）标题行字体设置为“宋体，20，加粗”，字段行字体设置为“宋体，12，加粗”，其余数据设置为“宋体，11”。

（6）除姓名和家庭地址外，其他列的文本对齐方式设置为水平、垂直均居中。

（7）数据区域设置蓝色、默认线型、内外边框。

（8）A1 单元格数据设置填充格式为背景色“浅灰色”，图案颜色为“浅蓝色”，图案样式为“6.25%灰色”。

（9）设置页面大小为“A4”、纸张方向为“横向”、上下页边距为“2 厘米”、左右页边距为“1.5 厘米”、页眉页脚为“0.5 厘米”。

4.2.7　扩展练习

（1）参考本项目的"扩展知识"或网络查询了解 Excel 2016 支持的多种文件格式，如 xlsm 文件、xltx 文件、xltm 文件等。

（2）参考本项目的"扩展知识"或网络查询掌握 Excel 2016 中等比序列、等差序列及自定义序列的填充方法。

（3）参考本项目的"扩展知识"或网络查询了解 Excel 2016 常用函数的功能、格式及使用方法，如 IF 函数、RANK 函数、VLOOKUP 函数等。

任务 4.3　学生成绩管理

4.3.1　任务能力提升目标

- 掌握 Excel 2016 同时编辑多张工作表的方法。
- 掌握 Excel 2016 中 IF、RANK、SUM、AVERAGE、MAX、MIN 函数的用法。
- 掌握 Excel 2016 中条件格式的设置方法。
- 掌握 Excel 2016 中排序的相关操作。
- 掌握 Excel 2016 中图表的创建与编辑。

4.3.2　任务内容及要求

通过任务 4.2 的学习，小张掌握了 Excel 2016 的常用操作。期末考试后，他准备利用 Excel 2016 对学生成绩进行管理和分析。学生成绩已存储在文件名为"学生期末考试成绩.xlsx"的工作簿中。成绩管理和分析要求如下。

（1）对"初三（1）班期末成绩"和"初三（2）班期末成绩"工作表进行格式化操作：将第一列"学号"设为文本，将所有成绩列设为保留两位小数的数值，居中对齐，数据区域添加黑色单线边框。

（2）利用 SUM 和 AVERAGE 函数计算每个学生的总分及平均分并保留两位小数。

（3）利用 MAX 和 MIN 函数计算每个科目的最高分和最低分。

（4）在学号后增加一列，字段名为"姓名"，并完成姓名列数据的复制。"姓名"和"学号"的对应关系分别存放在"初三（1）班学生信息"和"初三（2）班学生信息"工作表中。

（5）在"初三（1）班期末成绩"工作表中，将语文、数学、外语三科中高于 110 分的成绩所在单元格格式设置为"浅蓝色填充，绿色加粗文本"。

（6）插入一张新的工作表，更名为"总成绩"，将"初三（1）班期末成绩"和"初三（2）班期末成绩"工作表的内容复制到"总成绩"工作表，并设置数据格式。将"总成绩"工作表复制并重命名为"成绩排名"，利用 RANK 函数计算排名。

（7）在"初三（1）班期末成绩"工作表中，根据"总分"对成绩进行降序排序；在

"初三（2）班期末成绩"工作表中，根据"总分"对成绩进行升序排序。

（8）在"总成绩"工作表中，根据"总分"对成绩进行降序排序，若总分一致，则按数学成绩降序排列，若数学成绩也一样，则按语文成绩降序排列。

（9）在"成绩排名"工作表中，计算各科及总分的均值，计算优秀标准分数线（满分的 90%为优秀标准线）。根据优秀标准判断每个同学是否优秀。

（10）以"初三（1）班期末成绩"工作表中的"姓名"、"语文"、"数学"、"英语"列建立"簇状柱形图"，要求系列产生在行，图表标题为"初三（1）班成绩图"，图例显示在右侧，横坐标标题为"科目"，纵坐标标题为"成绩"。将图表以一张单独的工作表存储，名为"（1）班成绩分布图"。

（11）以"初三（2）班期末成绩"工作表中的"姓名"和"平均分"列建立"带数据标志的折线图"。对生成的折线图进行修饰：去掉图表的网格线、设置绘图区背景为"雨后初晴"渐变填充、数据标签显示为类别名称和值、图表区添加"红色，18pt 发光"轮廓。

（12）在"总成绩"工作表中计算各科的平均分并建立各科平均分三维饼图。要求：图表标题为"各科平均分占比图"、更改图表类型为"饼图"、数据标签设置为"百分比"和"类别名称"、图表嵌入"M1:S17"单元格区域。

4.3.3　任务分析

Excel 2016 具有较强的数据计算、数据分析及图表编辑功能。根据任务内容和要求，针对"学生期末考试成绩"文件的创建、编辑及数据处理，可按如下操作步骤进行。

（1）单元格格式化。
（2）利用函数完善数据。
（3）设置条件格式。
（4）制作"总成绩"工作表。
（5）制作"成绩排名"工作表。
（6）数据排序。
（7）优秀判定。
（8）制作图表。

4.3.4　任务实施

1.单元格格式化

步骤 1：打开工作簿。在本书提供的"Excel 素材"文件夹中双击打开"学生期末考试成绩.xlsx"工作簿，工作簿中包含四张工作表。

步骤 2：设置数据格式。单击"初三（1）班期末成绩"工作表标签，按住【Ctrl】键单击"初三（2）班期末成绩"工作表标签，同时选中两张工作表，此时标题栏显示"[工作组]"标识 学生期末考试成绩.xlsx [工作组]。选中 A 列，选择"开始"选项卡→"数字"组→"常规" 常规 下拉列表中的"文本"，如图 4-49、图 4-50 所示。选中"B2:J19"单元格区域，选择"开始"

选项卡→"数字"组→"常规"下拉列表中的"数字";选择"开始"选项卡→"对齐方式"组→"居中" 。

图 4-49　"数字"组　　　　　　　图 4-50　"常规"下拉列表

步骤 3:设置表格边框。选中"A1:J19"单元格区域,打开"设置单元格格式"对话框,选择"边框"选项卡,选择"样式(S):"列表框中的第一列最后一行的细线,单击"外边框(O)"和"内部(I)"按钮,单击"确定"按钮。设置后的整体效果如图 4-51 所示。

	A	B	C	D	E	F	G	H	I	J
1	学号	语文	数学	英语	生物	地理	历史	政治	总分	平均分
2	180101	96.00	108.00	105.00	76.00	88.00	100.00	97.00		
3	180102	88.00	98.00	101.00	89.00	73.00	95.00	91.00		
4	180103	101.00	94.00	99.00	90.00	87.00	95.00	93.00		
5	180104	102.00	116.00	113.00	78.00	88.00	86.00	73.00		
6	180105	88.00	98.00	101.00	89.00	73.00	95.00	91.00		
7	180106	90.00	111.00	116.00	72.00	95.00	93.00	95.00		
8	180107	93.50	107.00	96.00	100.00	93.00	92.00	93.00		
9	180108	86.00	107.00	89.00	88.00	92.00	88.00	89.00		
10	180109	93.00	99.00	92.00	86.00	86.00	73.00	92.00		
11	180110	95.50	92.00	96.00	84.00	95.00	91.00	92.00		
12	180111	103.50	105.00	105.00	93.00	93.00	90.00	86.00		
13	180112	100.50	103.00	104.00	88.00	89.00	78.00	90.00		
14	180113	99.00	98.00	101.00	95.00	91.00	95.00	78.00		
15	180114	78.00	95.00	94.00	82.00	95.00	93.00	84.00		
16	180115	110.00	100.00	97.00	87.00	78.00	89.00	93.00		
17	180116	95.00	97.00	102.00	93.00	95.00	92.00	88.00		
18	180117	91.50	89.00	115.00	92.00	91.00	86.00	86.00		
19	180118	101.00	94.00	99.00	90.00	87.00	95.00	93.00		

图 4-51　单元格格式设置后的效果

说明:同时选择多张工作表形成工作组后,在其中一张表中所做的操作都会同时反映到组中的其他工作表中。这种方法可以对相同结构的工作表进行快速格式化。若要取消对工作组的选择,则只需单击工作组外的任意工作表标签。

2.利用函数完善数据

上述操作完成后,未取消工作组的选择,以下操作仍在工作组中进行。

步骤 1:计算总分和平均分。单击 I2 单元格,选择"公式"菜单→"函数库"组→"自动求和"按钮,此时 I2 单元格会显示如图 4-52 所示的公式,检查 SUM 函数中求和数据区域是否正确,若不正确,则请及时修改。此处应为 B2:H2,选中函数参数中的 A2,单击 B2 单元格,按【Enter】键完成计算。拖动 I2 单元格的填充柄至 I19 单元格,总分列数据填充完成。使用相同的方法,选中 J2 单元格,选择"自动求和"按钮下拉列表中的"平均值(A)"选项,修改数据区域为"B2:H2",按【Enter】键,双击 J19 单元格的填充柄,完成平均值的填充。

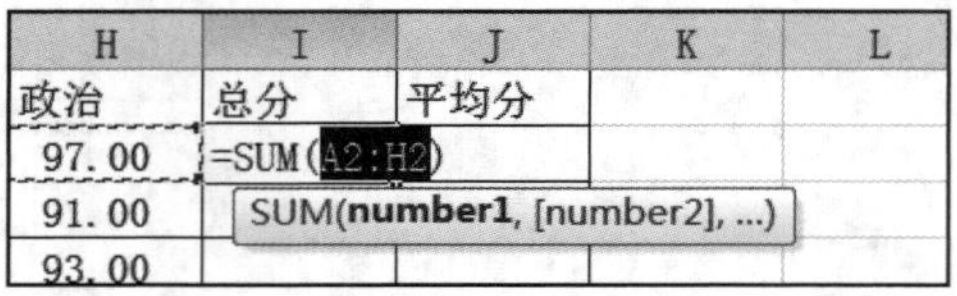

H	I	J	K	L
政治	总分	平均分		
97.00	=SUM(A2:H2)			
91.00	SUM(**number1**, [number2], ...)			
93.00				

图 4-52　求和函数

步骤 2：计算各科目的最高分和最低分。在 A20 和 A21 单元格中分别输入"最高分"和"最低分"。选中 B20 单元格，点击编辑栏上的"插入函数"按钮 *fx*，打开"插入函数"对话框，在"或选择类别(C)："下拉列表框中选择"统计"，在"选择函数(N)："下方的列表框中选择"MAX"函数，如图 4-53 所示，单击"确定"按钮，打开如图 4-54 所示的"函数参数"对话框，在"Number1"文本框中输入"B2:B19"单元格区域，单击"确定"按钮。拖曳 B20 单元格填充柄至 H20 单元格完成最高分的填充。在 B21 单元格中直接输入"=min(B2:B19)"，按【Enter】键，拖动填充柄至 H21 单元格。填充效果如图 4-55 所示。

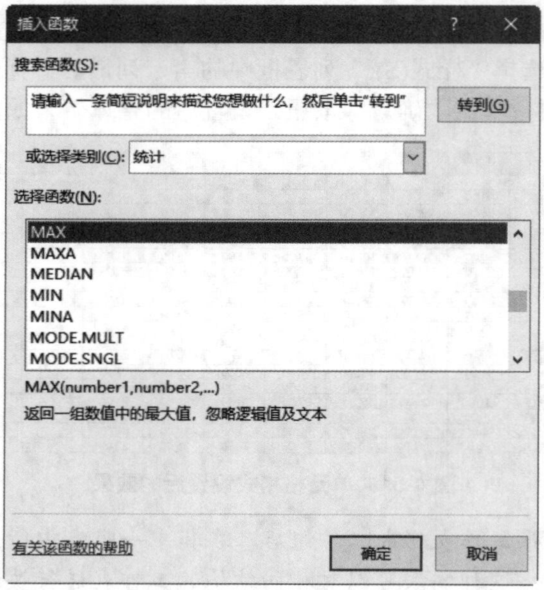

图 4-53　"插入"函数对话框

步骤 3：增加"姓名"列数据。选中 B 列，右击，在弹出的快捷菜单中选择"插入(I)"，在"B1"单元格中输入"姓名"。单击工作组外的任意工作表，取消对多张工作表的选定。单击"初三（1）班学生信息"工作表标签，复制"B2:B19"单元格数据，打开"初三（1）班期末成绩"工作表，右击"B2"单元格，在弹出的快捷菜单"粘贴选项："中选择"值(V)"选项 。使用同样的方法完成"初三（2）班期末成绩"工作表中"姓名"列数据的输入。

说明：复制数据时要注意学号和姓名是否对应，若两个表的学号顺序不一致，则不能直接复制，需要用 VLOOKUP 函数进行查找填充。VLOOKUP 函数功能和格式详见任务 4.2 的"扩展知识"。

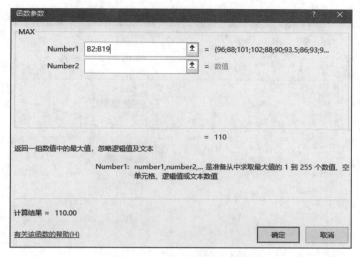

图 4-54　"函数参数"对话框

| 20 | 最高分 | 110.00 | 116.00 | 116.00 | 100.00 | 95.00 | 100.00 | 97.00 |
| 21 | 最低分 | 78.00 | 89.00 | 89.00 | 72.00 | 73.00 | 73.00 | 73.00 |

图 4-55　计算结果

3.设置条件格式

在"初三（1）班期末成绩"工作表中选中"C2:E19"单元格区域，选择"开始"→"样式"→"条件格式"→"突出显示单元格规则(H)"→"大于(G)…"选项（见图 4-56），打开如图 4-57 所示的"大于"对话框。在"为大于以下值的单元格设置格式:"下方文本框中输入"110"，在"设置为"右侧的下拉列表框中选择"自定义格式…"，打开"设置单元格格式"对话框，在"字体"选项卡中设置"字形(O):"为"加粗"、颜色(C):"为"标准色，绿色"如图 4-58 所示；在"填充"选项卡中设置"背景色(C):"为"标准色，黄色"，如图 4-59 所示，单击"确定"按钮返回如图 4-57 所示的对话框，单击"确定"按钮完成设置。完成后的效果如图 4-60 所示。

图 4-56　"条件格式"下拉列表

图 4-57　"大于"对话框

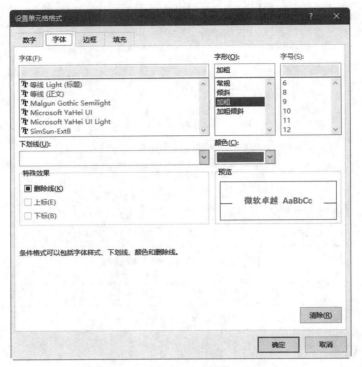

图 4-58 "设置单元格格式"对话框 1

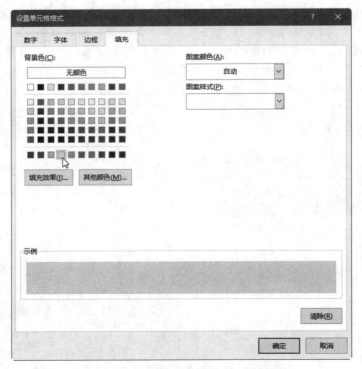

图 4-59 "设置单元格格式"对话框 2

4.制作“总成绩”工作表

步骤 1：插入新工作表并命名。单击工作表标签右侧的“新工作表”按钮⊕，新建一张工作表，双击工作表标签将其更名为“总成绩”。

步骤 2：复制数据。在“初三（1）班期末成绩”中选择“A1:K19”单元格区域，右击，在其快捷菜单中选择“复制(C)”，在“总成绩”工作表中右击“A1”单元格，在弹出的快捷菜单中选择“粘贴选项:”中的“值”按钮。使用同样的方法将“初三（2）班期末成绩”中“A2:K19”单元格区域复制到“总成绩”工作表 A20 单元格起始的数据区域。

步骤 3：设置数字格式。在“总成绩”工作表中，将 A 列数据设置为“文本”格式，“C2:K37”数值区域设置为“数值”、保留两位小数、居中显示。

步骤 4：插入表头。给表格插入“初三年级成绩汇总”表格标题行，设置合适的字体格式和行高。为“A2:K2”单元格数据设置合适的字体格式。有数据的所有行和列设置合适的行高和列宽，并设置合适的边框线。

说明：此步骤可根据实际情况进行自行设置，格式样式不统一要求。

步骤 5：设置纸张方向。选择“页面布局”选项卡→“页面设置”组→“纸张方向”→“横向”选项。设置后的效果如图 4-61 所示。

学号	姓名	语文	数学	英语
180101	张新一	96.00	108.00	105.00
180102	谢如意	88.00	98.00	101.00
180103	刘飞扬	101.00	94.00	99.00
180104	杜海江	102.00	116.00	113.00
180105	苏解放	88.00	98.00	101.00
180106	王翠花	90.00	111.00	116.00
180107	刘鹏歌	93.50	107.00	96.00
180108	孙敏	86.00	107.00	89.00
180109	陈大地	93.00	99.00	92.00
180110	刘锋	95.50	92.00	96.00
180111	赵清华	103.50	105.00	105.00
180112	张三丰	100.50	103.00	104.00
180113	符园	99.00	98.00	101.00
180114	李娜	78.00	95.00	94.00
180115	成功	110.00	100.00	97.00
180116	杜翔	95.00	97.00	102.00
180117	李宏伟	91.50	89.00	115.00
180118	钱吉祥	101.00	94.00	99.00

图 4-60　条件格式设置后的效果

初三年级成绩汇总										
学号	姓名	语文	数学	英语	生物	地理	历史	政治	总分	平均分
180101	张新一	96.00	108.00	105.00	76.00	88.00	100.00	97.00	670.00	95.71
180102	谢如意	88.00	98.00	101.00	89.00	73.00	95.00	91.00	635.00	90.71
180103	刘飞扬	101.00	94.00	99.00	90.00	87.00	95.00	93.00	659.00	94.14
180104	杜海江	102.00	116.00	113.00	78.00	88.00	86.00	73.00	656.00	93.71
180105	苏解放	88.00	98.00	101.00	89.00	73.00	95.00	91.00	635.00	90.71
180106	王翠花	90.00	111.00	116.00	72.00	95.00	93.00	95.00	672.00	96.00
180107	刘鹏歌	93.50	107.00	96.00	100.00	93.00	92.00	93.00	674.50	96.36
180108	孙敏	86.00	107.00	89.00	88.00	92.00	88.00	89.00	639.00	91.29
180109	陈大地	93.00	99.00	92.00	86.00	86.00	73.00	92.00	621.00	88.71
180110	刘锋	95.50	92.00	96.00	84.00	95.00	91.00	92.00	645.50	92.21
180111	赵清华	103.50	105.00	105.00	93.00	93.00	90.00	86.00	675.50	96.50
180112	张三丰	100.50	103.00	104.00	88.00	89.00	78.00	90.00	652.50	93.21
180113	符园	99.00	98.00	101.00	95.00	91.00	95.00	78.00	657.00	93.86
180114	李娜	78.00	95.00	94.00	82.00	90.00	93.00	84.00	616.00	88.00
180115	成功	110.00	100.00	97.00	87.00	78.00	89.00	93.00	654.00	93.43
180116	杜翔	95.00	97.00	102.00	93.00	95.00	92.00	88.00	662.00	94.57
180117	李宏伟	91.50	89.00	115.00	92.00	91.00	86.00	86.00	650.50	92.93
180118	钱吉祥	101.00	94.00	99.00	90.00	87.00	95.00	93.00	659.00	94.14
180201	张翠翠	116.00	113.00	105.00	73.00	95.00	100.00	92.00	694.00	99.14
180202	王炎	98.00	101.00	103.00	95.00	73.00	95.00	90.00	655.00	93.57
180203	李璐	111.00	116.00	98.00	93.00	91.00	93.00	93.00	695.00	99.29
180204	单纯	107.00	96.00	95.00	92.00	90.00	92.00	73.00	645.00	92.14
180205	王俏	107.00	89.00	100.00	86.00	78.00	88.00	91.00	639.00	91.29
180206	杨婷	99.00	92.00	101.00	93.00	90.00	73.00	95.00	643.00	91.86
180207	关海鹏	92.00	96.00	116.00	89.00	78.00	91.00	93.00	655.00	93.57

图 4-61　完成格式设置后的效果

5.制作“成绩排名”工作表

步骤 1：复制工作表。将“总成绩”工作表复制一份，放置在“总成绩”工作表之后，并更名为“成绩排名”。

步骤 2：计算排名。在“成绩排名”工作表的 L2 单元格中输入“排名”，选中 L3 单元格，单击编辑栏上“插入函数”按钮 fx，打开“插入函数”对话框，在“或选择类别(C):”下拉列表中选择“兼容性”，在“选择函数(N):”下方的列表框中选择“RANK”函数，单击“确定”按钮，打开“函数参数”对话框，输入如图 4-62 所示的参数，单击“确定”按钮（数据区域地址要绝对引用，选中区域后按【F4】键可快速将相对引用更改为绝对引用）。此时 L3 单元格显示为“7”。拖动 L3 单元格填充柄至 L38 单元格，填充后的效果如图 4-63 所示。

总分	平均分	排名
670.00	95.71	7
635.00	90.71	31
659.00	94.14	12
656.00	93.71	15
635.00	90.71	31
672.00	96.00	5
674.50	96.36	3
639.00	91.29	29
621.00	88.71	35
645.50	92.21	24
675.50	96.50	2
652.50	93.21	19
657.00	93.86	14
616.00	88.00	36
654.00	93.43	18

图 4-62　RANK 函数对话框　　　图 4-63　"排名"列填充效果

6.数据排序

步骤 1：单字段排序。单击"初三（1）班期末成绩"工作表标签，选中"总分"列的任意一个单元格，选择"开始"选项卡→"编辑"组→"排序与筛选"下拉列表中的"降序(O)"命令，完成排序操作，如图 4-64 所示。使用同样的操作方法对"初三（2）班期末成绩"工作表按"总分"降序进行排序。

图 4-64　按降序排序

图 4-65　"排序"对话框

步骤 2：多字段排序。单击"总成绩"工作表标签，选中数据区域中的任意一个单元格，选择"数据"选项卡→"排序和筛选"组→"排序"按钮，打开如图 4-65 所示的"排序"对话框，在"主要关键字"右侧的下拉列表框中选择"总分"、"次序"下方的下拉列表框中选择"降序"，然后单击"添加条件(A)"按钮，在新出现的"次要关键字"右侧的下拉列表框中选择"数学"、"次序"选择"降序"。使用相同的操作方法添加"次要关键字"为"语文"、"次序"为"降序"，单击"确定"按钮。

说明：当工作表较多时，工作表标签可能显示不全，无法找到需要的工作表标签时，可以使用窗口左下角的工作表导航按钮 ◀ ▶ … 。

7.优秀判定

步骤 1：计算优秀标准数据。单击"成绩排名"工作表标签，在 M2 单元格中输入"优秀标准"。在 M3 单元格中输入公式"=120*0.9*3+100*0.9*4"，按【Enter】键。

步骤 2：判断是否优秀。在 N2 单元格中输入"是否优秀"，单击 N3 单元格，选择"公式"选项卡→"函数库"组→"逻辑"下拉列表中的"IF"函数，打开"函数参数"对话框，输入如图 4-66 所示的各参数值，单击"确定"按钮。双击 N3 单元格的填充柄完成填充。

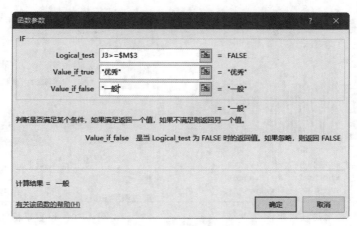

图 4-66　IF"函数参数"对话框

说明：（1）优秀标准为总分大于各科优秀线的总和。各科优秀线为总分的百分之九十。其中语文、数学和英语总分为 120，其他科目总分为 100。

（2）请特别注意表达式中 M3 单元格引用的是绝对地址。

8.制作图表

步骤 1：创建柱形图。在"初三（1）班期末成绩"工作表中，选中"B1:E19"单元格区域，选择"插入"选项卡→"图表"组→"插入柱形图或条形图"下拉列表的"簇状柱形图"，如图 4-67 所示，插入的图表如图 4-68 所示。单击"图表工具|设计"选项卡→"数据"组→"切换行/列"按钮，此时图标中系列产生在行，如图 4-69 所示。

说明：图表相关介绍请参考本项目的"扩展知识"。

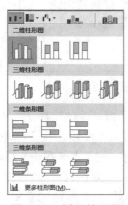

图 4-67　插入柱形图

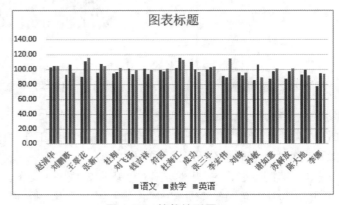

图 4-68　簇状柱形图 1

步骤 2：更改图表标题。两次单击图表上方的"图表标题"，此时光标置于"图表标题"文本框中，将其更改为"初三（1）班成绩图"。

步骤3：设置坐标轴标题。选择"图表工具|设计"选项卡→"图表布局"组→"添加图表元素"→"坐标轴标题(A)"→"主要横坐标轴(H)"，如图4-70所示，此时图表中出现"坐标轴标题"文本框，将其更改为"科目"。使用同样的方法添加纵坐标轴标题为"成绩"。

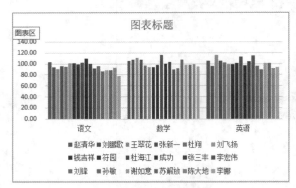

图 4-69　簇状柱形图 2　　　　　　　　　图 4-70　设置坐标轴标题

步骤4：设置图例格式。单击图表后，在图表右侧出现三个按钮。单击"图表元素"按钮，选择"图例|右"，如图4-71所示，图例调整在图表右侧。设置后的图表如图4-72所示。

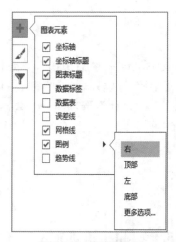

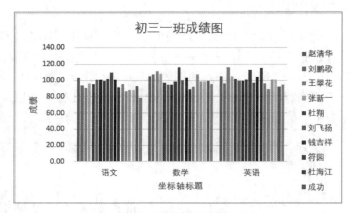

图 4-71　图例设置　　　　　　　　　　　图 4-72　簇状柱形图 3

步骤5：移动图表。单击"图表工具|设计"选项卡→"位置"组→"移动图表"按钮，打开如图4-73所示的"移动图表"对话框，选择"新工作表(S)"单选按钮，在文本框中输入工作表名称"一班成绩分布图"，单击"确定"按钮，图表作为一张新的工作表存储。

步骤6：创建折线图。打开"初三（2）班期末成绩"工作表，选中"B1:B19"和"K1:K19"单元格区域，选择"插入"选项卡→"图表"组→"插入折线图或面积图"下拉列表中的"带数据标记的折线图"，如图4-74所示。

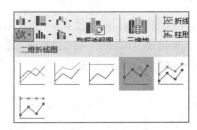

图 4-73　"移动图表"对话框　　　　　　　　　图 4-74　插入折线图

步骤 7：设置折线图格式。在生成图表的横线上右击鼠标，在弹出的快捷菜单中选择"设置网格线格式(F)…"，在窗口右侧打开"设置主要网格线格式"窗格，如图 4-75 所示，选中"无线条"单选按钮。右击绘图区，在弹出的快捷菜单中选择"设置绘图区格式(F)…"，打开"设置绘图区格式"窗格，选择"填充与线条"选项卡→"填充"组→"渐变填充"单选按钮，在"预设渐变"的下拉列表中选择"顶部聚光灯-个性色 1"。选择"效果"选项卡→"发光"组→"预设"下拉列表中的"发光:8 磅；橙色，主题色 6"，如图 4-76 所示，单击"关闭"按钮。设置完成后的平均分折线图如图 4-77 所示。

图 4-75　"设置主要网格线格式"窗格

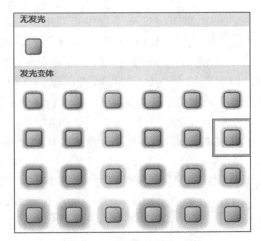

图 4-76　设置发光效果

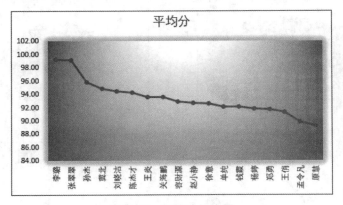

图 4-77　平均分折线图

在图表中，右击任意一个数据标志，在弹出的快捷菜单中选择"添加数据标签(B)"命令，此时各个数据标志上添加了数字标签，再次右击任意一个数据标志，在弹出的快捷菜单中选择"设置数据标签格式(B)…"命令，打开"设置数据标签格式"窗格，在"标签选项"列表中勾选"类别名称"和"值"两个复选框，关闭"设置数据标签格式"窗格。调整图表的大小和位置，将图例放置在底部，设置完成后的效果如图 4-78 所示。

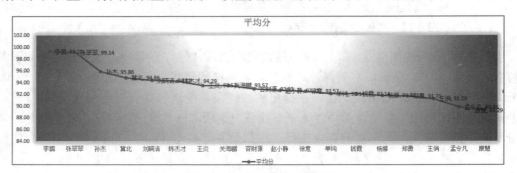

图 4-78　带数据标志的折线图

步骤 8：创建饼图。打开"总成绩"工作表，在"B39"单元格中输入"平均分"，在"C39"单元格中使用 AVERAGE 函数计算平均值并横向填充至"I39"单元格。鼠标拖曳选中"C2:I2"单元格区域，按住【Ctrl】键拖曳选中"C39:I39"单元格区域，选择"插入"选项卡→"图表"组→"插入饼图或圆环图"下拉列表中的"三维饼图"，创建如图 4-79 所示的三维饼图。将图表标题更名为"各科平均分占比图"。选择"图表工具|设计"→"类型"→"更改图表类型"，在打开的"更改图表类型"对话框中选择"饼图"组的"饼图"图标🥧，单击"确定"按钮。右击饼图，在弹出的快捷菜单中选择"添加数据标签(B)"命令，右击数据标签，在弹出的快捷菜单中选择"设置数据标签格式(F)…"命令，在打开的"设置数据标签格式"窗格中勾选"类别名称"复选框。创建好的饼图如图 4-80 所示。拖动图表移动位置使其左上角位于"M1"单元格，光标放置在图表右下角，当光标呈现🔽形状时，鼠标拖曳使图表右下角位于"S17"单元格，松开鼠标。

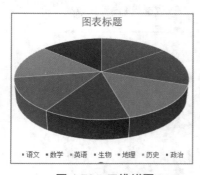

图 4-79　三维饼图

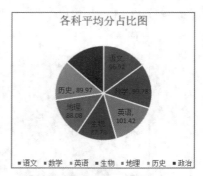

图 4-80　饼图

4.3.5　知识小结

学生成绩管理的制作应用了 Excel 2016 提供的条件格式设置、数据排序、工作组、函数及图表等功能，涉及的主要知识点包括以下几个。

（1）设置条件格式。根据单元格内容设置不同的单元格格式，包括字体、字号、字体颜色和底纹。

（2）数据排序。

①单字段排序。

②多字段排序。

（3）工作组的操作。

（4）函数的使用。

①RANK 函数的使用。

②IF 函数的使用。

（5）制作图表。

①创建图表。

②设置图表标题。

③设置坐标轴标题。

④设置数据标签格式。

4.3.6　实战练习

（1）打开"预算.xlsx"文件，完成下列操作。

①合并 A1:F1 单元格，并设置为水平居中格式；给 A1:F10 所有单元格加边框线（默认线型）。

②利用函数计算所有项目的差额之和，并将结果填入 E10 单元格。

③利用公式计算出各类项目的百分比（百分比=差额/所有项目差额之和），要求格式为百分比样式，保留小数点后两位小数。

④设置 Sheet1 工作表中的数据（除百分比外）为货币格式，不保留小数位。

⑤根据 Sheet1 工作表中 A2:B9 单元格区域数据建立"三维饼图"，图表标题为"各项目实际支出额"，并将图表嵌入在工作表 Sheet1 的 A12:E27 区域。

（2）新建名为"捐款统计.xlsx"工作簿，完成下列操作。

在工作表 Sheet1 中 A1 开始的单元格中输入图 4-81 所示的数据。

	A	B	C	D
1	单位	捐款（万元）	实物（件）	折合人民币（万元）
2	第一部门	1.95	89.00	2.45
3	第二部门	1.20	87.00	1.67
4	第三部门	0.95	52.00	1.30
5	总计			

图 4-81　捐款数据

①使用函数计算各项捐款的总计，分别填入"总计"行的各列中。

②设置表格中单元格各数据为小数点后两位。

③选择"单位"和"折合人民币"两列数据（不包含总计），绘制部门捐款的三维饼图。要求有图例并显示各部门捐款总数的百分比，图表标题为"各部门捐款总数百分比图"。嵌

入在数据表格下方（存放在 A8:E18 单元格区域内）。

④保存工作簿。

4.3.7　拓展练习

（1）参考本项目的"扩展知识"或网络查询了解 Excel 2016 图表的基础知识，包括图表种类、图表基本组成及图表格式设置。

（2）参考本项目的"扩展知识"或网络查询了解 Excel 2016 数据的复杂排序，包括多字段排序、按字体颜色排序、按单元格颜色排序及按条件格式排序等。

任务 4.4　图书销售情况简要分析

4.4.1　任务能力提升目标

- 掌握 Excel 2016 中表格样式的设置、单元格区域的命名、VLOOKUP 函数的使用。
- 掌握 Excel 2016 中数据验证的设置方法。
- 掌握 Excel 2016 中数据筛选的方法，包括自动筛选和自定义筛选。
- 掌握 Excel 2016 中分类汇总的方法。

4.4.2　任务内容及要求

销售部助理小邹需要针对 2022 年第一季度公司产品销售情况进行统计分析，以便制订新的销售计划和工作任务。具体要求如下。

（1）打开"图书销售素材.xlsx"文件，将其另存为"图书销售表.xlsx"，之后所有的操作均在"图书销售表.xlsx"文件中进行。

（2）给"图书基本信息"工作表套用"蓝色，表样式浅色 9"的表格样式。

（3）将"图书基本信息"工作表的"A1:D19"单元格区域定义名称为"图书信息"。

（4）利用 VLOOKUP 函数在名称为"图书销售情况"工作表中的"图书类型"、"图书单价"、"单价"列填充数据，并给"销售日期"列设置数据验证，保证销售日期必须在 2022 年 1 月 1 日到 2022 年 3 月 31 日之间。

（5）在"图书销售情况"工作表中"单价"列右侧添加一个名为"实际单价"的新列字段，如果订单的图书销量超过 40 本（含 40 本），则按照图书单价的 8 折进行销售；如果订单的图书销量超过 20 本（含 20 本），则按照图书单价的 9 折进行销售，否则按照图书单价的原价进行销售。按照此规则，计算"实际单价"列数据，并将此列数据设置为货币格式，货币符号为人民币符号，保留两位小数。

（6）复制"图书销售情况"工作表放置在"图书基本信息"工作表前，并命名为"热销图书"且筛选出"销量"前 10 的图书信息。复制"图书销售情况"工作表放置在"热销图书"工作表前，并命名为"2 月份销售情况"且筛选出 2 月份售出的图书信息。复制"图书销售情况"放置在"2 月份销售情况"工作表前，并命名为"高级筛选"且筛选出价格大于或等于 40 元、销量也大于或等于 40 本的图书信息，将筛选结果显示在以 A70 单元格开始的区域。

（7）在"图书销售情况"工作表中，利用公式计算"销售额"列数据。在"图书销售情况"工作表中增加两行，一行用于计算总销售额，另一行用于统计销量大于等于 40 的图书种类数量。在"图书销售情况"工作表中增加一列字段名为"销售额百分比"，计算并以百分比的格式显示各图书销售额占销售总额的百分比，保留两位小数；增加一列字段名为"成本价"，成本价为单价的 60%，计算并填充成本价；增加一列字段名为"销售利润"，计算并填充销售利润。

（8）新建一个名为"图书类型汇总"的工作表，放置在"图书销售情况"工作表前，将"图书销售情况"工作表的"A1:K59"单元格区域复制到"图书类型汇总"中。在"图书类型汇总"工作表中，根据图书类型对数据进行"销售额"的求和汇总，并根据汇总的结果建立名为"各类图书销售比例"的三维饼图。饼图中的数据标签显示为"百分比"。

（9）给"图书销售情况"工作表中增加标题"2022 年第一季度销售清单"，设置页眉为"销售清单"，设置页脚为显示当前页数及总共的页数，设置第一行和第二行为顶端标题行，设置有数据的单元格区域为打印区域，设置打印时打印网格线，设置纸张方向为横向，设置合适的行高、列宽及页边距，所有列打印在一张纸上，然后打印工作表。

4.4.3　任务分析

Excel 2016 具有较强的数据计算、数据筛选、数据分类汇总及图表编辑等功能。针对以上任务要求，需要对图书销售数据进行简单的数据分析，主要操作步骤如下。

（1）套用表格样式。

（2）定义单元格区域名称。

（3）利用函数完善数据。

（4）设置数据验证。

（5）计算实际单价。

（6）数据筛选。

（7）统计销量。

（8）完善数据。

（9）分类汇总。

（10）制作图表。

（11）页面设置及打印。

4.4.4　任务实施

1.套用表格格式

步骤 1：保存文件副本。在本书提供的"Excel 素材"文件夹中打开"图书销售素材.xlsx"工作簿，单击"文件"→"另存为"→"浏览"，在打开的"另存为"对话框中选择合适的路径，修改文件名为"图书销售表.xlsx"，单击"保存"按钮。

步骤2：套用表格格式。在"图书销售表.xlsx"工作簿中，单击"图书基本信息"工作表标签使之成为活动工作表，选中"A1:D19"单元格区域，选择"开始"选项卡→"样式"组→"套用表格样式"下拉列表中的"蓝色，表样式浅色9"，如图4-82所示。在打开的"套用表格式"对话框中核对表数据来源的区域，单击"确定"按钮，如图4-83所示。选择"表格工具|设计"选项卡→"工具"组→"转换为区域"，在打开的对话框中单击"确定"按钮，如图4-84所示。套用表格格式的效果如图4-85所示。

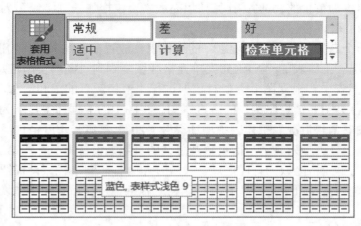

图 4-82　套用表格格式

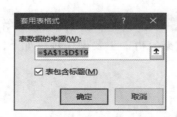

图 4-83　"套用表格式"对话框

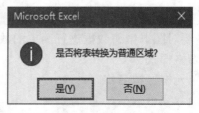

图 4-84　转换为普通区域

	A	B	C	D
1	图书名称	定价	图书类型	图书编号
2	《计算机基础及MS Office应用》	41.3	计算机基础	JSJ001
3	《计算机基础及Photoshop应用》	42.5	计算机基础	JSJ002
4	《C语言程序设计》	39.4	程序语言	YY001
5	《VB语言程序设计》	39.8	程序语言	YY002
6	《Java语言程序设计》	40.6	程序语言	YY003
7	《Access数据库程序设计》	38.6	数据库	SJK001
8	《MySQL数据库程序设计》	39.2	数据库	SJK002
9	《MS Office高级应用》	36.3	计算机基础	JSJ003
10	《网络技术》	34.9	网络	WL001
11	《数据库技术》	40.5	数据库	SJK003
12	《软件测试技术》	44.5	软件	RJ001
13	《信息安全技术》	36.8	信息	XX001
14	《嵌入式系统开发技术》	43.9	计算机基础	JSJ004
15	《操作系统原理》	41.1	计算机基础	JSJ005
16	《计算机组成与接口》	37.8	计算机基础	JSJ006
17	《数据库原理》	43.2	数据库	SJK003
18	《软件工程》	39.3	软件	RJ002
19	《网络应用基础》	44.5	网络	WL002

图 4-85　套用表格格式的效果

2.定义单元格区域名称

在"图书基本信息"工作表中选中"A1:D19"单元格区域，选择"公式"选项卡→"定义的名称"组→"定义名称"命令，打开如图 4-86 所示的"新建名称"对话框，在"名称(N):"右侧的文本框中输入"图书名称"，单击"确定"按钮。

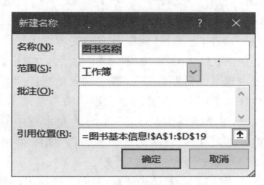

图 4-86 "新建名称"对话框

3.利用函数完善数据

步骤 1：计算并填充"图书类型"列数据。在"图书销售情况"工作表中选中 C2 单元格，选择"公式"选项卡→"函数库"组→"查找与引用"下拉列表中的 VLOOKUP 函数，打开"函数参数"对话框，光标置于"Lookup_value"文本框中，单击 E2 单元格，此时显示单元格地址，如图 4-87 所示。在"Table_array"文本框中输入"图书信息"，在"Col_index_num"文本框中输入"3"，在"Range_lookup"文本框中输入"0"或"False"，如图 4-87 所示，单击"确定"按钮。拖动 C2 单元格填充柄填充至 C59 单元格。

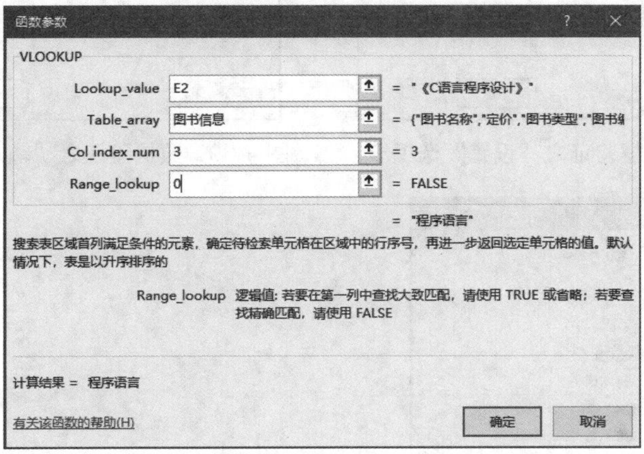

图 4-87 VLOOKUP 函数参数示例

说明：函数的介绍及 VLOOKUP 函数的详细用法请参见任务 4.2 的"扩展知识"。

步骤 2：计算并填充"图书编号"列数据。选中 C2 单元格，再选中编辑框中的内容，按【Ctrl+C】快捷键，然后按【Esc】键，选中 D2 单元格，在编辑框中按【Ctrl+V】快捷键粘贴后将第三个参数改为"4"，按【Enter】键，拖动 D2 单元格填充柄填充至 D59 单元格。

步骤3：计算并填充"单价"列数据。使用相同的方法填充"单价"列，注意第三个参数应为"2"。

4.设置数据验证

步骤1：设置数据验证。选中"H2:H59"单元格区域，选择"数据"选项卡→"数据工具"组→"数据验证"命令，打开如图4-88所示的"数据验证"对话框，在"允许(A):"下方的下拉列表中选择"日期"，在"开始日期"下方的文本框中输入"2022-1-1"，在"结束日期"下方的文本框中输入"2022-3-31"，如图4-88所示。单击"输入信息"选项卡，在"标题(T):"下方的文本框中输入"日期验证"，在"输入信息(I):"下方的文本框中输入"请输入第一季度的日期"，如图4-89所示。单击"出错警告"选项卡，在"标题(T):"下方的文本框中输入"输入有误"，在"错误信息(E):"下方的文本框中输入"请输入第一季度日期"的信息，在"样式(Y):"的下拉列表中选择"警告"，如图4-90所示，单击"确定"按钮。

步骤2：验证数据。设置完成后，若选中"H2:H59"区域内的任意一个单元格，会出现"日期验证"提示，若输入的内容不在要求的范围内，则会出现如图4-91所示的提示框。

图4-88　数据验证之"设置"选项卡

图4-89　数据验证之"输入信息"选项卡

图4-90　数据验证之"出错警告"选项卡

图4-91　数据验证的错误提醒

5.计算实际单价

图书销售中，实际销售的单价与销量有关，当销量≥40时，按八折销售；当20≤销量＜40时，按九折销售；当销量＜20时，按全价销售。

步骤1：计算实际单价。在"图书销售情况"工作表中选中G列，选择"开始"选项卡→"单元格"组→"插入"命令→"插入工作表列(C)"子命令，在G1单元格中输入"实际单价"。选中G2单元格，在编辑框中输入"=if(H2>=40,F2*0.8,if(H2>=20,F2*0.9,F2))"，按【Enter】键，双击G2单元格的填充柄填充至G59单元格。

说明：函数的介绍及IF函数的详细用法请参见任务4.2的"扩展知识"。

步骤2：设置"实际单价"列数据格式。选中"G2:G59"单元格区域，选择"开始"选项卡→"数字"组→"常规"命令下的"货币"。

6.数据筛选

通过筛选功能对数据进行处理，可以直观地查看销量前10的图书，以及销量和单价都大于40的销售记录。

步骤1：显示筛选按钮。复制"图书销售情况"工作表，放置在"图书基本信息"工作表之前，重命名为"热销图书"。在"热销图书"工作表中，将鼠标定位于数据区域内的任意一个单元格，选择"开始"选项卡→"编辑"组→"排序与筛选"下拉列表中的"筛选(F)"命令，此时每个字段名右侧会出现筛选箭头，如图4-92所示。

图4-92 筛选按钮

步骤2：筛选销量前10的数据。单击"销量"列右侧的筛选按钮，在下拉列表中选择"数字筛选(F)"→"前10项(T)…"，如图4-93所示，打开如图4-94所示的"自动筛选前10个"对话框，单击"确定"按钮。筛选后，工作表中仅显示销量前10的销售数据，如图4-95所示。

图4-93 "数字筛选"菜单

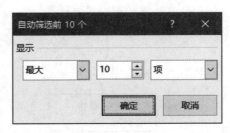

图4-94 "自动筛选前10个"对话框

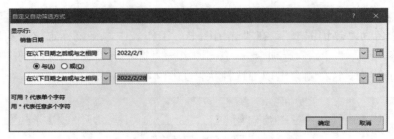

	A	B	C	D	E	F	G	H	I
1	订单编号	书店名称	图书类别	图书编号	图书名称	单价	实际单价	销量	销售日期
2	XHZ-08001	行知书店	程序语言	YY001	《C语言程序设计》	39.4	¥31.52	40	2022年1月2日
3	XHZ-08002	成功书店	信息	XX001	《信息安全技术》	36.8	¥29.44	44	2022年1月4日
13	XHZ-08010	教育书店	计算机基础	JSJ003	《MS Office高级应用》	36.3	¥29.04	45	2022年1月11日
21	XHZ-08018	成功书店	数据库	SJK003	《数据库原理》	43.2	¥34.56	48	2022年1月17日
25	XHZ-08025	教育书店	计算机基础	JSJ006	《计算机组成与接口》	37.8	¥30.24	43	2022年1月25日
30	XHZ-08027	成功书店	程序语言	YY001	《C语言程序设计》	39.4	¥31.52	47	2022年1月26日
41	XHZ-08038	点点书店	网络	WL002	《网络应用基础》	44.5	¥35.60	48	2022年2月8日
45	XHZ-08042	成功书店	程序语言	YY003	《Java语言程序设计》	40.6	¥32.48	41	2022年2月13日
53	XHZ-08049	教育书店	网络	WL001	《网络技术》	34.9	¥27.92	42	2022年2月20日
55	XHZ-08051	教育书店	软件	RJ001	《软件测试技术》	44.5	¥35.60	40	2022年2月22日
58	XHZ-08054	教育书店	程序语言	YY001	《C语言程序设计》	39.4	¥31.52	49	2022年2月27日

图 4-95　自动筛选结果

步骤 3：筛选 2 月份的销售记录。复制"图书销售情况"工作表，放置在"热销图书"工作表之前，重命名为"2 月份销售情况"。在"2 月份销售情况"工作表中，将鼠标定位于数据区域内的任意单元格，选择"开始"选项卡→"编辑"组→"排序与筛选"下拉列表中的"筛选(F)"，单击"销售日期"列右侧的筛选按钮，选择"日期筛选(F)"→"介于(W)…"，打开"自定义自动筛选方式"对话框，如图 4-96 所示。在该对话框中单击"在以下日期之后或与之相同"后面的日历图标🔳，选择"2022/2/1"，选择"与(A)"单选按钮，单击"在以下日期之前或与之相同"后面的日历图标🔳，选择"2022/2/28"，单击"确定"按钮。筛选后，工作表中仅显示 2022 年 2 月份的销售数据。

图 4-96　"自定义自动筛选方式"对话框

步骤 4：高级筛选。复制"图书销售情况"工作表，放置在"2 月份销售情况"工作表之前，重命名为"高级筛选"。选中"高级筛选"工作表，在空白区域（如"K3:L4"）输入如图 4-97 所示的条件。选中"A1:J59"单元格区域，选择"数据"选项卡→"排序和筛选"组→"高级"按钮 ▼，打开"高级筛选"对话框，如图 4-98 所示。选择"将筛选结果复制到其他位置(O)"单选按钮，光标置于"条件区域(C):"文本框中，拖动鼠标选择条件区域"K3:L4"，在"复制到(T)"文本框中输入"A70"，单击"确定"按钮。高级筛选结果如图 4-99 所示。

销量	单价
>=40	>=40

图 4-97　自定义筛选条件　　　　图 4-98　"高级筛选"对话框

70	订单编号	书店名称	图书类型	图书编号	图书名称	单价	实际单价	销量	销售日期
71	XHZ-08018	成功书店	数据库	SJK003	《数据库原理》	43.2	¥34.56	48	2022年1月17日
72	XHZ-08038	点点书店	网络	WL002	《网络应用基础》	44.5	¥35.60	48	2022年2月8日
73	XHZ-08042	成功书店	程序语言	YY003	《Java语言程序设计》	40.6	¥32.48	41	2022年2月13日
74	XHZ-08051	教育书店	软件	RJ001	《软件测试技术》	44.5	¥35.60	49	2022年2月22日

图 4-99　高级筛选结果

7.统计销量

统计销量大于等于 40 的图书数量。

步骤 1：计算销售额。在"图书销售情况"工作表中，在 J2 单元格中输入"=G2*H2"，按【Enter】键。双击 J2 单元格填充柄完成"销售额"列的计算。

步骤 2：统计销量。在 I60 单元格中输入"总销售额"，在 J60 单元格中输入函数"=SUM(J2:J59)"，按【Enter】键。在 E61 单元格中输入"销量大于等于 40 的图书数量"。在 H61 单元格中输入函数"=COUNTIF(H2:H59,">=40")"，按【Enter】键后，H61 单元格中显示为"11"。

说明：COUNTIF 函数的详细用法请参见本任务的"扩展知识"。

8.完善数据

步骤 1：计算销售额百分比。在 K1 单元格中输入"销售额百分比"，在 K2 单元格中输入公式"=J2/$J$60"（注意单元格地址的绝对引用），按【Enter】键后将数据格式设置为"百分比，保留 2 位小数"，拖动填充柄至 K59 单元格。

步骤 2：计算成本单价。在"销量"列前插入一个新列，在 H1 单元格中输入"成本单价"，在 H2 单元格中输入"=F2*0.6"，按【Enter】键，拖动 H2 单元格填充柄至 H59 单元格。

步骤 3：计算销售利润。在 M1 单元格中输入"销售利润"，在 M2 单元格中输入公式"=(G2-H2)*I2"，按【Enter】键后，拖曳填充柄至 M59 单元格。

9.分类汇总

步骤 1：建立数据清单。单击工作表标签右侧的插入工作表按钮，此时新建了一个工作表，将其更名为"图书类型汇总"。在"图书销售情况"工作表中，复制"A1:K59"单元格区域至"图书类型汇总"工作表以 A1 单元格起始的数据区域（此时多个单元格内容显示不全或显示多个#，调整单元格宽度即可正常显示）。

步骤 2：分类汇总。在"图书类型汇总"工作表中选中"图书类型"列的任一单元格，选择"开始"选项卡→"编辑"组→"排序与筛选"下拉列表中的"升序(S)"。单击"数据"选项卡→"分级显示"组→"分类汇总"按钮，打开如图 4-100 所示的"分类汇总"对话框。选择"分类字段(A):"下拉列表中的"图书类型"，"汇总方式(U):"采用默认值"求和"，在"选定汇总项(D):"中勾选"销售额"复选框，如图 4-100 所示，单击"确定"按钮完成数据分类汇总。单击分级列表中的"2"级按钮，使其只显示两级数据。分类汇总后的数据如图 4-101 所示。

说明：分级列表位于工作区的左上角 123 。

图 4-100 "分类汇总"对话框

1	书店名称	图书类型	图书编号	图书名称	单1实际成2 销1 销售日	销售额
13		程序语言 汇总				¥10,388.42
32		计算机基础 汇总				¥14,117.82
41		软件 汇总				¥7,293.80
55		数据库 汇总				¥11,578.65
60		网络 汇总				¥4,235.56
65		信息 汇总				¥4,099.52
66		总计				¥51,713.77

图 4-101 分类汇总结果

10.制作图表

选中图 4-101 中"图书类型"列中间的 6 行数据，按住【Ctrl】键再选中"销售额"列中间的 6 行数据，选择"插入"选项卡→"图表"组→"插入饼图或圆环图"下拉列表中的"三维饼图"。更改图表标题为"各类图书销售比例"，选择"图表工具|设计"选项卡→"图表布局"组→"添加图表元素"→"数据标签(D)"→"其他数据标签选项(M)..."，如图 4-102 所示。在"设置数据标签格式"窗格中勾选"标签包括"组的"百分比(P)"复选框，取消对"值"复选框的勾选。在图 4-102 中选择"图例(L)"，之后选择"右侧(R)"。设置后的三维饼图如图 4-103 所示。

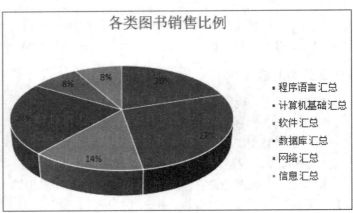

图 4-102 添加图表元素   图 4-103 三维饼图

11.页面设置及打印

步骤 1：设置表格标题。在"图书销售情况"工作表中选中第 1 行，右击，选择"插入 (I)"命令，对"A1:M1"单元格区域进行"合并后居中"操作。在合并的单元格中输入"2022 年第一季度销售清单"，并设置字号为"14"、字形为"加粗"。根据需要设置合理的行高和列宽。

步骤 2：页面设置。选择"页面布局"选项卡→"页面设置"组→"页边距"下拉列表中的"自定义边距(A)…"，打开"页面设置"对话框。在"页面"选项卡中选择"方向"为"横向"；在"页边距"选项卡设置上下左右的页边距均为"2"；在"页眉/页脚"选项卡的"页脚(F)"下拉列表中选择"第 1 页，共? 页"，单击"自定义页眉(C)…"按钮，打开如图 4-104 所示的"页眉"对话框，在"中部(C):"文本框中输入文本"销售清单"，单击"确定"按钮；在"工作表"选项卡的"打印区域"文本框中输入"A1:M61"，光标置于"顶端标题行(R):"文本框中，选择第 1 行和第 2 行，勾选"网格线(G)"复选框，如图4-105 所示。

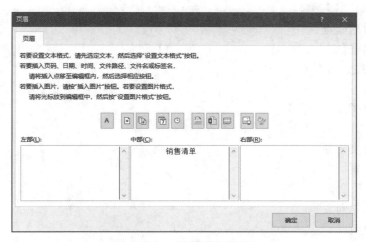

图 4-104　"页眉"对话框

步骤 3：打印文件。打开打印预览窗口，在"无缩放"的下拉列表中选择"将所有列调整为一页"，如图 4-106 所示，单击"打印"按钮。设置完成后工作表共 2 页，且每页都有标题行。

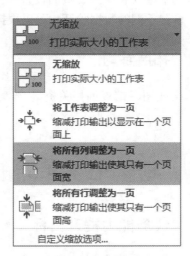

图 4-105　"工作表"选项卡　　　图 4-106　调整缩放

步骤 4：保存文件。

说明：正确安装打印机后文件才能正常打印；操作过程中要注意随时保存。

4.4.5　知识小结

任务 4.4 对图书销售情况进行了简要分析，应用了 Excel 2016 提供的数据统计、筛选、分类汇总等功能，主要知识点如下。

（1）套用表格格式。

（2）定义单元格名称。

（3）设置数据验证。

（4）统计函数。

（5）数据筛选。

①自动筛选。

②自定义筛选。

③高级筛选。

（6）数据分类汇总。

（7）页面设置。

①添加页眉页脚。

②设置打印方向。

③设置页边距。

④设置打印区域及顶端标题行。

4.4.6　实战练习

参照上述步骤独立完成任务 4.4 中的图书销售情况相关操作。可以根据实际需要更改字体格式、单元格格式和样式、页面设置等；可以根据需要定制不同的自动筛选条件和自定义筛选条件、设置不同的数据验证；可以根据需要创建不同类型的图表及更改图表的格式等。

4.4.7　拓展练习

通过网络或图书馆查询相关资料，学习更多函数的功能和用法，如 SUMIFS、COUNTIFS 等。

◈ 任务 4.5　图书销售情况深度分析

4.5.1　任务能力提升目标

· 掌握 Excel 2016 中利用字体颜色排序的方法。

· 掌握 Excel 2016 中去除重复数据的方法。

· 掌握 Excel 2016 中 MONTH 函数和 SUMIFS 函数的用法。

· 掌握 Excel 2016 中数据透视表和数据透视图的建立与编辑。

4.5.2　任务内容及要求

上司要求小邹对 2022 年上半年公司的图书销售情况进行深度分析，以便制订下半年的销售计划和工作任务。具体要求如下。

（1）将两个季度的销售情况复制到一张工作表中，更名为"2022 上半年图书销售情况"。

（2）筛选出"2022 上半年图书销售情况"工作表中订单编号一样的数据且以紫色加粗字体显示，并将数据按订单编号颜色排序，紫色在前，去除订单编号重复的数据。

（3）在"销售日期"右侧增加一列"月份"，根据销售日期计算出销售的月份。

（4）插入名为"销售统计"工作表，计算各个书店各个月份的销量，并制作迷你折线图。

（5）利用数据透视表功能，统计各书店销量总和及销售额平均值。

（6）利用数据透视表统计数据。

①建立各个书店销量总和及销售额平均值的数据透视表。

②建立各个书店按月统计销量总和及销售额平均值的数据透视表。

③建立各个书店按月、图书类型、图书名统计销售利润总和的数据透视表。

（7）利用数据透视图统计数据。

①建立各个书店各个月份销售利润的数据透视图。

②利用数据透视表建立数据透视图。

4.5.3　任务分析

2022 年上半年产品销售情况分两个季度保存在"上半年图书销售情况素材"中，针对任务要求完成以下操作。

（1）数据汇总。

（2）去除重复的订单。

（3）增加"销售月份"列。

（4）利用多重分类汇总进行数据分析。

（5）利用 SUMIFS 函数统计数据。

（6）利用数据透视表统计数据。

（7）利用数据透视图统计数据。

4.5.4　任务实施

1.数据汇总

在本书提供的"Excel 素材"文件夹中将"上半年图书销售情况素材"工作簿复制一份，

并重命名为“上半年图书销售情况”。打开“上半年图书销售情况”工作簿，将“第一季度图书销售情况”工作表中的“A2:L85”单元格区域复制并粘贴到“Sheet3”中以A1开始的单元格区域，将“第二季度图书销售情况”工作表中的“A3:L84”单元格区域复制到“Sheet3”中以A85开始的单元格区域，适当更改列宽使单元格内容可以完全显示出来，将“Sheet3”工作表更名为“2022上半年图书销售情况”。

2.去除重复的订单

步骤1：条件显示编号重复的订单。在“2022上半年图书销售情况”工作表中选中A列，选择“开始”选项卡→“样式”组→“条件格式”→“突出显示单元格规则(H)”→“重复值(D)…”，打开如图4-107所示的“重复值”对话框，在“设置为”下拉列表中选择“自定义格式…”，在打开的“设置单元格格式”对话框中设置字体颜色为“标准色，紫色”，字形设置为“加粗”，单击“确定”按钮，返回到“重复值”对话框，再单击“确定”按钮。

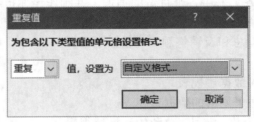

图4-107 “重复值”对话框

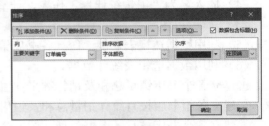

图4-108 “排序”对话框

步骤2：按订单编号颜色进行排序。选中A列任意单元格，选择“数据”选项卡→“排序和筛选”组→“排序”按钮，打开如图4-108所示的“排序”对话框，在“主要关键字”下拉列表中选择“订单编号”，在“排序依据”下拉列表中选择“字体颜色”，在“次序”下拉列表中选择“紫色”和“在顶端”，单击“确定”按钮。按颜色排序的结果如图4-109所示。

	A	B	C	D	E
1	订单编号	书店名称	图书类型	图书编号	图书名称
2	XHZ-1701003	教育书店	数据库	SJK003	《数据库原理》
3	XHZ-1701006	点点书店	数据库	SJK001	《Access数据库程序设计》
4	XHZ-1701050	行知书店	计算机基础	JSJ002	《计算机基础及Photoshop应用》
5	XHZ-1701065	点点书店	信息	XX001	《信息安全技术》
6	XHZ-1701065	点点书店	信息	XX001	《信息安全技术》
7	XHZ-1701003	教育书店	数据库	SJK003	《数据库原理》
8	XHZ-1701050	行知书店	计算机基础	JSJ002	《计算机基础及Photoshop应用》
9	XHZ-1701006	点点书店	数据库	SJK001	《Access数据库程序设计》
10	XHZ-1702022	成功书店	计算机基础	JSJ002	《计算机基础及Photoshop应用》
11	XHZ-1702022	点点书店	程序语言	YY003	《Java语言程序设计》
12	XHZ-1702050	行知书店	计算机基础	JSJ002	《计算机基础及Photoshop应用》
13	XHZ-1702050	行知书店	计算机基础	JSJ002	《计算机基础及Photoshop应用》
14	XHZ-1702062	教育书店	计算机基础	JSJ006	《计算机组成与接口》
15	XHZ-1702069	行知书店	数据库	SJK001	《Access数据库程序设计》
16	XHZ-1702062	教育书店	计算机基础	JSJ006	《计算机组成与接口》
17	XHZ-1702069	行知书店	数据库	SJK001	《Access数据库程序设计》
18	XHZ-1701001	行知书店	程序语言	YY001	《C语言程序设计》
19	XHZ-1701002	成功书店	信息	XX001	《信息安全技术》
20	XHZ-1701004	成功书店	程序语言	YY002	《VB语言程序设计》
21	XHZ-1701005	教育书店	程序语言	YY003	《Java语言程序设计》

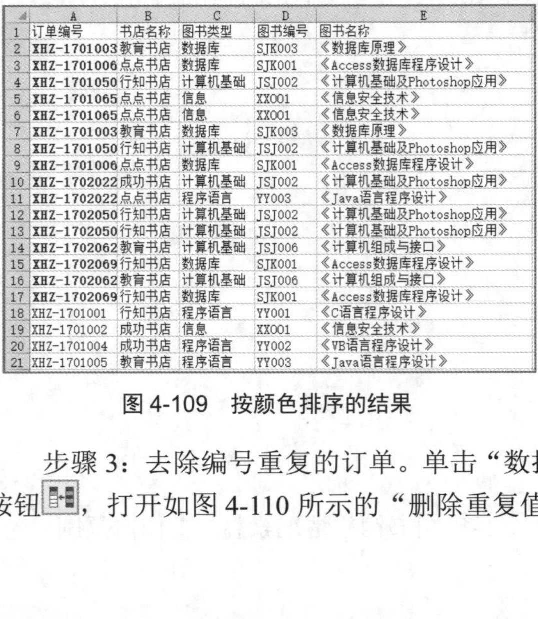

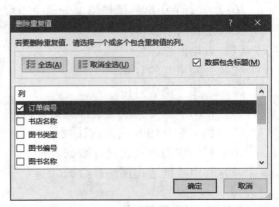

图4-109 按颜色排序的结果

图4-110 “删除重复项”对话框

步骤3：去除编号重复的订单。单击“数据”选项卡→“数据工具”组→“删除重复项”按钮，打开如图4-110所示的“删除重复值”对话框，单击“取消全选(U)”按钮，勾选

"订单编号"复选框,单击"确定"对话框,弹出如图 4-111 所示的提示框,单击"确定"按钮。

3.增加"销售月份"列

将数据按"销售日期"升序排列,在"销售日期"列右侧插入一个新列,在 K1 单元格中输入销售,在 K2 单元格中输入"=MONTH(J2) & "月"",按【Enter】键,双击 K2 单元格填充柄完成"销售日期"列的填充。

说明:公式中所有的字符均是半角字符。

4.利用多重分类汇总进行数据分析

步骤 1:多条件排序。复制"2022 上半年图书销售情况"工作表放置在最后,重命名为"数据分析"。在"数据分析"工作表中按主要关键字"书店名称"升序、次要关键字"销售月份"升序、第三关键字"图书类型"升序进行排序。

说明:所有排序依据均为"单元格值"。

步骤 2:多级分类汇总。选中数据区域的任意单元格,选择"数据"选项卡→"分级显示"组→"分类汇总",在打开的"分类汇总"对话框中,"分类字段(A):"选择"书店名称","汇总方式(U):"选择"求和",勾选"选定汇总项(D):"列表框中的"销量"复选框,取消其他复选框的选定,单击"确定"按钮。

选中数据区域的任意单元格,选择"数据"选项卡→"分级显示"组→"分类汇总",在打开的"分类汇总"对话框中,"分类字段(A):"选择"销售月份","汇总方式(U):"选择"求和",勾选"选定汇总项(D):"列表框中的"销量"复选框,取消"替换当前分类汇总(C)"复选框,单击"确定"按钮。

选中数据区域的任意单元格,选择"数据"选项卡→"分级显示"组→"分类汇总",在打开的"分类汇总"对话框中,"分类字段(A):"选择"图书类型","汇总方式(U):"选择"求和",勾选"选定汇总项(D):"列表框中的"销量"复选框,取消"替换当前分类汇总"复选框,单击"确定"按钮。

选中"A"、"D"、"E"、"F"、"G"、"H"、"J"、"L"、"M"列,选择"开始"选项卡→"单元格"组→"格式"→"隐藏和取消隐藏(U)"→"隐藏列(C)",如图 4-112 所示。分别

图 4-111　删除重复项提示

图 4-112　隐藏列

选择分级显示列表中的 2、3，按级别显示分类汇总结果。分级显示结果如图 4-113、图 4-114 所示。

	B	C	I	K
1	书店名称	图书类型	销量	月份
17			331	1月 汇总
32			182	2月 汇总
44			201	3月 汇总
60			227	4月 汇总
74			202	5月 汇总
86			199	6月 汇总
87	成功书店	汇总	1342	
100			144	1月 汇总
111			166	2月 汇总
121			96	3月 汇总
131			122	4月 汇总
144			151	5月 汇总
152			88	6月 汇总
153	点点书店	汇总	767	
167			239	1月 汇总
182			268	2月 汇总
192			134	3月 汇总
205			283	4月 汇总
221			291	5月 汇总
231			98	6月 汇总
232	教育书店	汇总	1313	
241			116	1月 汇总
246			23	2月 汇总
252			38	3月 汇总
260			88	4月 汇总
266			56	5月 汇总
272			65	6月 汇总
273	行知书店	汇总	386	
274	总计		3808	

	B	C	I
1	书店名称	图书类型	销量
87	成功书店	汇总	1342
153	点点书店	汇总	767
232	教育书店	汇总	1313
273	行知书店	汇总	386
274	总计		3808

图 4-113　分级显示 2　　　　　　　　　　图 4-114　分级显示 3

5.利用 SUMIFS 函数进行数据分析

步骤 1：建立"图书销售统计"工作表。插入一张新的工作表，命名为"图书销售统计"，输入如图 4-115 所示的数据。选择"开始"选项卡→"样式"组→"套用表格格式"下拉列表中的"冰蓝，表样式中等深浅 23"格式，打开"套用表格格式"对话框，选择表数据的来源为"$A$1:$G$5"单元格区域，勾选"表包含标题"复选框，单击"确定"按钮。选择"表格工具|设计"选项卡→"工具"组→"转换为区域"将表格转化为普通区域。

	A	B	C	D	E	F	G
1	书店名称	1月	2月	3月	4月	5月	6月
2	成功书店						
3	点点书店						
4	教育书店						
5	行知书店						

图 4-115　图书销售统计表样式

步骤 2：统计成功书店各月的销量。选中 B2 单元格，选择编辑栏上的插入函数按钮 *fx*，打开"插入函数"对话框，在该对话框的"或选择类别(C):"下拉列表中选择"数学与三角函数"，在"选择函数(N):"下拉列表中选择"SUMIFS"函数，单击"确定"按钮，打开SUMIFS 函数的"函数参数"对话框，如图 4-116 所示。光标置于"Sum_range"文本框中，选择"2022 上半年图书销售情况"工作表中的"I2:I158"单元格区域，按【F4】键转换成单元格绝对引用。光标置于"Criteria_rangel"文本框中，选择"2022 上半年图书销售情况"工作表中的"B2:B158"单元格区域，按【F4】键转换成单元格绝对引用。光标置于"Criteria1"文本框中，选择"图书销售统计"工作表中的 A2 单元格区域，按【F4】键转换成单元格绝对引用。光标置于"Criteria_range2"文本框中，选择"2022 上半年图书销售情况"工作表中的"K2:K158"单元格区域，按【F4】键转换成单元格绝对引用。光标置于"Criteria2"

文本框中，选择"图书销售统计"工作表中的"B1"单元格。单击"确定"按钮完成 SUMIFS 函数的输入。此时编辑栏中显示的公式为"=SUMIFS('2022 上半年图书销售情况'!$I$2:$I$158,'2022 上半年图书销售情况'!$B$2:$B$158,$A$2,'2022 上半年图书销售情况'!$K$2:$K$158,B1)"。此时 SUMIFS 的"函数参数"对话框如图 4-116 所示。拖动"B2"单元格的填充柄至 G2 单元格，成功书店各月的销量统计完毕。

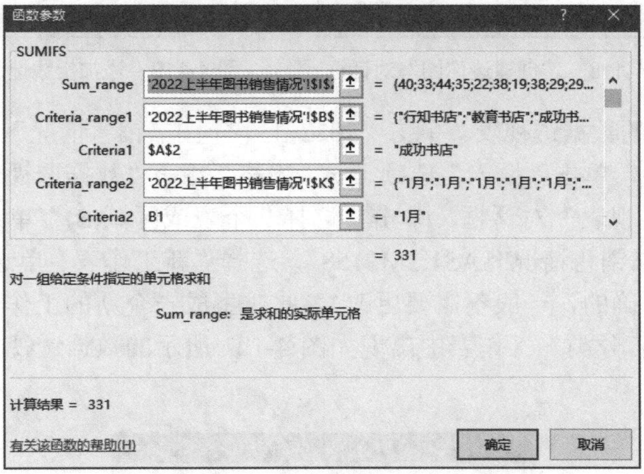

图 4-116　SUMIFS 的"函数参数"对话框

步骤 3：统计各书店各月的销量。选中 B2 单元格，在编辑栏中复制公式，按【Esc】键后，单击 B3 单元格，按【Ctrl+V】快捷键进行粘贴，此时 B2 单元格的公式粘贴至 B3 单元格。将公式中第三个参数更改为"$A$3"，按【Enter】键结束输入，拖动 B3 单元格填充柄至 G3，完成各书店各月销量统计。使用同样的方法通过复制公式和分别更改公式第三个参数为"$A$4"和"$A$5"，计算教育书店和行知书店各月的销量统计，计算完成后的数据如图 4-117 所示。

说明：计算时，注意更改教育书店和行知书店第三个参数的值；SUMIFS 函数的用法详见"扩展知识"。

▲	A	B	C	D	E	F	G
1	书店名称	1月	2月	3月	4月	5月	6月
2	成功书店	331	182	201	227	202	199
3	点点书店	144	166	96	122	151	88
4	教育书店	239	268	134	283	291	98
5	行知书店	116	23	38	88	56	65

图 4-117　教育书店和行知书店的销量统计

步骤 4：在"图书销售统计"工作表的 H1 单元格中输入"销量趋势"，选中 H2 单元格，单击"插入"选项卡→"迷你图"组→"折线迷你图"，打开如图 4-118 所示的"创建迷你图"对话框，选择"数据范围(D)"为"B2:G2"，单击"确定"按钮，拖动"H2"单元格填充柄至"H5"单元格。添加折线迷你图的效果如图 4-119 所示。

6.利用数据透视表统计数据

（1）建立各个书店销量总和及销售额平均值的数据透视表。

图 4-118 "创建迷你图"对话框

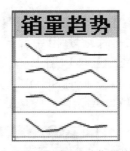

图 4-119 添加折线迷你图的效果

步骤 1：创建空的数据透视表。单击"2022 上半年图书销售情况"工作表标签，选中数据区域的任意单元格，单击"插入"选项卡→"表格"组→"数据透视表"，打开如图 4-120 所示的"创建数据透视表"对话框，单击"选择一个表或区域(S)"单选按钮，数据区域选择"'2022 上半年图书销售情况'!$A$1:$M$158"，选择"新工作表"单选按钮，单击"确定"按钮（默认设置是正确的，一般不需要更改）。此时生成一个新的工作表，重命名为"按书店分类"。在"按书店分类"工作表中出现如图 4-121 所示的数据透视表区域和"数据透视表字段"窗格。

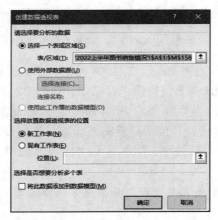

图 4-120 "创建数据透视表"对话框

图 4-121 空数据透视表

步骤 2：完善数据透视表。在"数据透视表字段"窗格中将"选择要添加到报表的字段:"列表中的"书店名称"字段拖曳至"行"列表框中，将"销量"字段拖曳至"值"列表框中，将"销售额"字段拖曳至"值"列表框中，单击"值"列表框中的"求和项:销售额"字段，在弹出的列表中选择"值字段设置(N)…"，打开如图 4-122 所示的"值字段设置"对话框，在"选择用于汇总所选字段数据的"下的"计算类型"列表中选择"平均值"，单击"数字格式(N)"按钮，在打开的"设置单元格格式"对话框中选择"数值"，小数位数设为"2"，单击"确定"按钮返回"值字段设置"对话框。单击"确定"按钮，设置好的数据透视表如图 4-123 所示。

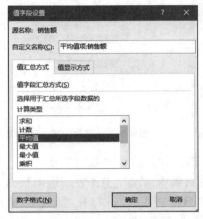

图 4-122　"值字段设置"对话框

行标签 ▾	求和项:销量	平均值项:销售额
成功书店	1342	929.35
点点书店	767	793.70
教育书店	1313	904.89
行知书店	386	690.37
总计	3808	860.88

图 4-123　数据透视表

（2）建立各个书店按月统计销量总和及销售额平均值的数据透视表。

单击上一步建立的数据透视表区域的任意单元格，在"数据透视表字段"窗格中将"销售日期"字段拖至"行"列表框中，选择"数据透视表工具|设计"选项卡→"布局"组→"报表布局"下拉列表中的"以大纲形式显示(O)"，如图 4-124 所示。选择"数据透视表工具|设计"选项卡→"数据透视表样式"下拉列表中的"浅蓝，数据透视表样式中等深浅 2"样式。选择"数据透视表工具|分析"选项卡→"操作"组下的"移动数据透视表"，打开如图 4-125 所示的对话框，选择"现有工作表(E)"单选按钮，将光标置于"位置(L):"文本框中，单击"A1"单元格，单击"确定"按钮。按书店月份分类的数据透视表如图 4-126 所示。

图 4-124　报表布局设置

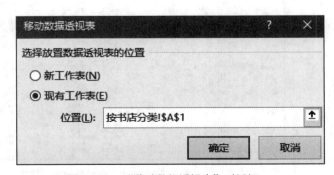

图 4-125　"移动数据透视表"对话框

书店名称	月	销售日期	求和项:销量	平均值项:销售额
成功书店			1342	929.35
	1月		331	1162.14
	2月		182	716.54
	3月		201	1042.61
	4月		227	826.85
	5月		202	821.62
	6月		199	1042.11
点点书店			767	793.70
	1月		144	761.34
	2月		166	995.04
	3月		96	714.06
	4月		122	856.36
	5月		151	695.42
	6月		88	766.15
教育书店			1313	904.89
	1月		239	825.90
	2月		268	1010.86
	3月		134	784.81
	4月		283	1053.54
	5月		291	1004.89
	6月		98	607.99
行知书店			386	690.37
	1月		116	819.03
	2月		23	446.00
	3月		38	476.25
	4月		88	797.48
	5月		56	615.47
	6月		65	785.05
总计			3808	860.88

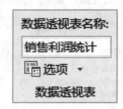

数据透视表名称：

销售利润统计

选项 ▾

数据透视表

图 4-126　按书店月份分类的数据透视表　　　　图 4-127　更改数据透视表名称

（3）建立各书店按月、图书类型、图书名称统计销售利润总和的数据透视表。

步骤 1：建立空数据透视表。打开"2022 上半年图书销售情况"工作表，选中数据区域的任意单元格，单击"插入"选项卡→"表格"组→"数据透视表"，打开"创建数据透视表"对话框，选择默认值，单击"确定"按钮后生成一个新的工作表，重命名为"销售利润统计"。

步骤 2：完善数据透视表。在"数据透视表字段"窗格中将"书店名称"、"销售日期"、"图书名称"字段名依次拖至"行"列表框中，将"图书类型"字段拖至"列"列表框中，将"销售利润"拖至"值"列表框中，设置"报表布局"为"以大纲形式显示(O)"，设置"数据透视表样式"为"冰蓝，数据透视表样式中等深浅 9"。在"数据透视表工具|分析"选项卡→"数据透视表"组→"数据透视表"文本框中更改数据透视表名称为"销售利润统计"，如图 4-127 所示。生成后的数据透视表如图 4-128 所示。

书店名称	月	销售日期	图书名称	程序语言	计算机基础	软件	数据库	网络	信息	总计
成功书店				3075.72	1934.03	4236.46	5250.93	460.68	644	15601.82
	1月			788.26	255	1039	1179.12		323.84	3585.22
	2月			604.78	425.14	235.8	632.61	230.34		2128.67
	3月			315.2	255	962.25	744			2276.45
	4月			609.16	318.75	921.46	646.56		320.16	2816.09
	5月			600.72	425.14		1304.64	230.34		2560.84
	6月			157.6	255	1077.95	744			2234.55
点点书店				584.64	3189.5	1304.04	833.76	1432.68	2149.12	9493.74
	1月			267.96	675.32		440.04	209.4	331.2	1923.92
	2月				434.7	620.58		427.2	419.52	1902
	3月			267.96	499.72			209.4	331.2	1308.28
	4月				552.4		393.72	181.48	316.48	1444.08
	5月				487.38	683.46		405.2	419.52	1995.56
	6月			48.72	539.98				331.2	919.9
行知书店				764.36	1574.87		1737.81		515.2	4592.24
	1月			315.2	600.06		374.37			1289.63
	2月				136				220.8	356.8
	3月				131.52		374.37			505.89
	4月			449.16	308.25		313.62			1071.03
	5月				267.52				294.4	561.92
	6月				131.52		675.45			806.97
教育书店				3577.2	5793.24	1241.55	2848.35	656.12		14116.46
	1月			489.08	1089.14		1067.25			2645.47
	2月			589.82	1194.66	471.7	113.4	328.06		2697.64
	3月			502.46	762.44		303.75			1568.65
	4月			883.66	1204.86		692.55			2781.07
	5月			554	963.38	769.85	460.8	328.06		3076.09
	6月			558.18	578.76		210.6			1347.54
总计				8001.92	12491.64	6782.05	10670.85	2549.48	3308.32	43804.26

求和项:销售利润　图书类型

图 4-128　生成的数据透视表

步骤 3：数据透视表筛选。在"数据透视表字段"窗格中将"图书名称"拖至"筛选"列表框中作为筛选字段，单击 B1 单元格的下拉箭头，打开如图 4-129 所示的对话框，选择"《C 语言程序设计》"，单击"确定"按钮，选择"数据透视表工具|设计"选项卡→"布局"组→"总计"下拉列表中的"仅对列启用(C)"。《C 语言程序设计》销售情况如图 4-130 所示。

说明：选择不同的图书名称，可以查看其在各书店各月的销售利润情况。

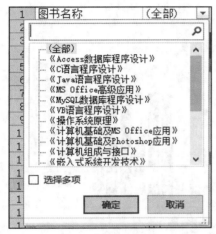

图 4-129　筛选对话框

图 4-130　《C 语言程序设计》销售情况

7.利用数据透视图进行数据分析

（1）建立各书店各月销售利润的数据透视图。

步骤 1：建立空数据透视图。选中"2022上半年图书销售情况"工作表数据区域中的任意一个单元格，单击"插入"选项卡→"图表"组→"数据透视图"按钮，打开如图 4-131 所示的"创建数据透视图"对话框，使用默认选项，单击"确定"按钮，将新建的工作表重命名为"销售利润统计图"。

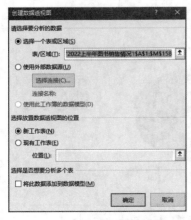

图 4-131　"创建数据透视图"对话框

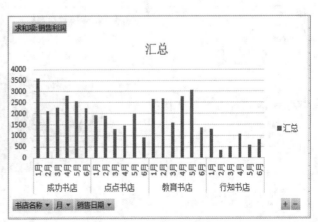

图 4-132　销售利润数据透视图

　　步骤 2：完善数据透视图。单击生成的空数据透视图，在"数据透视图字段"窗格中将
"书店名称"和"销售日期"字段拖至"轴（类别）"列表框中，将"销售利润"字段拖至
"值"列表框中，建立如图 4-132 所示的销售利润数据透视图。单击生成的数据透视图，选
择"数据透视图工具|设计"选项卡→"数据"组→"切换行/列"按钮，将数据透视图左上
角拖曳至 A7 单元格，调整右下角至 K30 单元格，生成的数据透视图如图 4-133 所示。单击
数据透视图右侧的"书店名称"或"销售日期"的下拉箭头对数据进行筛选，可以使数据
透视图的数据按筛选要求部分显示。

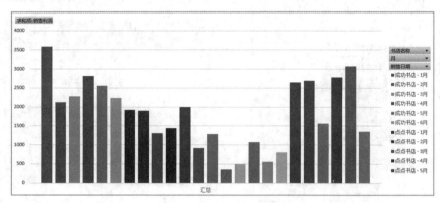

图 4-133　生成的数据透视图

　　（2）利用数据透视表建立数据透视图。

　　在"按书店分类"工作表中选中数据透视表里的任意一个单元格，选择"插入"选项
卡→"图表"组→"插入饼图或圆环图"下拉列表中的"三维饼图"，在生成的数据透视图
右侧的"书店名称"下拉列表中只勾选"教育书店"复选框，如图 4-134 所示。给饼图设置
"类别名称"、"百分比"和"显示引导线"的数据标签，设置后的图表如图 4-135 所示。"图
书类型"、"图书名称"、"书店名称"及"销售日期"字段均可根据需要进行筛选，数据透
视图随之变化。

图 4-134　筛选书店名称

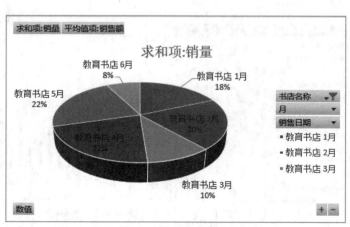

图 4-135　教育书店销量统计

4.5.5　知识小结

任务 4.5 通过对图书销售情况进行深度分析，应用了 Excel 2016 提供的数据分析功能，主要知识包括以下几个。

（1）Excel 2016 中条件格式的设置。

（2）利用字体颜色排序。

（3）去除重复数据。

（4）MONTH 函数、SUMIFS 函数的用法。

（5）数据透视表和数据透视图的创建及编辑。

4.5.6　实战练习

参照上述操作步骤独立完成"图书销售情况的深度分析"内容。可以根据需要修改字体格式、单元格格式和样式、数据透视表和数据透视图的格式及背景填充等。

4.5.7　拓展练习

通过网络或图书馆查询相关资料，学习数据透视表切片的相关知识。

第四篇　拓展知识

第五篇
演示文稿制作工具
PowerPoint 2016

➤ 深刻领会每个任务的精神内涵，明确演示文稿在多媒体时代的地位和作用，借助电子相册"寻迹红色历史"的制作，让学生学习和领会我党的"百年历史"，传承红色基因，培养学生的爱国主义情怀，培养担当民族复兴大任的时代新人。

➤ 从计算机工作原理及使用 PowerPoint 2016 解决问题的角度出发，分析并解决问题，培养学生的计算思维。

➤ 熟练掌握 PowerPoint 2016 演示文稿的操作界面，新建、打开、保存演示文稿，编辑幻灯片等基本操作。

➤ 熟练掌握并灵活应用 PowerPoint 2016 提供的幻灯片版式、主题、背景和母版美化演示文稿。

➤ 熟练掌握并灵活应用在 PowerPoint 2016 演示文稿中插入并格式化文本、形状、图片、艺术字、SmartArt 图形、音频、视频等各种对象。

➤ 熟练掌握并灵活应用在 PowerPoint 2016 演示文稿中设置动画效果、创建超链接和添加动作按钮等操作。

➤ 熟练掌握并灵活应用在 PowerPoint 2016 演示文稿中设置切换幻灯片、放映幻灯片等操作。

➤ 熟练掌握在 PowerPoint 2016 演示文稿中创建幻灯片母版，灵活设计"标题幻灯片"版式、"标题和内容"版式等。

➤ 熟练掌握并灵活应用 PowerPoint 2016 制作电子相册、将演示文稿打包成 CD 等操作。

➤ 分析素材，能够设计并制作主题鲜明、背景美观、图文并茂的演示文稿。

任务 5.1　PowerPoint 2016 入门

5.1.1　任务能力提升目标

- 培养学生使用应用软件解决问题的能力，理解计算机工作原理。
- 熟练掌握 PowerPoint 2016 的启动与退出。
- 熟悉 PowerPoint 2016 应用软件的工作环境，明确其相关概念及术语。
- 熟练掌握新建、保存、打开、关闭 PowerPoint 2016 演示文稿的相关操作，明确其真正含义。
- 熟练掌握幻灯片的插入、选择、移动或复制、删除、隐藏等操作。
- 熟练掌握幻灯片的放映操作。

5.1.2　任务内容及要求

小张是某公司销售部的员工，为了更好地介绍新产品，需要制作演示文稿，他选择使用 PowerPoint 2016 软件来完成。如何快速有效地使用该软件解决问题，应从认识 PowerPoint 2016 开始。小张需要熟悉 PowerPoint 2016 的功能及作用、启动及退出、操作界面的构成，需要熟悉 PowerPoint 2016 涉及的相关概念与术语、掌握演示文稿的基本操作及幻灯片的操作等。

5.1.3　任务分析

作为初次使用 PowerPoint 2016 的小张，可以按照下面的顺序进行学习。

（1）明确如何启动 PowerPoint 2016。使用某应用软件解决问题，应先启动该应用软件。

（2）熟悉 PowerPoint 2016 的操作界面。了解该软件所具有的功能，是使用该软件的基本要求。

（3）熟练掌握 PowerPoint 2016 演示文稿的基本操作，包括保存、打开、关闭演示文稿等，明确这些操作的真正含义。无论演示文稿的内容是什么，最终都以文件形式处理。

（4）熟练掌握幻灯片的插入、选择、移动或复制、删除、隐藏和放映等操作，并明确各操作的含义。

（5）明确如何退出 PowerPoint 2016。任务完成后，应当退出应用程序，释放系统资源。

（6）明确与 PowerPoint 2016 相关的概念及术语。

5.1.4　任务实施

1.PowerPoint 2016 的启动

Microsoft PowerPoint 2016 是 Windows 10 下的一款应用软件，它的启动主要有以下 4

种方法。

方法 1：打开"开始"菜单，在"所有应用"列表中选择"PowerPoint"命令。

方法 2：在 Windows 10 桌面上，双击 PowerPoint 2016 的快捷方式图标。

方法 3：在 Windows 10 任务栏的快速启动区域中，单击 PowerPoint 2016 快速启动按钮。

方法 4：在安装有 PowerPoint 2016 的 Windows 10 系统中，双击一个 PowerPoint 2016 演示文稿或 PowerPoint 2016 的模板文件。

2.PowerPoint 2016 的操作界面

PowerPoint 2016 的操作界面主要由标题栏、功能区、普通视图窗格、幻灯片编辑区、状态栏等组成，如图 5-1 所示。

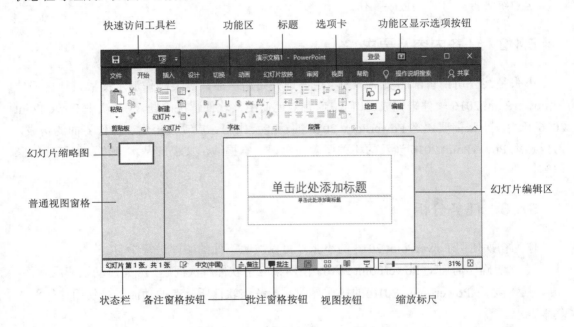

图 5-1　PowerPoint 2016 的操作界面

1）标题栏

标题栏位于应用程序窗口的顶端，包括快速访问工具栏，标题，功能区显示选项按钮，应用程序窗口的"最小化"、"最大化"和"关闭"按钮。

（1）快速访问工具栏。

快速访问工具栏位于标题栏的左侧，用于显示一些常用命令的快捷按钮，默认状态下只显示"保存"、"撤消"和"恢复"三个命令按钮，用户可根据需要在其中添加或隐藏其他命令按钮。

添加命令按钮和隐藏其他命令按钮的方法请参照第三篇的相关内容。

（2）标题。

标题用于显示正在编辑的演示文稿的文件名和当前使用的应用程序名称。

（3）功能区显示选项按钮。

PowerPoint 2016 标题栏新增了"功能区显示选项"按钮，用于设置功能区的显示方式，单击该按钮会弹出功能区显示方式下拉列表，如图 5-2 所示。三个选项用于设置功能区的显示方式，系统默认的显示方式为"显示选项卡和命令"。

图 5-2　"功能区显示选项"下拉列表

2）功能区

PowerPoint 2016 的功能区位于标题栏下方（见图 5-1），默认包含"文件"、"开始"、"插入"、"设计"、"切换"、"动画"、"幻灯片放映"、"审阅"、"视图"、"帮助" 10 个选项卡。选择不同的选项卡，可以切换到不同的选项卡功能区。PowerPoint 2016 将几乎所有命令按用途分类，并以按钮的方式分布在这些选项卡中，每个选项卡又根据功能的不同将命令分为若干个组，组织这些命令。

"文件"是一个特殊的选项卡，单击"文件"选项卡，可进入 PowerPoint 2016 的后台视图，其功能和结构类似于 Word 2016 的后台视图，如图 5-3 所示。

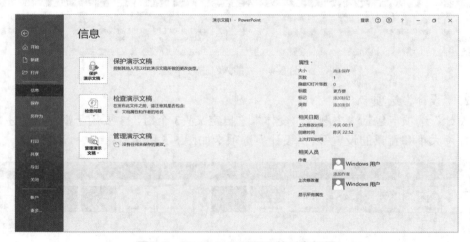

图 5-3　PowerPoint 2016 的后台视图

3）普通视图窗格

普通视图窗格位于"幻灯片编辑区"的左侧，用来显示幻灯片的缩略图，在该窗格中无法编辑幻灯片中的内容。

4）幻灯片编辑区

幻灯片编辑区位于 PowerPoint 2016 工作窗口的右侧，是该窗口中最大的区域（见图 5-1）。它是演示文稿的核心部分，在其中可以直观地看到幻灯片的外观效果。用户在此区域编辑幻灯片、文本，插入并格式化图形、表格、动画、声音、视频等各对象。

5）状态栏

状态栏位于 PowerPoint 2016 窗口的最下方（见图 5-1）。状态栏最左侧显示正在编辑的幻灯片的编号和当前演示文稿的总页数。状态栏右侧包括备注窗格按钮、批注窗格按钮、视图按钮和缩放标尺。

单击"备注窗格按钮"可以打开备注窗格，它位于"幻灯片编辑区"的下方，在其中可以为幻灯片添加说明，可使观赏者更好地掌握和了解幻灯片中展示的内容。单击视图切换按钮，快速进行视图的切换。拖动缩放标尺：快速调整正在编辑的幻灯片的显示比例。

3.PowerPoint 2016 选项卡及功能

PowerPoint 2016 的选项卡包括常规选项卡和上下文选项卡两类。

1）常规选项卡

PowerPoint 2016 部分常规选项卡的组成和功能与 Word 2016 常规选项卡的类似，PowerPoint 2016 重要的常规选项卡如下。

（1）"插入"选项卡。

"插入"选项卡包括"幻灯片"、"表格"、"图像"、"插图"、"加载项"、"链接"、"批注"、"文本"、"符号"、"媒体"10 个组，主要用于在 PowerPoint 2016 演示文稿中插入幻灯片和各种元素。"插入"选项卡如图 5-4 所示。

图 5-4   "插入"选项卡

（2）"设计"选项卡。

"设计"选项卡包括"主题"、"变体"、"自定义"3 个组，主要用于演示文稿主题的设置、幻灯片大小和背景的设置等。"设计"选项卡如图 5-5 所示。

图 5-5   "设计"选项卡

（3）"切换"选项卡。

"切换"选项卡包括"预览"、"切换到此幻灯片"、"计时"3 个组，主要用于幻灯片放映时进入和离开屏幕的切换效果、播放声音、持续时间、换片方式等的设置。"切换"选项卡如图 5-6 所示。

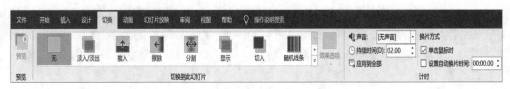

图 5-6   "切换"选项卡

（4）"动画"选项卡。

"动画"选项卡包括"预览"、"动画"、"高级动画"、"计时"4个组，主要用于实现为幻灯片中的各对象添加自定义动画、组合动画和各个动画的后期设置等功能。"动画"选项卡如图5-7所示。

图 5-7　"动画"选项卡

（5）"幻灯片放映"选项卡。

"幻灯片放映"选项卡包括"开始放映幻灯片"、"设置"、"监视器"3个组，主要用于实现幻灯片的常规放映、自定义放映、设置放映方式、排练计时、录制幻灯片演示等功能。"幻灯片放映"选项卡如图5-8所示。

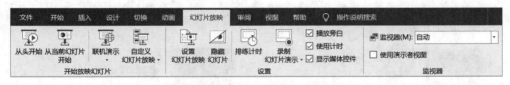

图 5-8　"幻灯片放映"选项卡

（6）"视图"选项卡。

"视图"选项卡包括"演示文稿视图"、"母版视图"、"显示"、"缩放"、"颜色/灰度"、"窗口"和"宏"7个组，主要用于设置演示文稿的视图显示方式、进入各种母版视图模式、窗口的显示方式等。"视图"选项卡如图5-9所示。

图 5-9　"视图"选项卡

2）上下文选项卡

有些选项卡只有在编辑、处理某些特定对象时才会在功能区中显示，以供用户使用，这种选项卡称为上下文选项卡。PowerPoint 2016经常使用的有"图片工具"、"绘图工具"、"图表工具"、"表格工具"、"SmartArt 工具"、"音频工具"、"视频工具"等上下文选项卡。

例如，PowerPoint 2016 演示文稿的幻灯片中编辑"SmartArt 图形"时，与之关联的"SmartArt 工具"选项卡才会显示在功能区。与 SmartArt 图形关联的"SmartArt 工具"选项卡如图5-10所示。

图 5-10　"SmartArt 工具"选项卡

4.PowerPoint 2016 演示文稿操作

PowerPoint 2016 演示文稿的新建、保存、打开、关闭的操作方法与 Word 2016 文档、Excel 2016 工作簿的新建、保存、打开、关闭方法类似。

1）新建演示文稿

在 PowerPoint 2016 中可以创建空白演示文稿，也可以通过本地模板创建演示文稿。

（1）创建空白演示文稿。

方法 1：启动 PowerPoint 2016，系统自动在内存中创建一个空白演示文稿，并命名为"演示文稿 1"。

方法 2：选择"文件"→"新建"命令选项，在打开的后台视图中选择"空白演示文稿"即可，如图 5-11 所示。

图 5-11　新建空白演示文稿　　　　　图 5-12　保存演示文稿

（2）依据模板创建演示文稿。

方法：选择"文件"→"新建"命令选项，在打开的后台视图右侧下方选择 PowerPoint 2016 内置的模板创建；或者在搜索框中输入系统提示的搜索信息，搜索联机模板创建演示文稿。

2）保存演示文稿

为了防止数据丢失，需要将内存中的演示文稿保存到外部存储器。

方法：单击"快速访问工具栏"中的"保存"按钮，或按下【Ctrl+S】快捷键，或选择

"文件"→"保存"命令选项，或选择"文件"→"另存为"命令选项，在打开的后台视图中选择"浏览"按钮，如图 5-12 所示，在打开的"另存为"对话框中选择保存位置，输入文件名，选择保存类型，单击"保存"按钮即可。

说明：对保存过的演示文稿再次执行"保存"操作时，系统以覆盖方式保存，不再打开"另存为"对话框。若要保存演示文稿副本，可选择"文件"→"另存为"命令选项，在打开的"另存为"对话框中设置演示文稿的保存路径或文件名等。

3）打开演示文稿

打开演示文稿是将保存在外部存储器中的 PowerPoint 2016 演示文稿调入内存，并显示在应用程序窗口中的过程。

方法 1：双击演示文稿图标，或者右击演示文稿图标，在弹出的快捷菜单中选择"打开(O)"命令打开。

方法 2：单击快速访问工具栏中的"打开"按钮📂，或选择"文件"→"打开"→"浏览"命令选项，在"打开"对话框中打开演示文稿。

方法 3：最近编辑过的演示文稿，可选择"文件"→"打开"→"最近"命令选项，在后台视图的右侧区域直接选择需要打开的演示文稿即可。

5.幻灯片的操作

幻灯片的操作即编辑幻灯片，包括插入新幻灯片、选择幻灯片、移动或复制幻灯片、删除幻灯片、隐藏幻灯片。

1）插入新幻灯片

方法：在演示文稿的普通视图窗格中选中幻灯片，选择"开始"选项卡→"幻灯片"组→"新建幻灯片"按钮🖼，或者右击该幻灯片，在弹出的快捷菜单中选择"新建幻灯片(N)"命令，或按【Enter】键，都可在当前幻灯片的下面插入一张新的幻灯片。

选择"开始"选项卡→"幻灯片"组→"新建幻灯片"按钮🖼，在弹出的"0ffice 主题"下拉列表中选择一种版式，如图 5-13 所示，可在当前幻灯片中插入一张新的带版式的幻灯片。

2）选择幻灯片

（1）选择单张幻灯片：在普通视图窗格或幻灯片浏览视图中，单击某张幻灯片缩略图即可选择。

（2）选择多张连续的幻灯片：在普通视图窗格或幻灯片浏览视图中，单击要连续选择的第一张幻灯片，按住【Shift】键不放，再单击需要选择的最后一张幻灯片。

（3）选择多张不连续的幻灯片：在普通视图窗格或幻灯片浏览视图中，单击要连续选择的第一张幻灯片，按住【Ctrl】键不放，再单击需要选择的最后一张幻灯片。

（4）选择全部幻灯片：在普通视图窗格或幻灯片浏览视图中，按下【Ctrl+A】快捷键。

3）移动、复制幻灯片

（1）鼠标法移动、复制幻灯片：选择需移动的幻灯片，按住鼠标左键不放，拖动到目标位置后释放鼠标即可完成移动；选择幻灯片后，按住【Ctrl】键的同时将其拖动到目标位置即完成复制。

图 5-13　插入带版式的幻灯片

（2）选项卡法移动、复制幻灯片：选择需要移动或复制的幻灯片，选择"开始"选项卡→"剪贴板"组→"剪切"或"复制"按钮，定位到目标位置，选择"开始"选项卡→"剪贴板"组→"粘贴"按钮，即可完成。

（3）快捷菜单法移动、复制幻灯片：选择需要移动或复制的幻灯片，右击，在弹出的快捷菜单中选择"剪切"或"复制"命令，再将鼠标定位到目标位置，右击，在弹出的快捷菜单中选择"粘贴"命令，即可完成。

4）删除幻灯片

在普通视图窗格或幻灯片浏览视图中，选择需要删除的幻灯片，右击，在弹出的快捷菜单中选择"删除幻灯片(D)"命令或按【Delete】键。

5）隐藏幻灯片

（1）选择需隐藏的幻灯片，右击，在弹出的快捷菜单中选择"隐藏幻灯片(H)"命令。

（2）选择需隐藏的幻灯片，选择"幻灯片放映"选项卡→"设置"组→"隐藏幻灯片"按钮。

如果要取消隐藏幻灯片，选择上面的操作再做一次即可。

6.幻灯片的放映

演示文稿制作完成后，通过放映幻灯片展示给观众。

1）手动放映

（1）从头开始放映幻灯片：选择"幻灯片放映"选项卡→"开始放映幻灯片"组→"从头开始"按钮，或者按【F5】键可以实现从头开始放映。

（2）从当前幻灯片开始放映：选择"幻灯片放映"选项卡→"开始放映幻灯片"组→"从当前幻灯片开始"按钮，或者按【Shift＋F5】组合键可以实现从当前幻灯片开始放映。

（3）启动放映后切换幻灯片：可利用快捷菜单切换，在幻灯片的任意位置右击，从弹出的快捷菜单中选择"上一张"或"下一张"命令进行切换；也可以通过滚动鼠标、翻页键【PageUp】和【PageDown】、方向键"←"或"↑"进行切换。

（4）退出放映：如果中途退出放映状态，可以按【Esc】键或在快捷菜单中选择"结束放映"命令实现结束放映；如果放映到最后一张幻灯片，屏幕顶端出现"放映结束，单击鼠标退出"的字样，这时，在屏幕的任意位置单击鼠标、按空格键或按【Enter】键都可以退出放映状态。

2）自动放映

幻灯片放映时可以实现自动放映，在放映过程中不需要用户进行任何操作。使用"幻灯片切换效果"和"排练计时"可实现自动放映。

7.PowerPoint 2016 的退出

在 PowerPoint 2016 窗口中，可以同时打开多个演示文稿。如果窗口中只有一个演示文稿，选择以下 5 种操作方法之一均可关闭演示文稿，再退出 PowerPoint 2016。

方法 1：单击 PowerPoint 2016 窗口右上角的"关闭"按钮 ✕。

方法 2：右击 PowerPoint 2016 窗口标题栏的空白处，在弹出的快捷菜单中选择"关闭(C)"命令。

方法 3：双击 PowerPoint 2016 窗口标题栏最左侧空白处。

方法 4：按下【Alt+F4】组合键。

方法 5：右击任务栏上对应任务的按钮 ，在弹出的快捷菜单中选择"关闭窗口"命令。若窗口中打开多个演示文稿，执行本操作时，在快捷菜单中选择"关闭所有窗口"命令，先顺序关闭每个演示文稿，再退出 PowerPoint 2016 应用程序。

说明：退出应用程序的操作，均可关闭演示文稿。及时关闭当前不编辑的演示文稿，既可以防止操作失误破坏演示文稿，又可以释放内存资源。

8.相关概念及术语

1）幻灯片

在 PowerPoint 中，幻灯片是一个舞台，能将文本、图片、形状、图表、音频和视频等元素或对象更生动、直观地表达出来。演示文稿是由一张张幻灯片组合而成的，它们既相互独立，又相互关联。

2）视图

PowerPoint 2016 主要提供了 6 种视图方式："普通视图"、"大纲视图"、"幻灯片浏览视图"、"备注页视图"、"阅读视图"和"幻灯片放映视图"。"普通视图"、"幻灯片浏览视图"

和"幻灯片放映视图"3 种视图模式为常用模式。

视图的切换可通过选择"视图"选项卡"演示文稿视图"组中的按钮实现，如图 5-14 所示；也可通过状态栏中的视图按钮实现，如图 5-15 所示。

图 5-14 　"演示文稿视图"组中的命令按钮 　　　　图 5-15 　状态栏中的视图按钮

（1）普通视图。

PowerPoint 2016 默认进入的视图模式是普通视图模式，用于制作演示文稿。在普通视图中，左半部是"普通视图"窗格，右半部是"幻灯片编辑"窗格。"普通视图"窗格显示幻灯片的缩略图，便于幻灯片进行定位、复制、移动、删除等操作。"幻灯片编辑"窗格显示当前幻灯片中所有的内容，包括幻灯片的背景、幻灯片中的各种插入对象和格式等。

（2）大纲视图。

大纲视图中，左半部是"大纲视图"窗格，右半部是"幻灯片编辑"窗格。"大纲视图"窗格中显示幻灯片的编号及每张幻灯片的文本内容，不显示图形、图像、图表等对象。

在大纲视图中编辑演示文稿，可以调整各幻灯片的前后顺序；在一张幻灯片内可以调整标题的层次级别和前后次序；可以将一张幻灯片的文本复制或移动到其他幻灯片中。

（3）幻灯片浏览视图。

幻灯片浏览视图为整体编辑演示文稿提供了方便。在这种模式下，可以查看当前演示文稿中的所有幻灯片，如图 5-16 所示。通过移动垂直滚动条，能够浏览到演示文稿中的所有幻灯片，因此可以方便添加、删除、复制或移动幻灯片。双击某一张幻灯片，可在普通视图中打开此幻灯片。

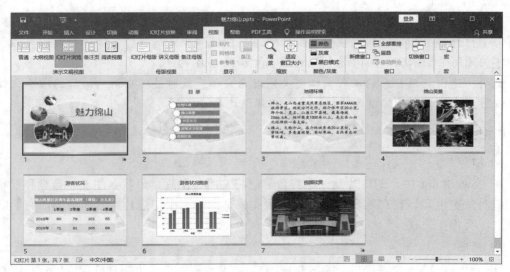

图 5-16 　幻灯片浏览视图

（4）备注页视图。

备注页视图是用来编辑备注页的，备注页分为两个部分，上半部分是幻灯片的缩小图像，下半部分是文本预留区，如图 5-17 所示。可在文本预留区中添加文字和图形对幻灯片进行说明，供演讲者进行阅读和参考。

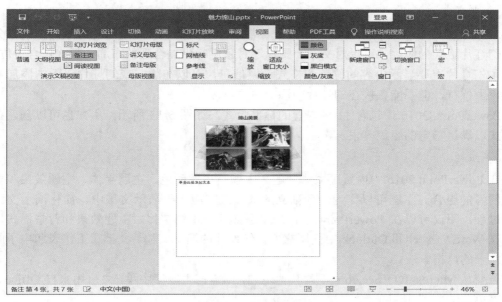

图 5-17　备注页视图

（5）阅读视图。

阅读视图可以将演示文稿作为适应窗口大小的幻灯片放映查看，在页面上单击即可翻到下一页，如图 5-18 所示。

图 5-18　阅读视图

（6）幻灯片放映视图。

幻灯片放映视图是以全屏方式显示演示文稿中的每一张幻灯片。进入幻灯片放映视图后，PowerPoint 窗口暂时隐去，每张幻灯片占满整个屏幕。单击鼠标左键或按【Enter】键显示下一张幻灯片，按【Esc】键或放映完所有幻灯片后，恢复到幻灯片编辑状态。

3）版式

幻灯片版式是 PowerPoint 软件中的一种常规排版的格式，是幻灯片母版的组成部分。通过幻灯片版式的应用，可以对文字、图片等对象进行更加合理的布局。版式包含占位符，定义了幻灯片上要显示内容的位置和格式设置信息，可以在版式或幻灯片母版中添加文字和对象占位符，但不能直接在幻灯片中添加占位符。

PowerPoint 2016 中包含 11 种内置的标准版式，如图 5-13 所示。用户也可以创建自定义版式以满足特定的组织需求。

4）主题

在 PowerPoint 2016 中内置了大量主题。主题是主题颜色、主题字体、主题效果和背景样式四者的组合。主题可以作为一套独立的选择方案应用于演示文稿中，简化演示文稿的创建过程。不仅可以在 PowerPoint 中使用主题颜色、主题字体、主题效果和背景样式，还可以在 Word、Excel 和 Outlook 中使用它们，使设计的演示文稿、文档、工作表和电子邮件具有统一的风格。

若要从 Microsoft Office.com 下载其他主题，则需在主题库中单击"启用来自 Office.com 的内容更新(O)…"链接。

5）背景样式

PowerPoint 2016 应用程序提供了丰富的背景设置，通过对幻灯片颜色和填充效果的更改，可以获得不同的背景效果。背景样式会随着主题的变化而变化，用户可以使用内置的背景样式，也可以设置自定义的背景样式，背景样式的填充方式包括纯色填充、渐变填充、图片填充、纹理填充以及图案填充。

纯色填充指的是使用一种颜色来填充幻灯片的背景，用户还可以设置背景的透明度。

渐变填充是应用两种颜色填充，并应用不同的渐变类型和渐变的方向来控制颜色的渐变。

纹理填充是 PowerPoint 2016 中内置的，可供用户调用。

图片填充允许用户自行添加外部图片作为背景。

图案填充是由一些已定的基本图形与背景色和前景色组合而成的背景填充方式。

6）自定义动画效果

在 PowerPoint 2016 中，可以对幻灯片的所有对象（如文本、图片等）添加动画效果，使制作出来的演示文稿具有动感。

PowerPoint 2016 提供了 4 种不同类型的动画效果。

"进入"效果表示元素进入幻灯片的方式。

"强调"效果表示元素在幻灯片中突出显示的效果。

"退出"效果表示元素退出幻灯片的动画效果。

"动作路径"效果表示元素可以在幻灯片上按照某种路径舞动的动画效果。

7）动画刷

"动画刷"与 Word 2016 中的"格式刷"功能类似。PowerPoint 2016 中使用"动画刷"工具可以轻松、快速地复制动画效果，大大简化了对不同的对象设置相同的动画效果、动作方式的工作。

单击"动画刷"可以复制一次动画效果。选择已经设置了动画效果的某个对象，单击"动画刷"，然后单击需要应用相同动画效果的另一对象，则两者的动画效果、动作方式完全相同，单击完成后"动画刷"就消失了，鼠标恢复正常形状。

双击"动画刷"可以复制多次动画效果，方法与单击"动画刷"的方法相同，只是双击后可以多次应用"动画刷"。要取消只需再次单击一次"动画刷"即可。

8）母版

母版是对演示文稿内容的一种规范标准。PowerPoint 有 3 种类型的母版，即幻灯片母版、讲义母版和备注母版。

（1）幻灯片母版。

幻灯片母版是幻灯片层次结构中的顶层幻灯片，用于存储有关演示文稿的主题和幻灯片版式的信息（包括背景、颜色、字体、效果、占位符大小和位置）。幻灯片母版的作用是统一所有幻灯片版式的创建。对母版的修改会影响所有基于该母版的幻灯片。如果需要在演示文稿的每一张幻灯片中显示固定的图片、文本和特殊的格式，也可以向母版中添加相应的内容。

（2）讲义母版。

讲义母版用来设置打印讲义的效果。通过讲义母版，用户可以进行讲义打印的页面尺寸、页面所包含的幻灯片数目、所打印的字体、图形的效果和页脚页眉等的设置，还可以设置讲义打印显示的背景色。

（3）备注母版。

备注母版是用来设计打印备注页的。使用备注母版，用户可以设置备注页打印的方式，设置备注页的字体、效果和颜色等主题选项。设置好备注母版，在打印备注页的时候，系统会按照备注母版进行打印备注页操作。

5.1.5　知识小结

在任务 5.1 的学习中，主要涉及 Windows 10 管理功能、PowerPoint 2016 演示文稿管理功能，同时对 PowerPoint 2016 界面及所具有的功能做了简要介绍。知识点主要包括以下几点。

（1）Windows 10 管理功能。

①在 Windows 10 下启动或退出 PowerPoint 2016 应用程序。

②应用 Windows 10 存储器管理功能、文件管理功能，在 PowerPoint 2016 中管理演示文稿。

（2）PowerPoint 2016 演示文稿管理功能。

①在 PowerPoint 2016 中新建、保存、打开和关闭演示文稿。

②PowerPoint 2016 幻灯片的操作包括插入新幻灯片、选择幻灯片、移动或复制幻灯片、

删除幻灯片、隐藏幻灯片。

③在 PowerPoint 2016 中放映幻灯片，包括手动放映和自动放映。

（3）PowerPoint 2016 入门知识。

①PowerPoint 2016 操作界面的构成。

②PowerPoint 2016 选项卡及其功能。

（4）相关概念及术语：幻灯片、视图、版式、主题、背景样式、自定义动画效果、动画刷、母版。

5.1.6　实战练习

（1）了解 PowerPoint 主要版本，以及每个版本的新增功能。

（2）熟悉 PowerPoint 2016 窗口各部分的组成。

（3）熟练掌握 PowerPoint 2016 的启动与退出。

（4）熟练掌握新建、保存、打开、关闭演示文稿等操作。

（5）熟练掌握幻灯片的插入、选择、移动或复制、删除、隐藏等操作。

5.1.7　拓展练习

（1）在网上查找与 Microsoft Office 2016 相关的插入及其功能。

（2）在 PowerPoint 2016 中体验与人共享演示文稿。

（3）在 PowerPoint 2016 "操作说明搜索框" 中输入任意一个操作，体验快速搜索命令的好处。

任务 5.2　"魅力绵山" 风景赏析

制作一个演示文稿，首先要设计该演示文稿的主题，再围绕该主题设计每张幻灯片展示的小主题。当实现每张幻灯片的小主题时，应用 PowerPoint 2016 提供的插入各种对象的功能，可以快速地分门别类展示不同幻灯片的主题。本任务主要利用 "魅力绵山" 风景赏析介绍各对象编辑演示文稿。

5.2.1　任务能力提升目标

- 了解利用 PowerPoint 2016 制作 "魅力绵山" 风景赏析的理念。
- 明确利用各种对象编辑演示文稿的总体思路。
- 熟练掌握美化幻灯片，包括：应用外部和内部主题、背景样式、母版等。
- 熟练掌握为幻灯片中插入并格式化各种对象，包括文本、图片、艺术字、形状、SmartArt 图形、表格、图表、音频、视频等。
- 熟练掌握并灵活应用给幻灯片中的各对象添加自定义动画和组合动画。

・熟练掌握并灵活应用为演示文稿创建超链接，包括地址超链接、本文档中的超链接、动作按钮超链接。

・熟练掌握并灵活设置幻灯片的切换效果和放映方法。

5.2.2　任务内容及要求

小李是山西旅游公司的一名职员，他想要制作山西 5A 级旅游景点"魅力绵山"风景赏析幻灯片，演示文稿的外观、内容及各种交互设置效果已设计完成，样稿如图 5-19 所示。

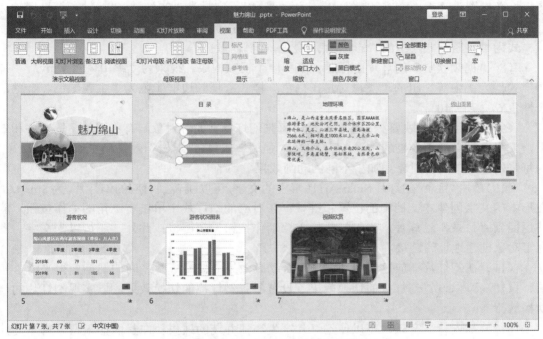

图 5-19　"魅力绵山"风景赏析样稿

"魅力绵山"风景赏析演示文稿由"标题"、"目录"、"地理环境"、"绵山美景"、"游客状况"、"游客状况图表"、"视频欣赏"七张幻灯片组成。演示文稿制作要求如下。

（1）幻灯片版面大小为"标准（4：3）"，演示文稿应用外部主题"暗香扑面.thmx"。

（2）"标题"幻灯片中包括：一个"矩形"形状，形状样式为"浅色 1 轮廓，彩色填充-橄榄色，强调颜色 3"；"封面 1.jpg"、"封面 2.jpg"、"封面 3.jpg"三张图片，图片为"棱台形椭圆，黑色"样式，图片高度和宽度分别为"9 厘米、9.6 厘米"、"3.9 厘米、4.3 厘米"、"2.7 厘米、3 厘米"。一个艺术字标题，采用"第三行第三列"艺术字样式，字体为"微软雅黑"，字号为"66"，文本填充色为"RGB（220，75，36）"。

（3）"目录"幻灯片由标题文字"目录"和一个 SmartArt 图形"垂直曲形列表"组成。"垂直曲形列表"包括五个形状和对应文本，颜色为"彩色范围—个性色 4 至 5"，SmartArt 样式为"白色轮廓"。

（4）"地理环境"幻灯片由标题文字和两段文本组成。文本字体为"楷体"，字号为"33"。

文本添加了"带填充效果的钻石形项目符号"，项目符号的颜色为"主题颜色，金色，个性色6，深色25%"。

（5）"绵山美景"幻灯片由标题文字和四张绵山美景图片组成。四张图片的高度都为6厘米、宽度都为9厘米，图片样式为"居中矩形阴影"。

（6）"游客状况"幻灯片由标题文字和一个表格组成。表格为5列4行，行高为2.5厘米、列宽为4厘米；表格样式为"等色"组的"中度样式2-强调6"，表格文字内容字体为"黑体"、字号为"28"，对齐方式为"水平居中、垂直居中"。

（7）"游客状况图表"幻灯片由标题文字和一个图表构成。图表类型为"簇状柱形图"；图表标题设置为"绵山游客数量"，字体为"黑体"、字号为"22"；横坐标轴和纵坐标轴标题分别为"季度"和"万人次"，字体为"黑体"、字号为"14"；图例在图表下方；图表形状样式为"主题样式"组的"彩色轮廓-金色，强调颜色6"。

（8）"视频欣赏"幻灯片由标题文字和一个视频构成。视频为"绵山风景.wmv"，"视频样式"为"中等"组的"圆形对角，白色"样式；视频边框颜色为"主题颜色，金色，个性色6，淡色40%"。

（9）幻灯片的放映要更加生动有趣，每张幻灯片上的各对象具有不同的出场顺序和效果，采用自定义动画效果的"进入"效果、"强调"效果、"退出"效果和"动作路径效果"为每张幻灯片中的各对象添加了不同的动画效果。

（10）单击"目录"幻灯片SmartArt图形中的文字，可以跳转到对应的幻灯片，为SmartArt图形中的文字创建本文档中的位置超链接；在对应的幻灯片中单击右下角的动作按钮，能够返回到"目录"幻灯片，为幻灯片插入"动作按钮"超链接；此外，还可以为文字、图片等对象创建地址超链接。

（11）在幻灯片播放过程中，为了配合动画效果，使幻灯片之间的切换变得平滑、和谐、自然，可以设置幻灯片的切换效果。设置各张幻灯片的切换效果，以实现幻灯片的自动播放。

（12）插入背景音乐，可以使幻灯片产生声情并茂的效果。在封面插入背景音乐文件"flower.mp3"并设置音乐文件的播放效果，如设置音乐播放时刻、背景音乐连续播放、隐藏幻灯片中的声音图标等。

（13）演示文稿制作完成后，通过放映幻灯片，可以将制作好的幻灯片展示给观众和用户。放映幻灯片时，除了手动放映和自动放映外，还能够设置放映方式和自定义放映。

5.2.3　任务分析

"魅力绵山"风景赏析的外观应用外部主题"暗香扑面.thmx"，主题色为浅橄榄色，清新舒爽，页面中的折扇体现了文化底蕴；幻灯片版面大小为"标准（4：3）"，适合在普通台式电脑播放。

内容必须准确地表现演示文稿的主题，每张幻灯片的主题要体现演示文稿主题的一个方面，演示文稿的布局设计要有一定的吸引力。"魅力绵山"风景赏析演示文稿的内容可以分为七张幻灯片，通过不同的对象去设计和展示每张幻灯片。"魅力绵山"风景赏析演示文稿结构图如图5-20所示。

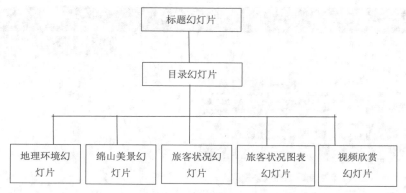

图 5-20 "魅力绵山"风景赏析演示文稿结构图

动画效果可以使幻灯片生动有趣、富有活力；切换效果可以使幻灯片之间的切换平滑、和谐、自然，同时能够实现幻灯片的自动播放功能；插入背景音乐可以使得幻灯片声情并茂，容易吸引眼球，提升制作者的兴趣；超链接效果能够实现幻灯片之间的跳转功能。

本任务的主要工作是版面布局，如何快速、有效地完成任务，小李可按下面操作顺序进行。

（1）创建 PowerPoint 2016 空白演示文稿，应用主题，设置幻灯片大小并保存。

（2）制作七张幻灯片。

（3）自定义幻灯片的动画，以"标题"幻灯片和"目录"幻灯片动画效果为例介绍。

（4）创建超链接，包括地址超链接、本文档中的超链接、动作按钮超链接。

（5）设置幻灯片的切换效果并应用到全部幻灯片。

（6）插入背景音乐，调整音乐的动画次序，设置播放开始与结束时间、重复播放次数、播放后隐藏等。

（7）放映幻灯片，设置放映方式和自定义放映。

5.2.4 任务实施

1.创建演示文稿

（1）新建空白演示文稿。

步骤：启动 PowerPoint 2016 应用软件，系统自动创建一个名为"演示文稿 1"的空白演示文稿。

（2）应用外部主题。

步骤：选择"设计"选项卡→"主题"组→"其他"按钮，在弹出的下拉列表中选择"浏览主题(M)…"，如图 5-21 所示，打开"选择主题或主题文档"对话框，如图 5-22 所示。在该对话框中选择"绵山风景赏析"文件夹中的"暗香扑面.thmx"主题，单击"应用(P)"按钮，如图 5-23 所示。

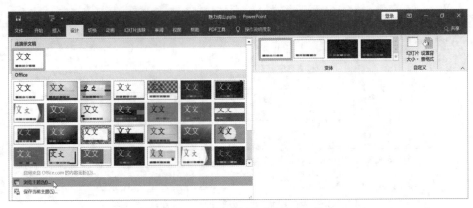

图 5-21 选择"浏览主题(M)…"

图 5-22 "选择主题或主题文档"对话框

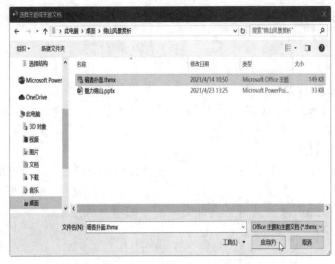

图 5-23 选择"暗香扑面.thmx"主题

（3）设置幻灯片大小。

步骤：选择"设计"选项卡→"自定义"组→"幻灯片大小"按钮，在弹出的下拉列表中选择"标准（4∶3）"，如图 5-24 所示，打开"Microsoft PowerPoint"对话框，如图 5-25 所示，选择"确保适合"选项，按比例缩小适应新幻灯片。

图 5-24　设置幻灯片大小为"标准（4∶3）"

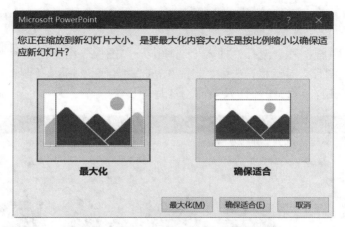

图 5-25　"Microsoft PowerPoint"对话框

（4）保存演示文稿。

步骤：选择"文件"选项卡的"另存为"，然后选择"浏览"，在打开的"另存为"对话框中将演示文稿保存名为"魅力绵山.pptx"的文件。

2.制作幻灯片

（1）制作"标题"幻灯片。

演示文稿由多张幻灯片组成，默认生成的第一张幻灯片叫"标题"幻灯片，具有显示主题、突出重点的作用。

步骤 1：删除占位符。在"标题"幻灯片中，同时选中"单击此处添加标题"和"单击此处添加副标题"占位符，按【Delete】键删除。

步骤 2：绘制封面矩形。选中"标题"幻灯片，选择"插入"选项卡→"插图"组→"形状"按钮，在弹出的下拉列表中选择"矩形"组的"矩形"按钮，拖动鼠标在该幻灯片的中间偏下方绘制一个矩形。选中矩形，选择"绘图工具|格式"选项卡→"形状样式"组→"其他"按钮，在弹出的下拉列表中选择"浅色 1 轮廓，彩色填充-橄榄色，强调颜色 3"主题样式，如图 5-26 所示。

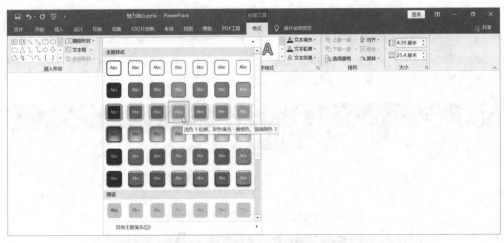

图 5-26 设置矩形的样式

步骤 3：插入主题图片。选择"插入"选项卡→"图像"组→"图片"按钮，打开如图 5-27 所示的"插入图片"对话框，选中"封面 1.jpg"、"封面 2.jpg"、"封面 3.jpg"三张图片，单击"插入(S)"按钮，可将图片插入当前幻灯片中。

图 5-27 选择要插入的图片

选中三张图片，选择"图片工具|格式"选项卡→"图片样式"组→"其他"按钮，在弹出的下拉列表中选择"棱台形椭圆，黑色"样式，如图 5-28 所示；选择"图片工具|格式"选项卡→"图片样式"组→"图片边框"按钮，在弹出的下拉列表中选择图片边框颜色为"主题色 白色，背景 1"。

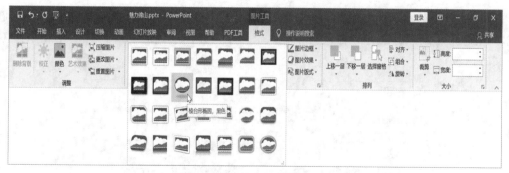

图 5-28 选择"棱台形椭圆，黑色"样式

拖动三张图片到不同的位置，选中"封面 1.jpg"，选择"图片工具|格式"选项卡→"大小"组→"大小和位置"启动器按钮🔲，打开如图 5-29 所示的"设置图片格式"窗格，在"大小与属性"选项卡🔲中的"大小"组中，取消"锁定纵横比(A)"和"相对于图片原始尺寸(R)"复选框的选定；在"高度(E)"数值框中输入"9 厘米"，在"宽度(D)"数值框中输入"9.6 厘米"。采用同样的方法，设置"封面 2.jpg"的高度为"3.9 厘米"、宽度为"4.3厘米"；设置"封面 3.jpg"的高度为"2.7 厘米"、宽度为"3 厘米"。"标题"幻灯片的最终效果如图 5-30 所示。

图 5-29 "设置图片格式"窗格

图 5-30 "标题"幻灯片的最终效果

步骤 4：插入艺术字标题。选择"插入"选项卡→"文本"组→"艺术字"按钮，在弹出的下拉列表中选择"第三行第三列"艺术字样式；在文本框中输入艺术字"魅力绵山"，并设置字体为"微软雅黑"、字号为"66"、文本填充色为"RGB（220，75，36）"，调整艺术字的位置，效果如图 5-30 所示。

注意：RGB 颜色模式可通过设置红色（R）、绿色（G）、蓝色（B）的值确定颜色，如红色的 RGB 值为（255，0，0）。

（2）制作"目录"幻灯片。

步骤 1：插入第二张幻灯片。在"普通视图"窗格中选中标题幻灯片，右击，在弹出的快捷菜单中选择"新建幻灯片(N)"命令，在标题幻灯片之后插入一张新幻灯片。选中该幻灯片，右击，在弹出的快捷菜单中选择"版式(L)"命令，在弹出的列表中选择"仅标题"版式，如图 5-31 所示。在标题占位符中输入"目录"并在"目录"二字中间增加两个空格，删除文本占位符。

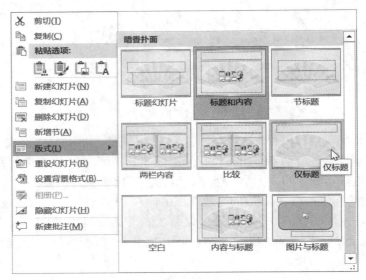

图 5-31　设置"仅标题"版式

　　步骤 2：插入垂直曲形列表。选择"插入"选项卡→"插图"组→"SmartArt"按钮，打开"选择 SmartArt 图形"对话框，如图 5-32 所示，在左侧列表中选择"列表"，在中间列表中选择"垂直曲形列表"，单击"确定"按钮。这样就在当前幻灯片中插入了一个垂直曲形列表，如图 5-33 所示。

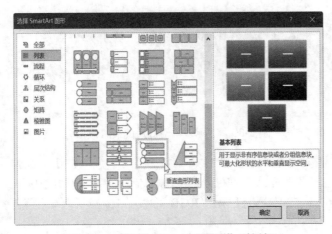

图 5-32　"选择 SmartArt 图形"对话框

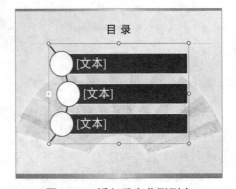

图 5-33　插入垂直曲形列表

　　步骤 3：添加垂直曲形列表形状。根据演示文稿制作的内容，需要在垂直曲形列表后面添加两个形状。选中垂直曲形列表，选择"SmartArt 工具|设计"选项卡→"创建图形"组→"添加形状"按钮右侧的下拉箭头，在弹出的下拉列表中选择"在后面添加形状(A)"，如

图 5-34 所示，即可以在垂直曲形列表后面添加一个形状。采用同样的方法，可以再添加一个形状。

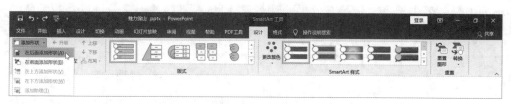

图 5-34　选择添加垂直曲形列表形状

步骤 4：添加文字。单击第一行的文本框输入文字"地理环境"，依次在第二行、第三行的文本框中输入文字"绵山美景"、"游客状况"，在第四行和第五行中依次直接输入"游客状况图表"、"视频欣赏"。

步骤 5：设置格式。选中垂直曲形列表，选择"SmartArt 工具|设计"选项卡→"SmartArt 样式"组→"更改颜色"按钮，在弹出的下拉列表中选择"彩色"组的"彩色范围-个性色 4 至 5"，如图 5-35 所示。

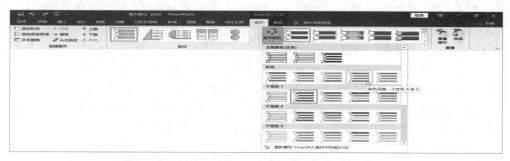

图 5-35　更改颜色为"彩色范围-个性色 4 至 5"

选中垂直曲形列表，选择"SmartArt 工具|设计"选项卡→"SmartArt 样式"组→"其他"按钮，在弹出的下拉列表中选择"文档的最佳匹配对象"组的"白色轮廓"，如图 5-36 所示。调整垂直曲形列表的大小、位置，效果如图 5-37 所示。

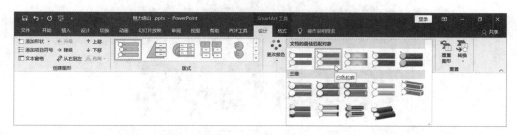

图 5-36　选择"文档的最佳匹配对象"组的"白色轮廓"

（3）制作"地理环境"幻灯片。

步骤 1：插入第三张幻灯片。在"普通视图"窗格中选中第二张幻灯片，选择"开始"选项卡→"幻灯片"组→"新建幻灯片"按钮，插入一张新幻灯片。

步骤 2：使用占位符添加文字。在标题占位符中输入标题"地理环境"，在下方的文本占位符中输入两段介绍地理环境的文字，设置字体为"楷体"、字号为"33"。选中文本占位符中的文字，选择"开始"选项卡→"段落"组→"项目符号"按钮右侧的下拉箭头，在弹出的下拉列表中选择"带填充效果的钻石形项目符号"，并设置项目符号的颜色为"主题颜色 金色，个性色6，深色25%"。设置完成后，第三张幻灯片的效果如图5-38所示。

图 5-37　设置垂直曲形列表格式后的效果图　　　　图 5-38　第三张幻灯片的效果图

　　（4）制作"绵山美景"幻灯片。

　　步骤 1：插入第四张幻灯片。在"普通视图"窗格中选中第三张幻灯片，按【Enter】键，插入一张新幻灯片，设置其版式为"仅标题"，输入标题为"绵山美景"。

　　步骤 2：插入四张图片。在该幻灯片中插入"大罗宫.jpg"、"介母像.jpg"、"李姑岩.jpg"、"水涛沟.jpg"四张图片，并设置四张图片的高度为"6 厘米"、宽度为"9 厘米"，图片样式为"居中矩形阴影"。调整图片位置，第四张幻灯片的效果如图5-39所示。

图 5-39　第四张幻灯片的效果图

　　（5）制作"游客状况"幻灯片。

　　步骤 1：插入第五张幻灯片。在第四张后面插入一张幻灯片，设置其版式为"仅标题"，输入标题为"游客状况"。

步骤 2：插入"5×4"表格。选择"插入"选项卡→"表格"组→"表格"按钮，在弹出的下拉列表中选择"5×4 表格"，即可插入一个 5 列 4 行的表格。

步骤 3：设置表格格式。将表格第一行所有的单元格合并为一个单元格，设置表格行高为"2.5 厘米"、列宽为"4 厘米"。选中表格，选择"表格工具|设计"选项卡→"表格样式"组→"其他"按钮，在弹出的下拉列表中选择"中等色"组的"中度样式 2-强调 6"表格样式，如图 5-40 所示。

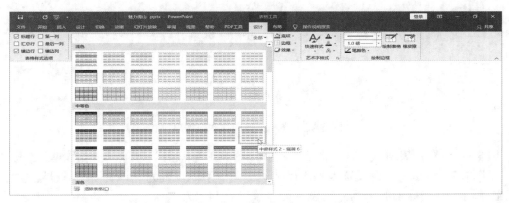

图 5-40　选择"中度样式 2-强调 6"表格样式

步骤 4：输入表格内容。将光标定位在单元格中，在表格中输入相应的文字内容，设置字体为"黑体"、字号为"28"，对齐方式为"水平居中、垂直居中"。设置完成后，第五张幻灯片的效果如图 5-41 所示。

游客状况				
绵山风景区近两年游客规模（单位：万人次）				
	1季度	2季度	3季度	4季度
2018年	60	79	101	65
2019年	71	81	105	66

图 5-41　第五张幻灯片的效果图

（6）制作"游客状况图表"幻灯片。

步骤 1：插入第六张幻灯片。在第五张后面插入一张幻灯片，设置其版式为"仅标题"，输入标题为"游客状况图表"。

步骤 2：创建图表。选择"插入"选项卡→"插图"组→"图表"按钮，在打开的"插入图表"对话框中选择"簇状柱形图"，单击"确定"按钮，弹出样本数据表和样本图表，如图 5-42 所示。这两个表是软件默认的，需要用户按"绵山风景区近两年游客规模"的实际数据修改。将图 5-41 中表格后三行数据复制到样本数据表，删除样本数据表中多余的数据，数据表建立成功，同时生成图表如图 5-43 所示。

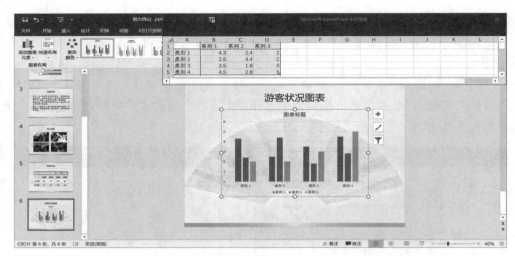

图 5-42 样本图表和样本数据表

步骤 3：设置图表格式。选中图表，选择"图表工具|设计"选项卡→"数据"组→"切换行/列"按钮。将图表标题设置为"绵山游客数量"，字体设置为"黑体"、字号设置为"22"；将横坐标轴和纵坐标轴的标题分别设置为"季度"和"万人次"，字体设置为"黑体"、字号设置为"14"；将图例调整在图表下方。选中图表，选择"图表工具|格式"选项卡→"形状样式"组→"其他"按钮，在弹出的下拉列表中选择"主题样式"组的"彩色轮廓-金色，强调颜色 6"。关闭样本数据工作簿，改变图表的大小、位置，效果如图 5-44 所示。

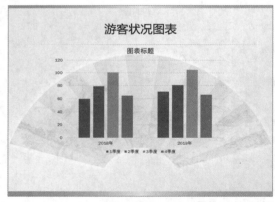

图 5-43 实际数据生成的图表

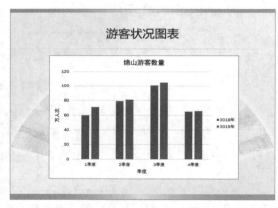

图 5-44 设置格式后的图表效果

注意：图表的有些格式需要在样本数据表打开的状态下设置，图表格式设置完成后再关闭样本数据表。

（7）制作"视频欣赏"幻灯片。

步骤 1：插入第七张幻灯片。在第六张后面插入一张幻灯片，设置其版式为"仅标题"，输入标题为"视频欣赏"。

步骤 2：插入视频"绵山风景.wmv"。选择"插入"选项卡→"媒体"组→"视频"按钮，在弹出的下拉列表中选择"此设备(T)"，如图 5-45 所示，打开"插入视频文件"对话框，选中"绵山风景赏析"文件夹中的视频"绵山风景.wmv"，单击"插入(S)"按钮，即可插入视频，如图 5-46 所示。

图 5-45　选择"此设备(T)"

图 5-46　插入视频文件后的幻灯片

步骤 3：设置视频格式。拖动鼠标将视频调整到合适的大小和位置。选中视频，选择"视频工具|格式"选项卡→"视频样式"组→"其他"按钮，在弹出的下拉列表中选择"中等"组的"圆形对角，白色"样式；再选择"视频样式"组的"视频边框"按钮，在弹出的下拉列表中设置视频边框颜色为"主题颜色 金色，个性色 6，淡色 40%"，设置后的效果如图 5-47 所示。

图 5-47　设置视频格式后的幻灯片

3.自定义幻灯片的动画

在制作幻灯片的过程中，我们在幻灯片上添加的文字、图片、表格、图表等都是静止的。如果在每张幻灯片上添加动画效果，则会使幻灯片的放映更加生动有趣。在添加动画的时候，使用自定义动画是最好的选择。可以根据实际需要，设置幻灯片中每一部分的动画效果，主要介绍"标题"幻灯片和"目录"幻灯片的动画效果设置。

（1）设置"标题"幻灯片的动画效果。

步骤1：设置"封面1.jpg"图片的动画效果。选择"动画"选项卡→"高级动画"组→"动画窗格"按钮，打开"动画窗格"。选中图片"封面1.jpg"，选择"动画"选项卡→"动画"组→"其他"按钮，在弹出的下拉列表中选择"进入"组的"浮入"动画效果，如图5-48所示，在幻灯片中"封面1.jpg"图片的左上角出现一个标号"1"，表示它作为当前幻灯片中的第一个出场的对象。

图5-48　"进入"组的"浮入"动画效果

步骤2：设置"封面2.jpg"图片的动画效果。选中图片"封面2.jpg"，选择"动画"选项卡→"动画"组→"其他"按钮，在弹出的下拉列表中选择"更多进入效果(E)..."，如图5-49所示，打开如图5-50所示的"更改进入效果"对话框，在"基本"组中选择"十字形扩展"，单击"确定"按钮。在"动画"选项卡的"计时"组中，单击"开始"后的"˅"按钮，在弹出的下拉列表中选择"上一动画之后"命令，在"持续时间"数值调节框中设为"02.00"，在"延迟"数值调节框中设为"00.25"，如图5-51所示。

图5-49　选择"更多进入效果(E)..."

图 5-50　选择"十字形扩展"动画效果　　　图 5-51　设置动画的"开始"方式、"持续时间"和"延迟"

步骤 3：设置"封面 3.jpg"图片的动画效果。选中图片"封面 3.jpg"，选择"动画"选项卡→"动画"组→"其他"按钮，在弹出的下拉列表中选择"进入"组的"翻转式由远及近"动画效果；设置"开始"为"上一动画之后"、"持续时间"为"01.00"。

步骤 4：设置"艺术字标题"的动画效果。选中艺术字"魅力绵山"，选择"动画"选项卡→"动画"组→"其他"按钮，在弹出的下拉列表中选择"更多进入效果(E)…"，在"更改进入效果"对话框的"温和"组中选择"基本缩放"动画效果；设置"开始"为"上一动画之后"、"持续时间"为"00.50"。

选择"动画"选项卡→"高级动画"组→"添加动画"按钮，在弹出的下拉列表中选择"强调"组的"字体颜色"动画效果，如图 5-52 所示。设置"开始"为"上一动画之后"、"持续时间"为"02.00"。

图 5-52　选择"高级动画"组中的"添加动画"按钮

在如图 5-53 所示的"动画窗格"中右击"A 魅力绵山"选项，在弹出的快捷菜单中选择"效果选项(E)…"命令，打开"字体颜色"对话框。在"效果"选项卡的"设置"组中，设置"字体颜色(F)："为 RGB（0，255，0），设置后的效果如图 5-54 所示；在"样式(Y)："的下拉列表中选择第四项样式，如图 5-55 所示。在"增强"组的"动画文本(X)："下拉列表中选择"按字母顺序"，在"%字母之间延迟(D)"数值调节框中输入"25"。

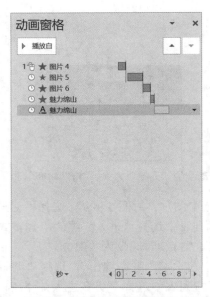

图 5-53 "标题"幻灯片设置动画后的"动画窗格"

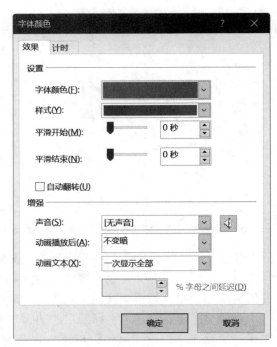

图 5-54 "字体颜色"对话框

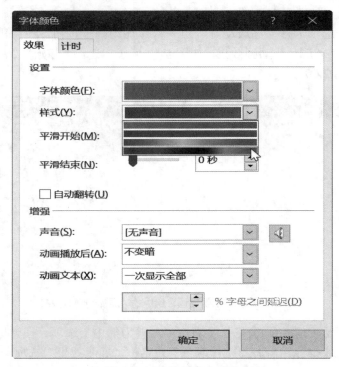

图 5-55 选择第四项样式

（2）设置"目录"幻灯片的动画效果。

步骤 1：设置标题"目录"的动画效果。选中标题"目录"，采用上述方法设置该文本的动画效果为"进入"→"浮入"。选择"动画"选项卡→"动画"组→"效果选项"按钮，在弹出的下拉列表中选择"方向"组的"下浮(D)"选项，如图 5-56 所示。

图 5-56 设置"浮入"动画的方向为"下浮(D)"

步骤 2：设置"SmartArt"图形的动画效果。选中"SmartArt"图形垂直曲形列表，采用上述方法设置其动画效果为"更多进入效果(E)…"→"基本"→"随机线条"。再选择"动画"组→"效果选项"按钮，在弹出的下拉列表中选择"方向"为"水平(Z)"，"序列"为"逐个(Y)"。设置"开始"为"上一动画之后"、"持续时间"为"00.50"。动画效果设置完成后，在动画窗格中单击"折叠"按钮 ▼ 展开，如图 5-57 所示。

图 5-57 "目录"幻灯片设置动画后的"动画窗格"

4.创建超链接

用户可以在演示文稿中添加超链接，利用它可以跳转到不同的位置。创建超链接通过"插入超链接"对话框和动作按钮实现。

（1）使用"插入超链接"对话框创建超链接。

步骤 1：将幻灯片标题"绵山美景"超级链接到 http://www.cnsanjia.com/。在"绵山美景"幻灯片中，选中标题，选择"插入"选项卡→"链接"组→"超链接"按钮，打开如

图 5-58 所示的"插入超链接"对话框，在"地址(E):"下拉列表框中输入"http://www.cnsanjia.com/"，单击"确定"按钮。

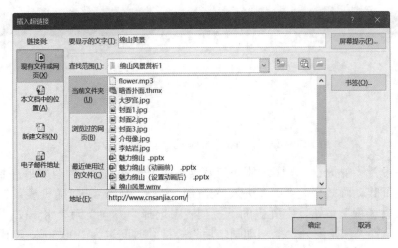

图 5-58   设置"地址"超链接

步骤 2：将 SmartArt 图形中的文字分别链接到"地理环境"、"绵山美景"、"游客状况"、"游客状况图表"、"视频欣赏"幻灯片。在"目录"幻灯片中，选中 SmartArt 图形中的文字"地理环境"，右击，在弹出的快捷菜单中选择"超链接(H)…"命令，打开如图 5-59 所示的"插入超链接"对话框，在"链接到:"列表中选择"本文档中的位置(A)"，在"请选择文档中的位置(C):"列表框中选择"3.地理环境"，单击"确定"按钮。采用上述方法，实现其他四个超链接。

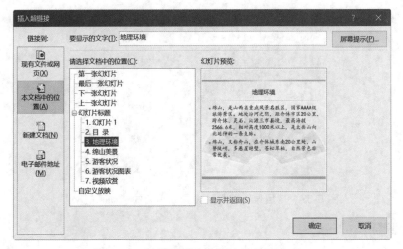

图 5-59   链接到"本文档中的位置(A)"

（2）使用"动作按钮"创建超链接。

步骤 1：将"地理环境"幻灯片链接到"目录"幻灯片。选中"地理环境"幻灯片，选择"插入"选项卡→"插图"组→"形状"按钮，在弹出的下拉列表中选择"动作按钮"

组的"动作按钮:后退或前一项"按钮，如图 5-60 所示。在幻灯片右下角画出该按钮，同时打开"操作设置"对话框，选择"单击鼠标"选项卡中"单击鼠标时的动作"组的"超链接到(H):"单选钮，在弹出的下拉列表中选择"幻灯片..."，如图 5-61 所示的，打开如图 5-62所示的"超链接到幻灯片"对话框，在"幻灯片标题(S):"列表框中选择"2.目　录"，单击"确定"按钮。

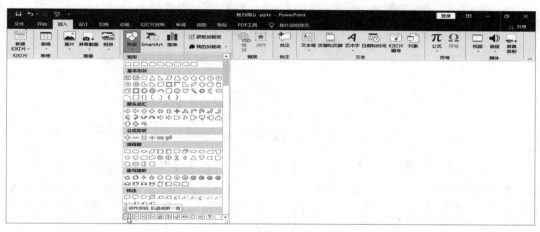

图 5-60　选择"动作按钮:后退或前一项"按钮

步骤 2：将"绵山美景"、"游客状况"、"游客状况图表"、"视频欣赏"幻灯片链接到"目录"幻灯片。采用上述方法，实现四张幻灯片使用"动作按钮"链接到"目录"幻灯片。

图 5-61　"操作设置"对话框

5.设置幻灯片的切换效果

在幻灯片播放过程中，可以为"魅力绵山"演示文稿的所有幻灯片设置统一的切换效果；也可以利用幻灯片的切换实现自动播放。

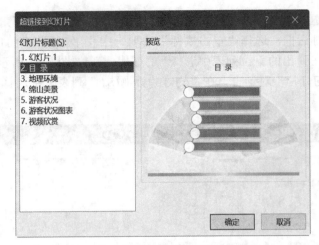

图 5-62   "超链接到幻灯片"对话框

步骤 1：设置"细微"→"形状"切换效果。在"普通视图"窗格中选中标题幻灯片，选择"切换"选项卡→"切换到此幻灯片"组→"其他"按钮，在弹出的下拉列表中选择"细微"→"形状"，如图 5-63 所示，单击"效果选项"按钮，在弹出的下拉列表中选择"菱形(D)"。

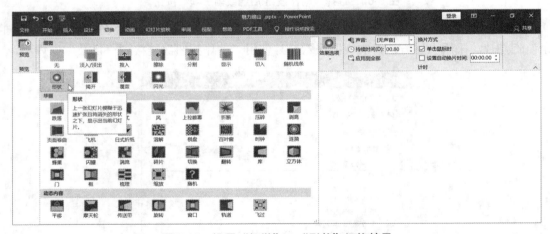

图 5-63   设置"细微"→"形状"切换效果

步骤 2：设置"换片方式"。在"计时"组的"换片方式"栏中选中"单击鼠标时"复选框，然后在"计时"组中单击"全部应用"按钮，即可为该演示文稿的所有幻灯片设置统一的切换效果。

6.插入背景音乐

插入背景音乐，可以使幻灯片产生声情并茂的效果。插入背景音乐文件"flower.mp3"并试听，调整音乐的动画次序，设置背景音乐效果：播放开始与结束时间、重复播放次数、播放后隐藏等。

步骤 1：插入背景音乐文件并试听。在标题幻灯片中，选择"插入"选项卡→"媒体"

组→"音频"按钮，在弹出的下拉列表中选择"PC 上的音频(P)…"，如图 5-64 所示，打开如图 5-65 所示的"插入音频"对话框，选择"flower.mp3"音频文件，单击"插入(S)"按钮。在当前幻灯片中插入了一个喇叭图标，下面是播放控制器，如图 5-66 所示，单击播放按钮可试听音乐效果；拖动喇叭图标将其移动到幻灯片右上角。

图 5-64　选择"PC 上的音频(P)…"

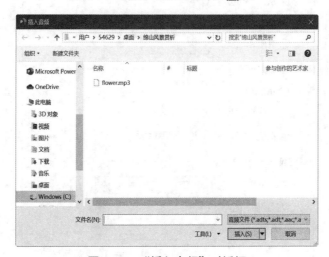

图 5-65　"插入音频"对话框

图 5-66　在标题幻灯片中插入音乐文件

步骤 2：调整音乐文件的动画次序。在"动画窗格"中，选中"flower"音乐文件，在"动画窗格"右上方单击动画重新排序"向前移动"按钮 ，逐级上移，直到最上层。

步骤 3：设置背景音乐播放开始与结束时间。在"动画窗格"中右击"flower"音乐文件，在弹出的快捷菜单中选择"效果选项(E)…"，打开如图 5-67 所示"播放音频"对话框，选择"效果"选项卡中"开始播放"组的"从头开始(B)"单选钮，选择"停止播放"组的"在(F):"单选钮，在数值调节框中设为"6"。

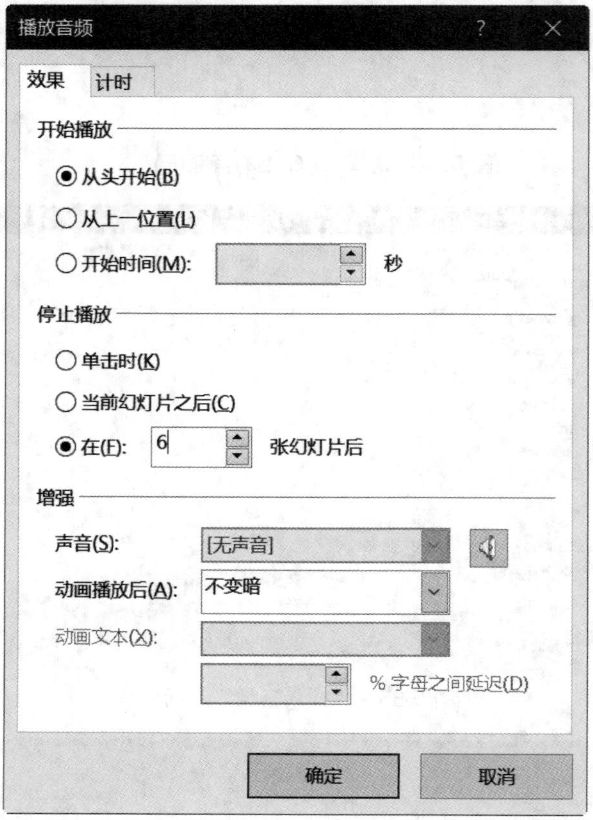

图 5-67　"播放音频"对话框

步骤 4：设置背景音乐放映时隐藏。选中音频图标，在"音频工具|播放"选项卡的"音频选项"组中，勾选"放映时隐藏"复选框。为了达到循环播放的效果，可以勾选"循环播放，直到停止"复选框。

7.放映幻灯片

制作演示文稿，最终是要播放给观众看的。通过放映幻灯片，可以将制作好的幻灯片展示给观众和用户。放映幻灯片时，除了手动放映和自动放映外，还可以设置放映方式和自定义放映。

步骤 1：设置幻灯片放映方式为"在展台浏览"。选择"幻灯片放映"选项卡→"设置"组→"设置幻灯片放映"按钮，打开"设置放映方式"对话框，如图 5-68 所示。在该对话框的"放映类型"组中选中"在展台浏览（全屏幕）(K)"单选按钮，单击"确定"按钮，放映类型设置完成。

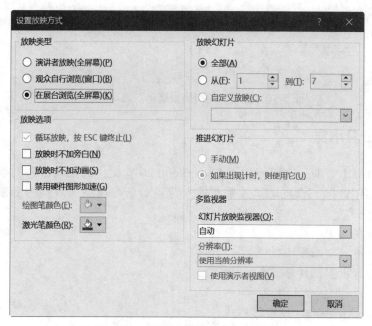

图 5-68　"设置放映方式"对话框

步骤 2：设置自定义放映，顺序为第一张→第四张→第七张，幻灯片放映名称为绵山风景展示。选择"幻灯片放映"选项卡→"开始放映幻灯片"组→"自定义幻灯片放映"按钮，在弹出的下拉列表中选择"自定义放映(W)…"，打开如图 5-69 所示的"自定义放映"对话框，单击"新建(N)…"按钮，打开如图 5-70 所示的"定义自定义放映"对话框，在"幻灯片放映名称(N):"文本框中输入"绵山风景展示"，在左侧的列表框中选中"1.幻灯片 1"复选框，单击"添加(A)"按钮移动到右侧文本框中。使用上述方法，依次将第四张、第七张幻灯片移动到右侧文本框中，单击"确定"按钮，然后在"自定义放映"对话框中单击"关闭(C)"按钮，自定义放映设置完成。

步骤 3：保存演示文稿。单击"快速访问工具栏"中的"保存"按钮进行保存。

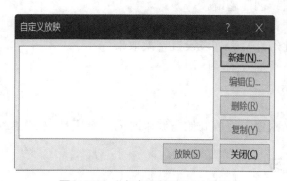

图 5-69　"自定义放映"对话框

图 5-70　设置"绵山风景展示"自定义放映

5.2.5　知识小结

制作"魅力绵山"演示文稿应用了 PowerPoint 2016 提供的插入各种对象、设置自定义动画效果、创建超链接、设置切换效果和插入背景音乐等功能，涉及的主要知识点包括以下几点。

（1）插入各种对象。

①使用占位符、文本框添加文本。

②插入图片，设置图片格式。

③艺术字。

④插入 SmartArt 图形，设置其格式。

⑤插入图表，设置图表格式，切换行列数据，添加图表标题，添加横坐标轴、纵坐标轴标题。

⑥插入媒体，包括音频、视频。声音文件格式为 WAV、MID、RMI、AIF、MP3 等，影片格式为 AVI、CDA、MLV、MPG、MOV、DAT 等。

（2）设置自定义动画效果。

①应用"动画"列表设置动画效果。

②应用"添加动画"设置动画效果。

③设置自定义动画的效果选项、开始时间、持续时间和延迟。

（3）创建超链接。

①使用"插入超链接"对话框创建超链接。

②使用"动作按钮"创建超链接。

（4）设置切换效果。

①应用"切换到此幻灯片"列表设置切换效果。

②设置效果选项、换片方式和应用范围。

（5）插入背景音乐。

①插入本地声音。

②调整音乐的动画次序、播放开始与结束时间、重复播放次数、播放后隐藏等。

5.2.6　实战练习

独立完成任务 5.2 中"魅力绵山"演示文稿的制作。要求制作过程中思路清晰，操作熟练，完成效果与样稿的一致。

5.2.7 拓展练习

请同学们认真分析并制作"教师节有感.pptx"，如图 5-71 所示。制作过程中，可以互相讨论，也可以在网上查阅相关知识和操作技能。

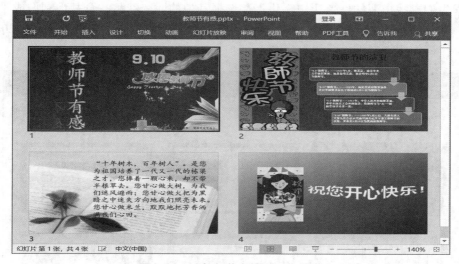

图 5-71 "教师节有感.pptx"样稿

🌀 任务 5.3 寻迹红色历史

制作电子相册时，首先要设计该电子相册的主题，再围绕该主题设计每张幻灯片所展示照片的小主题，然后搜集好相关素材文件。通过"插入相册文件"能够快速地制作电子相册，并分别设置相册的封面、格式、封底等样式。本任务主要利用"寻迹红色历史"介绍创建、编辑和打包电子相册。

5.3.1 任务能力提升目标

- 了解利用 PowerPoint 2016 制作"寻迹红色历史"的理念。
- 明确利用"插入相册文件"制作电子相册的总体思路。
- 熟练掌握创建幻灯片母版，包括打开幻灯片母版视图、使用"幻灯片"母版设计"标题幻灯片"版式、"标题和内容"版式等。
- 熟练掌握设置幻灯片的背景，包括纯色填充、渐变填充、图片填充、纹理填充和图案填充。
- 熟练掌握插入音频文件并设置各种音频效果。
- 熟练掌握使用"动画刷"为幻灯片中的对象添加动画效果和设置对象的触发器动画

效果。

    • 熟练掌握将演示文稿打包成 CD 的方法。

5.3.2　任务内容及要求

    小王是山西某高校某系的一名组织员，在当前全校开展"党史学习"教育期间，她想要引导学生们寻找山西的红色历史文化，并选择其中的四个红色教育基地制作成"寻迹红色历史"电子相册。电子相册的外观、内容及各种交互设置效果已在 PowerPoint 2016 中设计完成，样稿如图 5-72 所示。

图 5-72　寻迹红色历史样稿

    "寻迹红色历史"电子相册由六张幻灯片组成，包括相册首页、八路军太行纪念馆、大同煤矿万人坑遗址、平型关大捷遗址、刘胡兰纪念馆、相册封底。电子相册制作要求如下。

    （1）插入相册文件，创建一个由相册首页和每页"四张图片（带标题）"的电子相册。

    （2）为了使电子相册具备统一和更美观的外观风格，需要创建幻灯片母版，包括"标题幻灯片"版式和"标题和内容"版式。

    （3）相册首页幻灯片要应用"标题幻灯片"版式，包括一个艺术字标题"寻迹红色历史"，采用"第二行第三列"艺术字样式，设置字体为"华文琥珀"、字号为"90"、加粗、文本填充为"标准色 黄色"、文本轮廓为"无轮廓(N)"；一个副标题"山西省红色教育基地"，添加在一个圆角矩形内，设置字体为"微软雅黑"、字号为"22"、加文字阴影、颜色为"标准色 黄色"；一个"封面插图.png"图片，置于幻灯片下方。

    （4）设置相册幻灯片的格式，包括删除不想要的照片"背景.jpg"、调整幻灯片中照片的位置、设置照片效果、设置相框形状为"圆角矩形"、设置相册幻灯片的版式为"标题和内容"版式、设置相册幻灯片的内容。

    （5）四张相册幻灯片中的内容相同，各包括一个相应内容标题；四张图片，设置高度为"6 厘米"、宽度为"10 厘米"，设置合适的对齐方式；一个"箭头：五边形"的播报按钮，添加文字"播报"，设置字体为"微软雅黑"、字号为"14"、加粗、字体颜色为"标准色 黄色"。

（6）相册封底幻灯片要应用"标题幻灯片"版式，包括一个艺术字标题"谢谢观看"，与首页幻灯片艺术字样式相同；插入"封底插图.png"图片，置于幻灯片的左下角。

（7）幻灯片放映时，幻灯片上的各对象具有不同的出场顺序和效果，采用自定义动画效果为每张幻灯片中的各对象添加不同的动画效果；其中第二张、第三张、第四张、第五张幻灯片分别设置为"进入"效果、"强调"效果、"退出"效果、"动作路径"效果，当对象动画效果相同时，采用"动画刷"复制动画效果。

（8）在电子相册播放过程中，为了配合动画效果，使幻灯片之间的切换变得平滑、和谐、自然，需要设置幻灯片切换效果。

（9）在每张相册幻灯片中增加语音"播报"功能，能够让山西红色教育基地介绍得更加有趣、清晰，插入音频文件并设置音频文件的触发器动画效果以实现"播报"功能。

（10）幻灯片打包后能够在其他电脑（其中很多是尚未安装 PowerPoint 的电脑）上放映幻灯片，打包时可将幻灯片中的字体、图片、音乐、视频等对象一并输出。本任务需使用 PowerPoint 2016 提供的打包功能将电子相册打包成 CD。

5.3.3　任务分析

"寻迹红色历史"电子相册使用图片和"渐变填充"设置背景采用了主题色"红色"，突出了"山西红色教育"的主题。相册幻灯片中的外观使用红色"渐变填充"和白色形状套色作为页面，对比清晰，更好地展示了照片；幻灯片版面大小采用默认的"宽屏（16∶9）"，适合在笔记本、平板电脑中播放。

内容需精心设计，照片需用心选取，以准确表现电子相册的主题。除了相册首页、相册封底外，每张幻灯片的主题都围绕电子相册的主题展示，电子相册的布局设计要有吸引力。"寻迹红色历史"电子相册的内容由六张幻灯片组成，包括相册首页、相册封底，以及通过图片和语音播报展示四个红色教育基地的四张幻灯片。

动画效果可以使幻灯片生动有趣、富有表现力；切换效果可以使幻灯片之间的切换平滑、和谐、自然；插入音频文件进行语音播报，使得幻灯片介绍有趣、清晰，提升制作者的兴趣；电子相册打包成 CD 便于该演示文稿在其他计算机上正常播放。

本任务的主要工作是插入相册文件并进行相关设置，如何快速、有效地完成任务，小王可按下面操作顺序进行。

（1）插入相册文件，并保存演示文稿。

（2）创建幻灯片母版，包括"标题幻灯片"版式和"标题和内容"版式。

（3）制作六张幻灯片，包括设置相册首页、相册格式、相册封底。

（4）自定义幻灯片的动画。

（5）设置幻灯片的切换效果并应用到全部幻灯片。

（6）设置幻灯片的"播报"效果，插入语音音频文件，并设置其触发器动画效果。

（7）将"寻迹红色历史"电子相册打包成 CD。

5.3.4 任务实施

1.插入相册文件

（1）新建空白演示文稿。

步骤：启动 PowerPoint 2016 应用软件，系统自动创建一个名为"演示文稿 1"的空白演示文稿。

（2）导入照片文件。

步骤 1：打开"相册"对话框。选择"插入"选项卡→"图像"组→"相册"按钮下方的下拉箭头，在弹出的下拉列表中选择"新建相册(A)…"，如图 5-73 所示，打开如图 5-74 所示的"相册"对话框。

图 5-73　选择"新建相册(A)…"

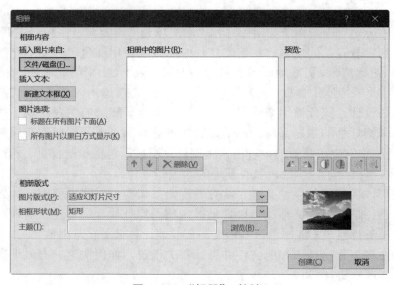

图 5-74　"相册"对话框

步骤 2：导入照片文件。在"相册"对话框中单击"相册内容"下的"文件/磁盘(F)…"按钮，打开如图 5-75 所示的"插入新图片"对话框。选择要插入的照片文件，按下【Ctrl+A】组合键全选照片文件，再按下【Ctrl】键，单击"党徽.png"、"党旗.png"、"封底插图.png"、"封面插图.png" 4 张图片；单击"插入(S)"按钮，返回到"相册"对话框，看到选择的照片文件已加入"相册中的图片(R):"列表框中。

图 5-75　"插入新图片"对话框

（3）设置每张幻灯片容纳的相片数量。

步骤：在"相册"对话框的"相册版式"中，选择"图片版式(P):"下拉列表中的"4张图片（带标题）"，表示一张幻灯片中将包含标题并容纳 4 张图片，如图 5-76 所示。设置完成后，单击"创建(C)"按钮，创建相册文件，在"普通视图"窗格中看到所选照片文件已插入幻灯片中，每张幻灯片中包含 4 张照片，并且系统自动生成 1 张标题幻灯片，标题默认为"相册"，如图 5-77 所示。

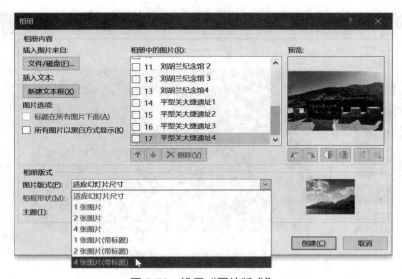

图 5-76　设置"图片版式"

（4）保存演示文稿。

步骤：选择"文件"选项卡→"另存为"→"浏览"，在打开的"另存为"对话框中将相册文件保存为名为"寻迹红色历史.pptx"的演示文稿。

图 5-77　"相册"演示文稿

2.创建幻灯片母版

（1）打开幻灯片母版视图。

步骤：选择"视图"选项卡→"母版视图"组→"幻灯片母版"按钮，进入幻灯片母版视图模式，如图 5-78 所示。

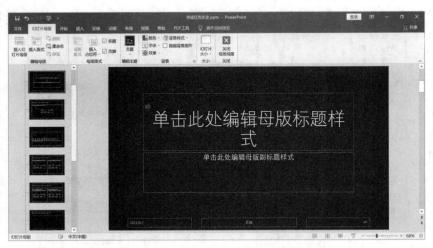

图 5-78　幻灯片母版视图

（2）设计"标题幻灯片"版式。

步骤 1：设置标题母版背景。选中母版视图中的第二张幻灯片，选择"幻灯片母版"选项卡→"背景"组的"设置背景格式"启动器按钮回，打开"设置背景格式"窗格。在"填充"选项卡中选择"填充"组的"图片或纹理填充(P)"单选按钮，在如图 5-79 所示的"设置背景格式"窗格中，单击"插入(R)…"按钮，在打开的"插入图片"对话框中选择"从文件浏览…"选项,在打开的"插入图片"对话框中选择要填充的背景图片"背景.jpg",单击"插入(S)"按钮,关闭"设置背景格式"窗格。

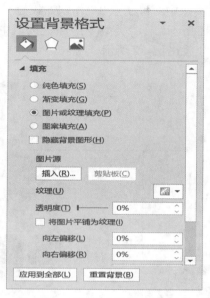

图 5-79 "设置背景格式"窗格

步骤 2:插入"党徽.png"图标。选择"插入"选项卡→"图像"组→"图片"按钮,在弹出的下拉列表中选择"此设备(D)…",打开"插入图片"对话框,将"党徽.png"图标插入当前幻灯片中。拖动该图标到右上角,如图 5-80 所示。

图 5-80 "标题幻灯片"版式最终效果

(3)设计"标题和内容"版式。

步骤 1:设置幻灯片母版背景。选中母版视图中的第三张幻灯片,右击该幻灯片,在弹出的快捷菜单中选择"设置背景格式(B)…"命令,打开"设置背景格式"窗格。

在"填充"选项卡◆中选择"填充"组的"渐变填充(G)"单选按钮,在"渐变光圈"

数轴中选中"停止点 1"滑块,设置"颜色(C)"下拉列表中的颜色为"RGB(160,0,0)";选中"停止点 2"滑块,设置"颜色(C)"下拉列表中的颜色为"标准色 红色",在"位置(O)"数值调节框中设置为"50%";选中"停止点 3"滑块,设置"颜色(C)"下拉列表中的颜色为"标准色 深红",如图 5-81 所示。在"类型(Y)"下拉列表中选择"矩形",在"方向(D)"下拉列表中选择"从左上角",如图 5-82 所示。

图 5-81 设置"渐变光圈"效果

图 5-82 设置填充方向

步骤 2:绘制白色矩形。选择"插入"选项卡→"插图"组→"形状"按钮,在弹出的下拉列表中选择"矩形"组的"矩形"按钮,拖动鼠标绘制一个矩形。选中矩形,选择"绘图工具|格式"选项卡→"形状样式"组→"形状填充"按钮,在弹出的下拉列表中选择"主题颜色 白色,文字 1";再选择"形状轮廓"按钮,在弹出的下拉列表中选择"无轮廓(N)"。调整矩形到合适的大小和位置,效果如图 5-83 所示。

步骤 3:制作左上角标志。采用上述方法,将"党旗.png"图标插入当前幻灯片中,并拖动该图标到左上角。在"党旗.png"图标的右侧绘制一个水平文本框,输入文字"山西红色教育基地",设置字体为"微软雅黑"、字号为 20 磅、字体颜色为"标准色 深红"。设置完成后,效果如图 5-83 所示。

步骤 4:设置标题占位符的文本格式。选中白色矩形,选择"绘图工具|格式"选项卡→"排列"组→"下移一层"按钮,在弹出的下拉列表中选择"置于底层(K)",将各占位符置于最上面。选中标题占位符,调整大小和位置;选中标题占位符中的文本,设置字体为方正舒体、字号为 40 磅、字体颜色为"标准色 红色"、加粗、加文字阴影。选中文本占位符,将其删除。设置完成后,"标题和内容"版式的最终效果如图 5-83 所示。

选择"幻灯片母版"选项卡→"关闭"组→"关闭母版视图"按钮 ✕,退出幻灯片母版视图。

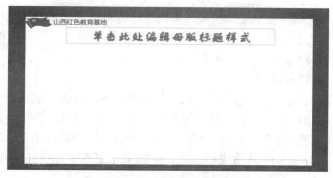

图 5-83　"标题和内容"版式的最终效果

3.制作相册幻灯片

（1）设置相册首页。

默认的相册首页过于单调，需要重新设置。

步骤 1：设置首页幻灯片版式。选中首页幻灯片，右击，在弹出的快捷菜单中选择"版式(L)"命令，在弹出的列表中选择"标题幻灯片"版式。

步骤 2：插入艺术字标题。分别删除首页幻灯片中的标题占位符、副标题占位符、标题文字"相册"和副标题文字"由 Windows 用户创建"。

选择"插入"选项卡→"文本"组→"艺术字"按钮，在弹出的下拉列表中选择第二行、第三列艺术字样式。在文本框中输入艺术字"寻迹红色历史"，并设置字体为华文琥珀、字号为 90 磅、加粗、文本填充为"标准色 黄色"、文本轮廓为"无轮廓(N)"，调整艺术字的位置，效果如图 5-84 所示。

步骤 3：插入副标题。选择"插入"选项卡→"插图"组→"形状"按钮，在弹出的下拉列表中选择"矩形"组的"矩形:圆角"按钮，绘制一个圆角矩形。选中圆角矩形，用鼠标拖动圆角矩形左上角的橙色句柄，调整圆角矩形到合适的弧度；并设置形状填充为"无填充(N)"，形状轮廓颜色为"标准色 红色"、字号为 1.5 磅。右击圆角矩形，在弹出的快捷菜单中选择"编辑文字(X)"命令，光标定位到圆角矩形中，输入文字"山西省红色教育基地"，设置字体为"微软雅黑"、字号为 22 磅、加文字阴影、字体颜色为"标准色 黄色"，效果如图 5-84 所示。

图 5-84　相册首页幻灯片的效果

步骤 4：插入"封面插图.png"图片。采用上述方法，将"封面插图.png"图片插入当前幻灯片中，并调整图片到合适的大小和位置。采用上述方法，设置该图片的排列方式为"下移一层"，如图 5-84 所示。

（2）设置相册格式和内容。

步骤 1：删除不想要的照片。选择"插入"选项卡→"图像"组→"相册"按钮下方的下拉箭头 ，在弹出的下拉列表中选择"编辑相册(E)…"，打开如图 5-85 所示的"编辑相册"对话框。选中"相册内容"下的"相册中的图片(R):"列表框中的"2 背景"复选框，单击列表框下方的"删除(V)"按钮 删除(V)，即可将第三张幻灯片中的"背景"图片删除掉。

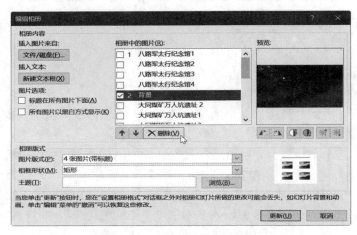

图 5-85　"编辑相册"对话框

步骤 2：调整幻灯片中照片的位置。在"编辑相册"对话框中，依次选中"相册内容"下的"相册中的图片(R):"列表框中的"平型关大捷遗址 1"、"平型关大捷遗址 2"、"平型关大捷遗址 3"、"平型关大捷遗址 4"复选框，单击其下方的"向上"按钮 ，即可将 4 张照片调整到"刘胡兰纪念馆"系列照片之前，如图 5-86 所示。

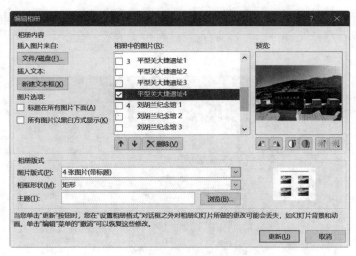

图 5-86　调整照片的位置

步骤3：设置照片效果。在"编辑相册"对话框中，选择"相册内容"下的"相册中的图片(R):"列表框中的图片，单击"预览"框下方的"增加亮度"按钮，即可在"预览"框中看到图片亮度增加后的效果。采用同样的方法，可以设置照片的减少亮度、旋转角度、对比度等效果。

步骤4：设置相框形状。在"编辑相册"对话框中，选择"相册版式"下的"相框形状(M):"下拉列表中的"圆角矩形"，然后单击"更新(U)"按钮，如图5-87所示。

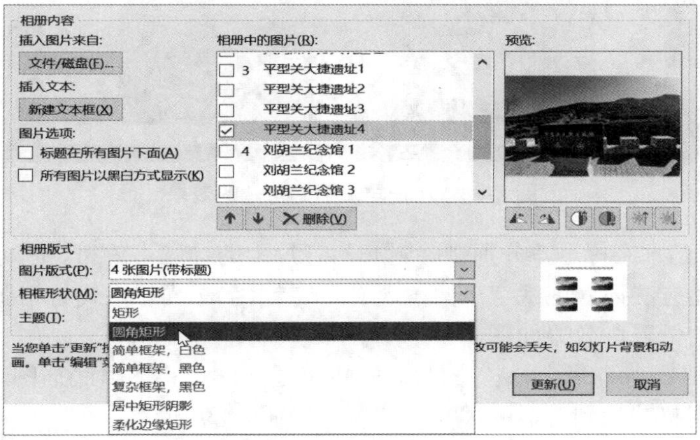

图 5-87　设置相框形状

步骤5：设置相册幻灯片的版式。默认的相册幻灯片背景颜色为黑色，比较单调，需要重新设置。选中第二页幻灯片，右击，在弹出的快捷菜单中选择"版式(L)"命令，在弹出的列表中选择"标题和内容"版式。采用同样的方法，为第三页、第四页、第五页幻灯片也设置"标题和内容"版式。

步骤6：设置相册幻灯片的内容。在第二张幻灯片的标题占位符中输入标题"八路军太行纪念馆"。按下【Ctrl】键，依次选中4张图片，并设置4张图片的"高度"为"6厘米"、"宽度"为"10厘米"。选中左侧竖排的2张图片，选择"图片工具|格式"选项卡→"排列"组→"对齐"按钮，在弹出的下拉列表中选择"左对齐(L)"，采用上述方法设置右侧竖排2张图片的对齐方式也为"左对齐"，效果如图5-88所示。

采用上述"插入形状"的方法，选择"箭头总汇"组的"箭头:五边形"按钮，在第二页幻灯片的右下角绘制一个"箭头:五边形"，并设置形状填充为"标准色 深红"、形状轮廓为"无轮廓(N)"；在"箭头:五边形"中添加文字"播报"，设置字体为"微软雅黑"、字号为14磅、加粗、字体颜色为"标准色 黄色"，效果如图5-88所示。

分别在第三张、第四张、第五张幻灯片中输入标题为"大同煤矿万人坑遗址"、"平型关大捷遗址"、"刘胡兰纪念馆"。分别设置第三张、第四张、第五张幻灯片中的图片与第二张幻灯片中的图片相同的大小和对齐方式。分别在第三张、第四张、第五张幻灯片中制作与第二张幻灯片中相同的"播报"按钮。

（3）设置相册封底。

步骤1：设置封底幻灯片版式。选中第六张幻灯片，右击，在弹出的快捷菜单中选择"版式(L)"命令，在弹出的列表中选择"标题幻灯片"版式。

图 5-88　相册第二页幻灯片的效果

步骤 2：插入艺术字标题。分别删除封底幻灯片中的标题占位符、副标题占位符和三个文本框。采用上述方法插入艺术字"谢谢观看"，艺术字样式和格式与相册首页艺术字的相同，调整艺术字的位置，效果如图 5-89 所示。

步骤 3：插入"封底插图.png"图片。采用上述方法，将"封底插图.png"图片插入当前幻灯片中，并调整图片到合适的大小和位置，如图 5-89 所示。

图 5-89　相册封底幻灯片的效果

4.自定义幻灯片的动画

在制作"寻迹红色历史"电子相册的过程中，我们在幻灯片上添加了一些静止的文字、图片等。如果在幻灯片上添加一些动画效果，会使幻灯片的放映效果更生动，更好地展示山西红色教育基地的红色风光。添加动画时，使用自定义动画是最好的选择。

（1）设置相册首页的动画效果。

步骤 1：设置艺术字的动画效果。在相册首页中，选中标题"寻迹红色历史"，设置其动画效果为"强调"→"彩色脉冲"，设置"开始"为"上一动画之后"、持续时间为"00.75"。

步骤 2：设置副标题的动画效果。选中圆角矩形，设置其动画效果为"更多进入效果(E)…"

→"基本"→"楔入"，设置"开始"为"上一动画之后"、持续时间为"02.00"。

（2）设置相册第二张幻灯片的动画效果。

步骤 1：设置标题动画效果。选中标题"八路军太行纪念馆"，设置其动画效果为"更多进入效果(E)…"→"细微"→"展开"。

步骤 2：设置 4 张图片的动画效果。设置第二张幻灯片中第一张图片的动画效果为"更多进入效果(E)…"→"基本"→"楔入"，设置"开始"为"上一动画之后"。再次选中第一张图片，单击"动画"选项卡→"高级动画"组→"动画刷"按钮，此时鼠标变为箭头和刷子的形状，如图 5-90 所示。单击该幻灯片中的第二张图片，可将第二张图片设置为和第一张图片相同的动画效果。使用动画刷设置第三张、第四张图片的动画效果。

注意：单击"动画刷"，可复制动画效果一次；双击"动画刷"，可复制动画效果多次。

图 5-90　单击"动画刷"按钮后的效果

（3）设置相册第三张、第四张、第五张幻灯片的动画效果。

步骤 1：设置第三张、第四张、第五张幻灯片的标题动画效果。使用动画刷设置第三张、第四张、第五张幻灯片的标题与第二张幻灯片标题相同的动画效果。

步骤 2：设置第三张、第四张、第五张幻灯片的图片动画效果。设置第三张幻灯片中第一张图片的动画效果为"强调"→"脉冲"，设置"开始"为"上一动画之后"；使用动画刷设置其他 3 张图片的动画效果。设置第四张幻灯片中第一张图片的动画效果为"退出"→"弹跳"，设置"开始"为"上一动画之后"，使用动画刷设置其他 3 张图片的动画效果。设置第五张幻灯片中第一张图片的动画效果为"其他动作路径(P)…"→"基本"→"心形"动画效果，设置"开始"为"上一动画之后"，使用动画刷设置其他 3 张图片的动画效果，第五张幻灯片的动画效果如图 5-91 所示。

（4）设置相册封底的动画效果。

步骤：设置艺术字的动画效果。选中艺术字"谢谢观看"，设置其动画效果为"强调"→"放大缩小"，设置"开始"为"上一动画之后"。

5.设置幻灯片的切换效果

在幻灯片播放过程中，可以为电子相册的所有幻灯片设置统一的切换效果；也可以利用幻灯片的切换实现自动播放。

图 5-91 第五张幻灯片设置"心形"后的动画效果

步骤：在"普通视图"窗格中选中第一张幻灯片，选择"切换"选项卡→"切换到此幻灯片"组的"其他"按钮，在弹出的下拉列表中选择"华丽"→"页面卷曲"，单击"效果选项"按钮，在弹出的下拉列表中选择"双左"。在"计时"组的"换片方式"栏中选中"单击鼠标时"复选框，然后单击"应用到全部"按钮。

6.设置幻灯片的"播报"效果

在每张相册幻灯片中增加语音"播报"效果，可以让山西红色教育基地介绍得更加有趣、清楚，能够更全面地了解该红色景点的情况。

（1）设置第二张幻灯片的"播报"效果。

步骤 1：插入音频文件。在第二张幻灯片中选择"插入"选项卡→"媒体"组→"音频"按钮，在弹出的下拉列表中选择"PC 上的音频(P)…"，打开如图 5-92 所示的"插入音频"对话框，选择"八路军太行纪念馆.m4a"音频文件，单击"插入(S)"按钮，即可在当前幻灯片中插入音频文件，拖动音频文件到幻灯片的右上角。

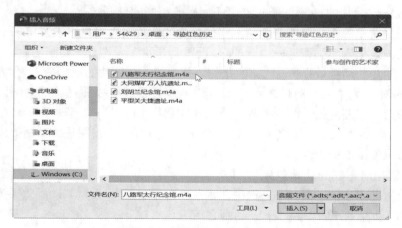

图 5-92 选择"八路军太行纪念馆.m4a"音频文件

选中音频文件图标，选择"音频工具|播放"选项卡→"音频选项"组→"放映时隐藏"复选框，实现放映幻灯片时隐藏该音频文件。

步骤 2：设置音频文件的触发器动画效果。选择"动画"选项卡→"高级动画"组→"动画窗格"按钮，打开动画窗格。在"动画窗格"中选中"八路军太行纪念馆"音频文件，右击，在弹出的快捷菜单中选择"效果选项(E)…"命令，在打开的"播放音频"对话框中选择"计时"选项卡，单击"触发器(T)"按钮，选择"单击下列对象时启动动画效果(C):"下拉列表中的"箭头:五边形 7:播报"，如图 5-93 所示，单击"确定"按钮。设置触发器动画效果后，动画窗格如图 5-94 所示。

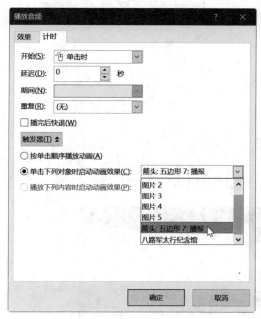

图 5-93　设置"触发器"效果

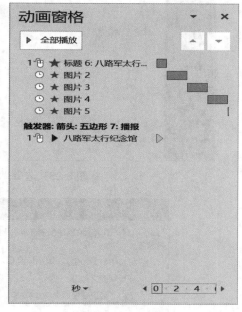

图 5-94　设置"触发器"效果后的动画窗格

（2）设置第三、四、五张幻灯片的"播报"效果。

步骤 1：插入音频文件。采用上述方法，分别在第三、四、五张幻灯片中插入音频文件"大同煤矿万人坑遗址.m4a"、"刘胡兰纪念馆.m4a"、"平型关大捷遗址.m4a"，并移动到幻灯片右上角，设置"放映时隐藏"。

步骤 2：设置音频文件的触发器动画效果。采用上述方法，分别设置"大同煤矿万人坑遗址.m4a"、"刘胡兰纪念馆.m4a"、"平型关大捷遗址.m4a"三个音频文件的触发器动画效果。

7.将电子相册打包成 CD

幻灯片打包后能够在其他电脑（其中很多是尚未安装 PowerPoint 的电脑）上放映幻灯片。打包时不仅幻灯片中所使用的特殊字体、音乐、视频片段等元素要一并输出，有时还需手工集成播放器等。要解决这些问题，可以使用 PowerPoint 2016 提供的打包功能将演示文稿打包成 CD。

（1）选择"打包成 CD"命令。

步骤：打开制作好的电子相册演示文稿，选择"文件"选项卡→"导出"→"将演示文稿打包成 CD"→"打包成 CD"按钮，如图 5-95 所示，此时打开如图 5-96 所示的"打包成 CD"对话框，打开的演示文稿已经被选定并准备打包了。

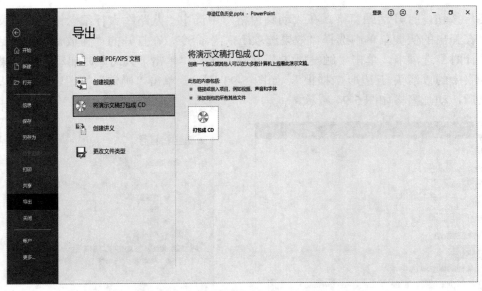

图 5-95　选择"将演示文稿打包成 CD"

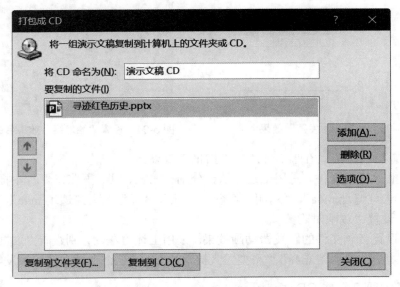

图 5-96　"打包成 CD"对话框

（2）将演示文稿复制到文件夹。

步骤：在"打包成 CD"对话框中单击"复制到文件夹(F)…"按钮，打开如图 5-97 所示的"复制到文件夹"对话框。在该对话框中，"文件夹名称(N):"后的名称即为打包后的文件夹名称，可以根据情况自己确定，在本任务中输入"寻迹红色历史"；"位置"是存放打包文件夹的位置和路径，可以使用默认的，也可以通过单击"浏览(B)…"按钮指定位置，本任务使用默认位置，系统默认勾选"完成后打开文件夹(O)"，不需要时可取消选定状态，本任务使用默认状态，然后单击"确定"按钮即可将该演示文稿和 PowerPoint Viewer 复制到指定的文件夹中。

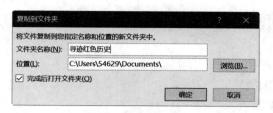

图 5-97 "复制到文件夹"对话框

（3）使用打包后的演示文稿。

步骤：演示文稿可以这样使用：一是使用刻录工具，将文件夹中的所有文件刻录到光盘中，完成后只要将光盘放入光驱，就可以自动播放演示文稿，文件夹中的 AUTORUN.INF 是具备自动播放功能的；二是将文件夹复制到 U 盘、移动硬盘等移动存储设备。打包后生成的文件如图 5-98 所示。

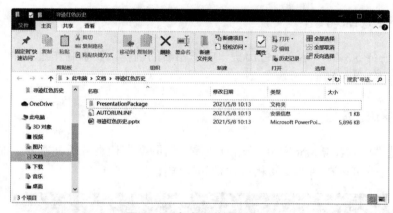

图 5-98 打包后生成的文件

5.3.5 知识小结

制作"寻迹红色历史"电子相册应用了 PowerPoint 2016 提供的插入相册文件、创建幻灯片母版、设置自定义动画效果、将演示文稿打包成 CD 等功能，涉及的知识点主要包括以下几点。

（1）插入相册文件。

①新建空白演示文稿。

②导入照片文件。

③设置每张幻灯片容纳的相片数量。

（2）创建幻灯片母版。

①打开幻灯片母版视图。

②设计"标题幻灯片"版式。

③设计"标题和内容"版式。

（3）设置相册格式。

①删除不想要的照片。

②调整幻灯片中照片的位置。

③设置照片效果。

④设置相框形状。

⑤设置相册幻灯片的版式。

（4）设置对象的动画效果。

①使用"动画刷"为对象设置相同的动画效果。

②设置对象的触发器动画效果。

（5）将电子相册打包成 CD。

①选择"打包成 CD"命令。

②将演示文稿复制到文件夹。

③使用打包后的演示文稿。

5.3.6　实战练习

独立完成任务 5.3 中"寻迹红色历史"电子相册的制作。要求制作过程中思路清晰、操作熟练，完成的效果与样稿一致。

5.3.7　拓展练习

图 5-99 是"山西美景.pptx"电子相册样稿，请同学们认真分析并制作。制作过程中，可以互相讨论，也可以在网上查阅相关知识和操作技能。

图 5-99　"山西美景"电子相册样稿

第五篇　拓展知识

参考文献

[1]   战德臣.大学计算机——计算与信息素养[M].2 版.北京：高等教育出版社，2014.

[2]   李刚健.大学计算机基础[M].北京：人民邮电出版社，2012.

[3]   唐会伏.大学计算机基础[M].北京：人民邮电出版社，2012.

[4]   贾宗福.新编大学计算机基础教程[M].3 版.北京：中国铁道出版社，2014.

[5]   芦彩林.大学计算机基础[M].3 版.北京：北京邮电大学出版社，2015.

[6]   龚沛曾.大学计算机[M].7 版.北京：高等教育出版社，2018.

[7]   李凤霞，大学计算机[M].2 版.北京：高等教育出版社，2020.

[8]   王爱平．大学计算机应用基础[M]．成都：电子科技大学出版社，2020.

[9]   张青，何中林，杨族桥．大学计算机基础教程[M]．西安：西安交通大学出版社，2018.

[10]   吴宛萍，许小静，张青.Office 2010 高级应用[M].北京：西安交通大学出版社，2016.

[11]   童小素.办公软件高级应用实验案例精选（Office 2010 版）[M].北京：中国铁道出版社，2017.

[12]   芦彩林，赵丽，罗永莲.计算机应用基础项目化教程[M].2 版.北京：北京邮电大学出版社，2016.

[13]   芦彩林，陈文锋，罗永莲.大学计算机基础项目式教程[M].北京：北京邮电大学出版社，2017.

[14]   龙马高新教育.Windows 10 入门与提高[M].北京：人民邮电出版社，2017.

[15]   刘文凤.Windows 10 中文版从入门到精通[M].北京：北京日报出版社，2018.